城市设计复杂的构图

[美] 罗恩·卡斯普利辛（Ron Kasprisin） 著
朱才斌　许薇薇　译

机械工业出版社
CHINA MACHINE PRESS

本书全面讲述了城市设计导则和方法，突出了建筑与建筑群体开敞空间的重要性。本书理论表述深入浅出，通过大量优秀案例与精心设计的练习循序渐进地讲述相关知识。作者是美国著名的建筑师、城市规划师和艺术家，在城市规划设计领域从业40余年，执教20余年，其画作获得过多种奖项并参加过多次展览。

本书是高等院校城市规划、城市设计专业师生的一本优秀的参考书。

图书在版编目（CIP）数据

城市设计　复杂的构图/（美）罗恩·卡斯普利辛（Kasprisin, R.）著；朱才斌，许薇薇译. —北京：机械工业出版社，2016.3

书名原文：Urban Design: The Composition of Complexity

ISBN 978-7-111-53143-2

Ⅰ. ①城…　Ⅱ. ①卡…②朱…③许…　Ⅲ. ①城市规划－建筑设计Ⅳ. ①TU984

中国版本图书馆CIP数据核字（2016）第041196号

机械工业出版社（北京市百万庄大街22号　邮政编码100037）
策划编辑：宋晓磊　责任编辑：宋晓磊　於　薇
责任校对：杜雨霏　封面设计：鞠　杨
责任印制：李　洋
北京汇林印务有限公司印刷
2016年6月第1版第1次印刷
184mm × 260mm · 17.25印张 · 300千字
标准书号：ISBN 978-7-111-53143-2
定价：69.00 元

凡购本书，如有缺页、倒页、脱页，由本社发行部调换

电话服务	网络服务
服务咨询热线：010-88361066	机 工 官 网：www.cmpbook.com
读者购书热线：010-68326294	机 工 官 博：weibo.com/cmp1952
010-88379203	金　书　网：www.golden-book.com
封面无防伪标均为盗版	教育服务网：www.cmpedu.com

译者序

城市设计在我国20世纪90年代以来大量开展。虽然目前不是法定的规划，但也为政府官员、学者、规划师、建筑师和开发商所重视，城市设计在城市规划建设中所起的作用日益凸显。目前虽然开展的各种城市设计项目繁多，但其中不少仍沦为“城市选美”的工具。政府和开发商开展城市设计的目的主要是向领导、公众、投资者等展示空间形象，更多强调的是视觉冲击和城市“美不美”，导致规划设计师将更多精力放在形态美学和图面渲染上，甚至有些小县城做出的局部空间形象类似北上广深等一线城市，强调的是高大上形象，而少有真正从城市的空间管理、公共空间、文化传承、舒适性和实用性等方面开展的城市设计。当然也有一些不错的城市设计作品，但到其实施阶段往往会被束之高阁。在错综复杂的社会系统中，设计师和管理者的生存法则决定了城市设计的行为，当然译者也是众多规划设计师中的一员，在从事的城市规划设计实践中也感同身受。

何为城市设计的本质？一般理解为城市设计是对城市三维空间形象和公共空间的设计。本书从城市设计的本质出发，侧重于设计和构图的要素和原则，以及如何将其应用到复杂的城市系统中。本书作者罗恩·卡斯普利辛教授是一名建筑师、城市规划师和艺术家，在城市设计师领域拥有超过40年的执业经验和超过20年的教学和学术经验。作者指出，通过培养更多能够在文化、时间、空间的三元辩证观点中进行设计构图的人才，就能影响到建筑形态日常决策的多样性，从而显著提高建筑环境的质量。本书结合深入浅出的理论、生动实际的例子以及精心设计的、循序渐进的布局构图练习，可以作为整个规划和城市研究领域的课堂和设计工作室中的基本教材。本书既适合规划、建筑、景观等相关专业的学生、规划师和设计师学习，同时也适合资深专业人士学习。有助于读者重新构建城市设计的理论并学习城市设计的基本方法，逐步避免让城市设计沦为“城市选美”的工具。

随着我国社会的日益进步，人们对美好生活越来越向往，城市设计的作用将会逐步凸显。尤其是依法治国和公众参与意识的提高，势必会出现越来越多的理性的城市设计，目前城市设计的编制方法和法定化有关部门正在研究和制定之中。本书的出版将会给我国城市设计工作的改进提供一些有益的指导。

我们翻译《城市设计》这部著作，一方面是想引进国外成熟的城市设计理论和实践经验，起到沟通中西方城市设计领域的作用；另一方面则源于译者多年来在城市规划设计实践中的感悟。感谢罗恩·卡斯普利辛教授给我们带来的精彩作品，并感谢多年来一直关心和支持我们工作的良师益友、同事和项目委托方工作人员。

前言和致谢

在写这本书时，我有两个愿望：第一，提高学生们在城市研究方面的知识、技巧和能力，使他们参与到设计过程中来，进行城市设计中的空间组合；第二，探索城市设计和城市复杂性之间的基本联系，即人与人之间以及人与环境之间的相互作用。许多专业人士可能会说，城市设计师们已经在实现这个联系了。但我认为，太多人虽然经常提及这种联系，但却很少真正付诸实践；他们理解这种联系，却疏忽于把它应用到实际中，建筑形式也相应地因此受到了影响。我的第二个探索为空间构造过程提供了依据。

人类居住区，从小村落到大都市，都是杂乱无章的。在一线工作40多年，让我接触了人类居住区错综复杂的本质特性，它包括人类行为、政治、经济力量、权势和生财之道等。在许多情况下，城市设计带来的作用只是表面的、补缀性的应用，对动态复杂模式的小小改变和修补，以及大规模的激烈干预——如那些被误认为是城市设计的大规模建筑物。

城市的内涵和市镇的功能是设计的基础，它们需要对现实的关注和认识，即在规划条件数据单元之中存在的城市感官本质。城市是真实的，并且充满了成功和失意的故事，城市设计是这些故事的转换。

我一直以来都很欣赏智利当代著名诗人巴勃罗·聂鲁达（Pablo Neruda）在他的作品《巴勃罗·聂鲁达：大地上的居所》摘录的“对于不纯净诗歌的一些想法”中所提出的信条：

在白天或黑夜的某个特定时间里，我们值得用一小会儿时间来审视有用途的物品：那负荷着沉重的庄稼作物或矿石、木炭袋、桶、筐，木匠工具的车轮，已经滚过尘土飞扬的漫漫长路。这些物体和人与大地的曾经的接触，说不定会成为一个备受折磨的抒情诗人的宝贵一课。磨损的表面，人类之手使它们遭受的损耗，以及那些物品散发出的时而可悲、总是忧伤的感觉赋予了现实并不应该被嘲笑的吸引力。

人类模糊的不纯洁性可以在这些迹象中察觉到：对群体的亲近感、对物质的使用和废弃、手或脚留下的痕迹以及人类对所有表面的不断渗透。

这就是我们所追求的诗歌，仿佛是被酸腐蚀过那样被人类劳动所腐蚀过的、弥漫着汗水和烟雾气味的、散发着尿液气味的以及被各种合法和不合法的不同工作职业所污染过的百合花。

像衣服或身体一样不纯洁的诗歌，被食品和耻辱所玷污的诗歌，关于皱纹、观察、迷梦、醒来、预言、爱与恨的声明、野兽、打击、田园、宣言、否认、怀疑、证实和税款的诗歌。

作为设计师，我们追求改善人居环境的建筑形态，使它们能有效地运转，让它们变成聂鲁达所描述的现实世界中的让人满意的栖息地。设计师为具有历史渊源的现代社会创造了具有文化内涵的空间隐喻。这些隐喻是空间的构造和组合，与人类需求及其居所的故事共舞。在这支舞蹈中，我们必须了解舞伴双方。

我的有些从事建筑设计和园林建筑设计的同事以城市设计师自居。但恕我直言，我请求他们不要只看到“城市”的“比例”要素以及那些已经被他们使用过度的传统设计模型，我劝说他们要融汇城市和社区概念的文化、历史、时间和空间等方面的复杂性。我力劝他们，让设计从发现的过程中呈现出来。所以这本书也是为他们写的，我希望这个作品能激发他们对于城市设计所蕴含的内涵和功能的认识，即对于影响空间构造的丰富的潜在力量的意识。正如我在关于类型学的第7章中所讨论的，有些既定的建筑和开发结构模式每天都被使用，这是因为它们可行，而且为建筑环境的设计和建造提供了惯例和有效性。有些是过时的（如标准的住宅的细分中的）；有些是缺乏内涵，如主题城镇中的；其他的则被过度依赖，成为权宜之计或共同特许应用。我们的任务是挑战权宜之计，尽我们所能来打造反映社区周边现实的混合物。

当我们作为设计师参与到社区的现实中时，我们就开始了一段充满创意、不停超越人们对设计的已有认知的探索旅程。这个现实是被我称作“文化/空间/时间的矩阵”（CST），衍生于由美国后现代空间文化理论研究学者爱德华·索雅（Edward Soja）、法国哲学家和思想家亨利·列斐伏尔（Henni Lefebvre）、美国城市社会学和传播学学者曼纽尔·卡斯特尔斯（Manuel Castells）、学者查尔斯·约翰斯顿（Charles Johnson）和卡普拉（Capra）以及众多其他大师所创造的世界。作为设计师，我们的任务是改造与社区的内涵和功能相呼应的城市设计空间构造。这需要我们打破只是为了形式而形式的局限，并要超越很容易被包装和资助的传统类型学。我希望我能够为连接设计构成与城市的内涵和功能做出贡献，同时帮助学习城市规划和城市研究的学生（从公共事务到房地产领域）理解设计构成的要素和原则。

关于这本书的思路，即从实际到理论，我和我的研究生们进行了多次探讨，我对此非常感激。这些研究生们也是我的读者。我还要衷心感谢我的商业伙伴、教学上的同事和朋友詹姆斯·佩蒂纳教授（James Pettinari）所给予我的支持和批判性对话。我还欣然接受过安第·佛劳尔（Ande Flower）和玛丽·贝隆（Mary Bellone）在计算机方面所给予我的支持，他们都曾经在技术上帮助过我。当然，我还要感谢我的黄色拉布拉多猎犬韦布利，在整个写作过程中，它都忠实地躺在我的脚下，一直陪伴着我。

目录 Contents

第1章

引言

本书的服务对象是那些想参与到城市设计的设计层工作中的、我的规划和新兴设计专业的学生们。本书的读者同样包括想接触设计过程的人和所有对城市设计感兴趣的人，以便他们进行城市设计构造、测试规划政策、对市民进行有关发展的含义的教育，以及对空间创造的探索。令人惊讶的是，许多以规划为基础的城市设计学习项目教学生城市设计的相关内容，却并不教他们如何进行设计。这种缺乏设计教育的理由包括“在一个为期两年的课程中没有足够的时间”“资源不足”等。因为设计是探索和发现的过程，设计作为“创造过程”必须贯穿城市设计的始终——对所有学生来说都是这样。我希望本书能够为学生和刚入门的设计师提供一个资源库，帮助他们理解并参与到城市设计的各个层面中去。

双重使命

本书有两个关键使命：第一个是关于设计、构造要素及原则的教学，这点在规划课程中通常不会被教授，但却是个必要的起点；第二个是关于将设计构造的原则和方法应用到城市的复杂本质中，这往往是设计过程所面临的混乱而复杂的、包含力量、影响、政治因素、社会压力的组合。为学生把这两个使命结合起来就是写作本书的主要目的。

关于城市现实复杂性和理论的讨论可以协助一些颇有成就的设计师，即那些建筑师和景观设计师们，以便更好地把他们的设计技巧应用于城市的丰富特质中，超越为了形式而形式的阶段，到达能更好地了解和应对城市复杂性的设计构造新境界。

城市设计同时从直接的设计行为和公共政策影响下的设计行为两方面定义了人居空间维度的有意识形成。这些行动和政策是基于人类聚集区的内部力量的，即文化、空间和时间（CST）［索雅（Soja），1996］之中观察到并被衡量过的故事、内涵和功能性需求的。它们是无法被分割的，并且为探索设计构成（本书的重点内容）提供了基础。在城市规划中，设计构造已经被贬低为规划过程中极端不受重视的一个部分，并且被当作一个单独的、具有“艺术气息”的规划的边缘应用。

为什么要把重点放在设计构造上呢？这是因为，在我作为一个建筑师和城市规划师超过40年的研究和经验中，我所遇到的能影响到城市布局的人，没有几个是真正通晓建筑知识的。他们不能够利用设计的探索和进化天性，只能泛泛地谈论设计，充其量也就是带来些平庸的建筑形态。而且，通过培养更多的能够在这个文化、时间、空间的三元辩证观点中进行设计构造的人才，就有希望能让影响到建筑形态的日常决策多样性来显著提高建筑环境的质量。正因如此，本书针对的人群是城市规划师、新手设计师、在任官员、地产开发商以及市民。本书通过一个教学过程来解读设计构成，从最基本、半抽象的要素和原则开始，再向前推进到在人类居住区中多维度的更复杂的构成挑战。

设计，即空间结构的创造，是这个三元辩证体的不可缺少的一个组成部分，并从此之中衍生出了设计的隐喻、故事和内涵的基础。很多时候，城市设计是由机会或偶然性决定的，被模糊的政策所指导。城市设计的作用在更大的规划分析过程中被贬低了，经常被许多规划师和学者当作是“绘图”，或者是预先决定规划概念的图形体现。相应地，建筑师又仅仅将精力集中在了设计上，而对与人类互动的社会、文化、历史方面不够重视，这与规划者轻视了空间方面一样。我们能看到这在许多国家的以怀旧和主题为基础的设计中体现了出来。当完善的规划过程只产生了妥协和平庸的建筑形态时，我们感到很困惑，而这在很大程度上是因为“设计”，这种创造建筑形态的行为只对极少数人开放。

本书论述了设计作为产生优质建筑形态的关键环节的重要性，这种形态必须能够存活于多维度文化、时间、空间的三元辩证复杂性中，包括从为了基本需要而进行的竞争和对于社区身份的探寻到城市政治的复杂局面。在我看来，必须能让更多的非设计专业人士参与进来。随着我们不断扩展隐藏的n维社区矩阵（文化、时间、 空间），我们需要更多有见识的、对设计敏感的决策者。

我们不是超人。但这个复杂的构造需要跨学科的交汇，需要更多对人类住所问题以及与之相关联的空间模式进行分析的时间和精力投入，需要更多对于政策和发展产生影响的设计测试。我把城市设计作为一个有意识地形成城市形态的三元辩证关系来教授；检验城市政策，让居住在这个形态中的人了解情况和参与进来。

受众

我为我的学习城市规划的学生开始写本书，他们聪明、上进、充满好奇心；同时，在城市设计工作室中的多次“围圈发言”之后，我意识到他们对于设计过程、方法论和技能缺乏良好的理解。这个不足阻碍了他们真正地参与到设计探索过程中来，使他们的工作被降级为纯粹的“数据分析”，会见的是服务商和局外人。谈论城市形态和设计本身是不够的，这需要参与，甚至是需要我稍后会讨论到的“游戏”。本书是为了你们而写作的，为了实现你们成为设计过程一部分的愿望，为了让你们通过进行动手实验来增强对于设计构成的理解，这些实验有关复杂城市环境设计构成的要素、原则、关系和方法。

随着我进一步投入本书的创作，我和从事城市规划的同事、政府官员和开发商讨论了关于本书的目标读者。很明显地可以看出来，对这些城市规划专家来说，本书将会大有益处。场地设计、设计评估、设计准则和以形态为基础的分区策略的应用在这些讨论中都曾被提及。希望这里的观点和练习通过设计构成方面的实践知识，能提升非专业设计师在设计过程中的参与度，并进一步提高建筑形态范围内的城市设计对话质量。

“构造”和“复杂性”是本书的关键词和主题，在整部书中都有提及，它们为多样和复杂的城市内涵及功能创造了形式。构造和它的组织、结构关系是城市景观的基础。从规划政策到设计评价，设计构成把这种内涵和功能组织建设成丰富的、具有创造性和连贯的整体。使规划和设计决策者更能够成为城市设计过程中具有主动性的一部分人群。

对设计的接触

“这里……有一股国际的力量推动着这种激动人心的变化，而这种变化从来没有出现在关于现代艺术起源的讨论中，而仅仅是作为对这个运动先驱者的一种影响力而会被偶然提及。那些著名现代主义艺术家和他们的观众群体的维多利亚式童年，与当时激进的教育系统改革的发展与广泛传播不谋而合，而后者是破灭旧文化以及用一种新的世界观重塑结果而导致的整套知识体系的催化剂。但这个童年在很大程度上被忽略了，因为参与者都是些三到七岁的孩子，他们在学术图谱上处于最原始阶段。这只是现代化时代的小粒珍珠，它被称为‘幼儿园’。”

设计作为生活一部分，而不是某个行业和职业，在某些文化中很早就起源了。在一些北美的教育课程中，我们已经失去了在日常生活中的如同设计那样的一些接触。儿童玩得是电子游戏，而不是积木块和纸张、胶水、剪刀，而后者是带来更多感觉的游戏。对于许多成年人来说，现在开始重新用这些做游戏为时已晚。设计和游戏的神奇组合，是值得我们所有人去追求的，也是对于所有从事这项工作的人士的要求。

城市设计仅仅是在建筑师、城市设计师、景观设计师的职责权限范围之内吗？传统来说，是这样子的。但我认为，如果有更多的人能把形态构造的基础理解为有内涵和功能的空间关系，那么至少有些实际的知识可以让他们作为正在崭露头角的设计师而成为决策圈中的一员。

从抽象构图到更具挑战性的、在复杂空间环境中进行的城市设计构成应用和实验，本书会引领读者经历一个对设计的认识不断增加和进步的过程。从事这些实验和练习会带来缄默、怀疑和恐惧。首先，让我们从恐惧说起。

对创造的恐惧

安娜·劳埃德·赖特（美国著名建筑师弗兰克·劳埃德·赖特的母亲）……是1876年费城百年博览会的众多游客之一，她对于玩具和游戏步骤的清晰性很着迷，并对照顾孩子的年轻老师所表述的理论概念“统一”也非常好奇……她观察了积极参与玩耍的儿童，他们正聚精会神地坐在网格面的长矮桌旁，利用小木片、彩色纸、线或金属丝来制作几何图形。

这些年幼的孩子们在早期教育中就沉浸到了设计的玩乐方面中，在多年后的恐惧扎根很早之前，就建立起了对于设计的兴趣和信心。对于许多人来说，创造性的游戏已成为他们认知思维过程的一部分，而这部分一直存在于他们的生活中，会以很多不同的创意形式精彩地表现出来。

我为年轻规划师、新兴设计师和对城市设计感兴趣的行业外人士写本书，有两重的意图：一是在一个饶有趣味的、关于设计的学习过程中引导他们，二是把设计过程和人类居住区的复杂性联结到了一起。为了让设计探索变为充满嬉戏的过程，每个人都必须面对恐惧的不同方面：沉默寡言、对失败或成功的恐惧、对于比较的恐惧、对于参与的恐惧，等等，所有这些都是自然感情流露，并且是人们可控的。在我的绘画课上，有个学生问我“对于成功的恐惧”意味着什么。基于我多年观察，一些害羞或比较内向的学生，不希望自己招来太多注意力，从而通过让自己的作品不太抢眼而回避了受人瞩目的状态。恐惧具有多种形式。

当参与到所谓的创意设计过程中时，尤其是需要动手制作时，大多数人都会遇到某种形式的恐惧，而这个过程就是要创造出新的具有创新性、探索性和不确定性的内容。欢迎来到现实世界，你并不孤单。

- 才能
- 恐惧
- 克服恐惧
- 失败
- 创新行动
- 不确定性。

让我们的重新定义“才能”一词。韦氏词典将其定义为“一种天生的能力或力量；一种在艺术、科学、工艺等方面特殊的、出众的能力”。我不同意其中的“出众能力”或“天生的能力”的部分。根据我教授设计和绘画的经验，我认为才能是一种后天发展而来的能力，它来源于一种能让人“放下”的开放性，并能减少创造新事物时的禁锢，是由一种沉浸的快乐，而不是由缄默或是对于参与的恐惧所推动的。还有一种定义源于我自己的观点和经验：才能是一种减少或克服了恐惧后，充满创意和嬉戏能量的状态；在这种状态中，恐惧被可以减少它的手工制作/艺术过程（写作、绘画、舞蹈、唱歌、演奏音乐等）所散发出的自信动机所取代。

少了恐惧，人们能够更好地获取和发展可以增强个人自信心的那些技能，而这点又加强了人们提高这些技能质量，并加大人们在艺术中实践的决心。这并不是说“有才能”的人不恐惧，而恰恰相反，许多人一旦学会游戏以后，在某种手工或艺术活动中，就能找到激情的绿洲，获得取代恐惧并允许他们自由和自发地接触这种手工艺的“自由”和快乐。

在我的水彩画课堂上，一项重要的潜在工作就是减少各种形式的恐惧（以说很多冷笑话开始），给予具体的具有建设性的意见而不是批评；通过支持性的指导来建立他们对于基本技巧的自信，借此提高他们在学习这些能带来创造性工作的技能时的积极性和参与程度。通过积极引导，许多学生在技术能力上可以达到特定的稳定水平。在这个时期，他们的自信心提高了，决心也明显增强了，而作品的质量相应也有了不小的进步。他们是天才吗？

几年前，我在基础绘画方面指导我女儿的两个朋友——还在青春期早期的学生。其中一个迫不及待地坐了下来，仿照着一张照片精确地临摹了一匹马；另一个则是做了一些避免干扰的准备工作（从厨房里取来些零食，把绘画工具在桌上挪来挪去），然后一边开始绘画，一边担忧别人会偷看自己的作品，并且已经开始和第一个学生的作品进行比较了。第二个学生对于这匹马，即这个作品主题的观察和交流，是破碎的和受干扰的；恐惧干预了他的注意力和创作过程。无须赘言，他画出的图是卡通化的和扭曲的（与记忆中的形象相比），并且看起来是犹豫不决的。是一个孩子比另一个更有才华吗？完全不是。看着他们两个，我得出的结论是，第一个孩子对于绘画只有很少的恐惧或根本没有任何恐惧（几乎没有过往经验），只是把观察到的内容清晰和直接地转化到了纸张上；而另一个孩子则过于意志薄弱和自我挑剔，表现出了对于比较和失败的畏惧，这阻碍了他对绘画过程的投入。

美国印象派水彩画家弗兰克·韦伯（Frank webb）（1990）提出，恐惧是艺术及其创作过程中必不可少的成分，是需要被认识到和利用的成分。这就是为什么要告诉学生们，“失败”事实上是探索和创新的一部分（假设这种工作热情是真实存在的）。例如，在水彩画创作中，我要求学生们把一种颜色调配到超过最深度，使其走样、变质，或者变得不透明。为什么？因为这样就让他们了解了这个颜色的极限！保守、犹豫、胆怯只会让他们的努力成果在中等和平庸的范围内，因而只有极少的进步和成长，或者说根本没有。

是什么让我们能寓工作于游戏？寓工作于游戏是我用来形容学生们的一个词，这个词包含了游戏过程中的开放性和自由度、对于玩乐的吸收和探索（就如我们小时候）以及在游戏过程中将想法和概念应用到创造出的事物上所需的工作能量。当我听到教师们声称这要么是过程，要么是结果时，我感到难为情。它两者皆是！在每一个过程中，无论是社会交往、艺术还是手工艺制作，都会出现一个正在兴起的物理/空间的结果，即一个设计，它本质上存在于过程的所有方面，在特定时间段内体现、容易被感知到，并在真正的空间中表现出来。玩乐使我们能自由地进行实验与探索，以某种新奇的方式把木块和棍棒移来移去，就像安娜·莱特的儿子学会的那样。我们通过游戏发现了新的方向，仅从精神或智力过程来看，这些方向并不明显。希望本书中的练习可以让众多读者重新找回或开始拥有在玩耍中工作的惬意感受。

创造就是（让之前根本不存在的东西）诞生；有创造力就是发挥想象力和善于发明

的、独出心裁的。这首先需要一个根据基本原则、经验总结出的传统和一个对设计问题的局限性的理解，以打破这些局限到达一个新的存在状态。在这个新的状态中，旧的边界已经消解，新的边界却只为再次被打破而出现。恐惧、失败、寓工作于游戏都是那个过程或者结果的一部分。勇敢地跳进水中吧。创造力需要一定的创新能量储备，而这种能量需要后天培养——减少你的恐惧，从而提升你的创新能力。

在我的经验中，不确定性在设计中是一个积极原则。对于结果无法把握，使设计人员在过程中能够把精力集中于发挥创造才能上，而这个过程会带来新发现并创造出结果。朝着既定结果工作，仅仅就是在填充空间或形状（按照数字绘画）而已。查尔斯·约翰斯顿（Charles Johnston）（1984/1986，1991）曾很好地阐述过"不确定原则"——没有目标（结果），而（过程的）期望是维持过程动态（创造能量）的完整性。数年前，在华盛顿参加作家汤姆·罗宾斯（Tom Robbins）领导的写作工作坊时，我听汤姆对他的写作方法进行了介绍。这位作者每创作一个句子和段落，都要注入尽可能多的创造性能量和想象力，而这些创造的段落篇章都推动或导致了下一个段落和概念的形成，并朝着不确定的未来发展。汤姆说，他曾有一本650页图书的合同，但是写到第600页时，他仍然不知道本书将如何收尾。结果是，本书大获成功。

根据"扎根理论"［施特劳斯和卡宾（Strauss和Corbin），1998］，分析和对数据的洞察力能带来结果，而不只是证明或反证一个现存的假设。这在过程中促进了更有创造性的发现。公认的与创造性思维有关联的行为包括：

- 愿意接受多种可能性
- 产生许多选择
- 在做出选择前，探索各种可能性
- 利用多种表达渠道（艺术、音乐、隐喻）来激发思考
- 使用非线性的思维方式，如来回往复，还有绕过某个主题以获得别出心裁的开头
- 信任过程，而非踌躇不前
- 把能量和行动投入过程中
- 在努力中感受乐趣

这和设计过程是类似的——发现，而不是确定性。它同样也适用于公共参与过程：带着既定目标参与公共事务研讨会，让既定目标接受公众检测，给创意、互动、创新和公众著述留下了极小的余地。不仅如此，带着一系列愿望和对话渠道加入这样的研讨

会，存在研究领域，却没有预设的结果，极有可能会带来富于创造力的“第三空间”解决方案（见附录B）。

作为本书主要内容的最后部分，设计构造需要和真实的世界联系起来，还要和设计原理的基础（城市内涵和城市功能）联系起来。

让设计和现实联结：城市内涵和城市功能

正如下面所讨论的，设计是更广泛对话的一部分，这个对话的主题是人类居住区的主要组成元素：文化，这涉及从基本居住模式到社会关系、经济、政治等方面的人类行为模式；空间，这包含了我们的居住区从建筑形态到自然环境的物理现实；还有时间，从历史延伸到兴起的现在和未来的可能性。本书是关于形态创造行为的，把这一对话结果构建到多维度的空间现实中去，这个现实经常被称为地点。

对刚入门的设计师来说，了解设计构造所扮演的角色是很重要的，这是这个对话不可分割的部分，而不仅仅简单地只是规划对话图案再现的代表。设计过程图表总结了设计构成在这个更大的对话中的作用。设计的角色不是线性的，而是本质上交织在空间、文化和时间这一三元辩证关系中的。

（1）n维矩阵。现实情况被视为人类与环境相互作用的复杂矩阵，即CST矩阵，它是使用多种规划、社会学和城市形态方法论的设计群体的理解工具。

（2）城市的内涵。这带来了一个正在发生故事，或者说是城市的内涵要表达的问题，并需要和这些问题相关的需求、渴望和资源。城市的内涵带来了CST程序。

（3）城市功能。这代表了居住区的需求和运行情况，从废物回收到交通运输和循环。

（4）CST程序。CST程序详细规定了居住区的必要需求和资源及与之相联系城市内涵，这个内涵体现为是什么、有多少和在哪里。在建筑学中，这个程序通常被称为空间程序，用于公共机构设计或公共项目，在住宅建设发展中被称为市场分析。这个程序本质上是一个更大配方的成分列表。

（5）组织关系。CST程序仅是一个成分清单，它需要行动来将成分带入到关系之中——这是一项复杂而又关键的规划功能。组织关系为功能和内涵建立了潜在关系，而这个关系是和空间环境分离的。作为CST程序的结果，这些原则地使用程度和范围被明确了。从本质上讲，现在的设计师们都已经知晓了“椅子的组织方式”以及“座位”所需主要成分的基本尺寸或要求。这种组织关系之内的内涵和功能通常被定义为集群内的集群［卡斯普利辛和佩蒂纳（Kasprisin和Pettinari），1995］——一个被表述为组织关系的连贯的且有意义活动安排的网络关系。

（6）组织关系对环境的“适应”。现在，当自我兼容的组织原则与环境中的物理空间要素相互作用时，形态就开始成型了；根据大环境对于协调性的要求，这种组织关系会不断地变化和调整。

（7）结构关系。当组织原则更密切地和环境或现实的物理维度（包括生物物理状态、司法管辖、行政到用户状态）互动时，形态创造者的角色在此阶段就会变得非常关键。创作过程已如火如荼地展开。“椅子的组织关系”原则通过聚合或者结构化而成型，体现在材料、形式和结构关系之中。

（8）在游戏中工作和设计测试。一旦结构聚合发生，设计构造就是不完整的。对那些更合适的和对环境反应灵敏的设计选择的探索，需要一个具有强烈不确定性的手工艺制作和测试过程，这是为了让设计构造进化发展，并且能承受n维度矩阵或城市（内涵）要求的复杂性。

同时，这个描述甚至都没有触及皮毛。

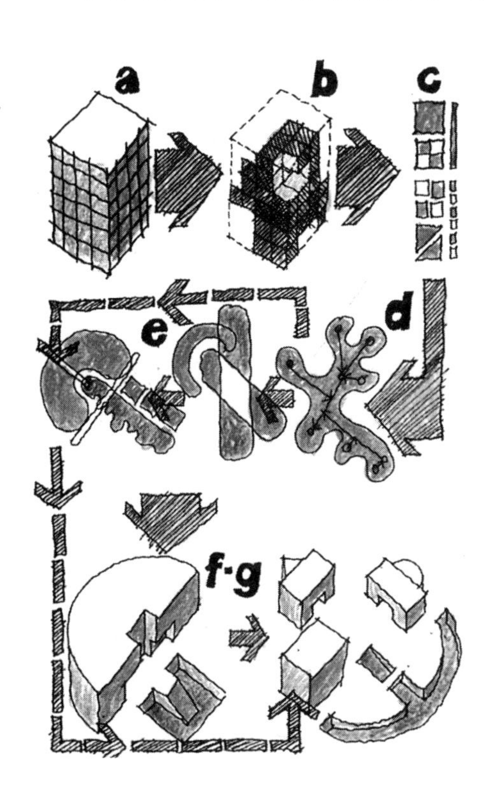

图1.1　设计过程图解

设计构造的过程始于对现实的理解——现实生活中，文化、空间和时间/历史（CST）的相互作用——n维矩阵（a）。这个矩阵之内出现了许多故事，它们描述了时间推移过程中出现的意义和功能，在这里被称为城市的内涵和功能（b）。社区和设计师（们）能够从这个矩阵中辨识到并详细指出这个意义/功能必要的需求以及资源，这个意义/功能就是CST程序（c）——是什么、有多少、在哪里？一旦建立，它们就会被安排在一致的组织关系中（d），以体现出兼容性。之后，这些组织和功能关系会和地址、邻里、区域等具体空间情境互动，以延伸组织关系，让它进入和环境在功能上相“适应”的状态（e）。当需要、组织、情境和形式都能以趣味的方式融合在一起，而且在结构上聚合时，在有内涵的构造模式和结构中进行形态决定的任务开始了（f），并不断引发新模式的出现，直到一个健康构造成型为止（g）。

设计的基础：文化、空间和时间的相互作用

三个重要要素综合塑造了人类居住区：文化、空间和时间（历史）［索雅（Soja），1996］。还有第四个要素，被默认却没有被提到的，就是社会生物学，即人体生物学行为对于社会文化因素的影响。这些方面的交互产生了“城市内涵”和“城市功能”［卡斯特尔斯（Castells），1983］，它们是复杂的故事、隐喻、传统以及人类居住区正在出现的需求和模式的载体。做出规划决策时往往仅积极考虑了这些维度中的一个或两个。因此，我们才有来自于文化和历史的建筑形态副产品，以及来自空间强调的历史遗址或精巧的古工艺品。没有任何此类做法有可能带来高品质的建筑形态。作为一名“规划师”或“设计师”，长期目标之一就是理解影响人类居住区形成的所有这三个要素，这样才能将它们融入好的城市形态中——一个在特定时间段内正在出现的结果和时空模式。

本书集中探索了在人类居住区的空间层面，却没有忽视上述的三元辩证体中的其他要素，所有这些要素共同构成了城市内涵和城市功能。在充分运用时，这个三元辩证体可以带来更好的设计决策，而这些决策是城市建设所需要的，也没有使城市形态建造被偶然性和权宜之计所左右（更多这方面的内容见第9章）。

规划者和设计者的复杂性构成

当设计空间可能性被文化、空间、时间这个三元辩证体或相互作用所拓展时，设计的情境、程序和构造的框架延伸出了一个可能出现结果的多维矩阵。这是令人敬畏和激动人心的。作为设计师，我们只能吸收这么多信息。希望本书的指引能够让新秀设计师超越规划的半抽象性，能够应对这些复杂的CST模式，能够进入探讨和阐释复杂的城市内涵和城市功能的构造空间关系的神奇世界。我们面对的信息越多，这个过程就会变得越复杂，就会更需要新的方法论。

作为构成顺序和结构的设计

这部作品探讨了第2章中所总结的城市内涵的多种不同定义，从作为主要焦点的构造秩序的基本建筑模块开始，演变到通过使用把建筑模块和元素放入空间关系中的构造

结构而获得的形态、使用、动机［林奇（Lynch），1989］，文化、空间和时间［索雅（Soja），1996］的融合，都努力让它们拥有更广泛的相关一致性。

城市或者社区的设计既是有意的也是无意的，由受过培训的设计师直接地和政治家、市场人员、工程师和日常活动的人们间接地共同完成。作为实践中的规划师，你每天的决定确实会改变和影响到建筑形态，并可以让你成为城市的建造者，又或是设计师。

大部分规划师、社区领导者和开发商对设计只有很少的了解，他们在大多数情况下都是依靠于咨询顾问或者是对其他社区的作品进行模仿，例如那些被别人认定为“偏爱的”和“不偏爱的”实例，来自其他城市情境中的设计的实例。所有这些人都有能力参与到作为过程和结果的设计中，但是我们必须超越对设计的讨论并触及本质——一种把内涵深入到形式中的工艺。这就是所谓的 “（头脑中印象）超清晰形式”。（弗里得曼，2000）在这种形式下，作为超越精神的探索过程结果，形式和观念融为一体。原本作为精神概念的思想演化进入了超清晰形态。

一些读者满怀希望地寻求额外的设计指导和经验，另一些人可能会通过对设计认识的增进来拓展自己在非设计方面的职业发展道路。对所有人来说，基本的问题就是：是否每一个人，在现有的对设计缺乏经验的状态下，作为所谓的非设计师，通过设计构造方面的准备和指导，都能参与到物理空间的几何学（土地测量法）和构造排序之中来？我的答案是，具备动机并努力，这是可以实现的。

在没有接受过任何设计教育的前提下，本书旨在提升你作为参与者的能力。本书试图突破设计实例的修辞（“好”与“坏”，“倾向”和“不倾向”），通过结合讨论、信息共享和动手制作过程，向你介绍设计的元素、原则和构成。设计是需要去体验的，它既是理论和原则的应用，又是尝试和犯错，并在两者中共同进步。它既包含了恐惧和失败，又有欢欣、愉快和成功。当在特定的环境下，同心协力地、努力地把几何学应用在了规定的要求或项目上，但却没有效果时，失败是可以接受的。当然，这不是真正的失败，而是探索。正如我们在开始时讨论的，这是一种玩耍的体验，是抽象而真实的、概念化而可以衡量的。你需要通过积极、专注地阅读、讨论和练习来提升自己的学习体验。

你将能通过参与动手创作来学会如何进行设计，而我只是在引导你们。

在城市设计中，我们追求把构造的秩序和某些时期内文化和社区的内涵融为一体。这个“秩序”并不意味着千篇一律或者僵化，它为建筑形式的创造过程带来了连贯性和有效性——从策略到聚合。这个“内涵”是驱动着“是什么、有多少和在哪里”的隐含故事。应对时间和情境给设计构造的秩序带来的挑战增加了设计和其内涵的丰富性，并且要求设计师能够有精力兼顾、调整和适应。

参考文献

Brosterman, Norman, 1997: *Inventing Kindergarten*: Harry N. Abrams, Inc., New York.

Castells, Manuel, 1983: "The Process of Urban Social Change." In *Designing Cities: Critical Readings in Urban Design*: Cuthbert, Alexander R. (ed.), 2003, Blackwell Publishers, Cambridge, MA.

Friedman, Jonathan Block, 2000: *Creation in Space: A Course in the Fundamentals of Architecture, Vol. 1: Architectonics*, Kendall Hunt Publishing, Dubuque, IA.

Johnston, Charles MD, 1984/1986: *The Creative Imperative*: Celestial Arts, Berkeley, CA.

Johnston, Charles MD, 1991: *Necessary Wisdom*: Celestial Arts, Berkeley, CA.

Kasprisin, Ron and Pettinari, James, 1995: *Visual Thinking for Architects and Designers*: John Wiley & Sons, Inc., New York.

Lynch, Kevin, 1989: *Good City Form*: MIT Press, Cambridge, MA/London, UK.

Soja, Edward W., 1996: *Thirdspace*: Blackwell Publishers, Cambridge, MA.

Strauss, Anselm and Corbin, Juliet, 1998: *Basics of Qualitative Research*: Sage Publications, Inc., Thousand Oaks, CA.

Webb, Frank, 1990: *Webb on Watercolor*: North Light Books, Cincinnati, OH.

Webster's New World Dictionary, Second Concise Edition, 1975: William Collins & World Publishing Co., Inc.

第2章
城市设计在文化中的定义和原理

在我和同样从事城市设计的同事聊天的时候，有好几次我们都谈论到了设计的定义是什么，这点让我感到很有趣——我们对设计的定义没有普遍的共识，只是存在许多人不同的观点。这是一个很好的起点，因为城市设计这个词包含了较为广泛的一系列议题、观点、角度和理论等内容；简而言之，关于它还没有一个准确的定义。所以，我用一个前提来开始本章，那就是：城市设计就像建筑、景观建筑、工业设计等一样，是关于创造或者是构成某种有形的东西的，这是城市维度的构成，其规模从社区或者小村落跨越到大都市的范围。我们还讨论了，为什么城市设计不仅仅只是聚焦在空间方面。实际上，城市设计是一个把城市内涵和功能的复杂维度和关系转变成物理构成的设计过程。这就是我们面临的挑战。

城市设计的（众多）定义

城市设计的定义数量就像一门设计课程的教职员工数量一样多，甚至更多。这些定义相互关联，共同形成了一个更广泛的设计视野。我们要懂得和理解这一系列定义的含义，并要帮助学生认识定义中存在的并且会影响到城市学原则的不同议程和观点（是的，也包括政治上的！）。

城市设计是一个广义的概念，有很多具体的诠释。一般情况下，设计被理解为用于应对物理特性和环境因素的，例如，建筑物之间的空间，建筑和开放空间的关系，以及被作为公用事业的基础设施、街道和街区布局所决定的更大的城市结构。从较为狭义的角度来理解，城市设计包含着城市美化、人行道设计和自行车流通方案。

从地理景观到建筑设计、建筑和社会学，城市设计的定义根据设计师或空间规划者个人的工作和学术背景的不同，也存在着巨大的不同。

城市设计学校培养了许多从业者，他们的主要关注点就是空间建造（大规模的构造空间）；其他有较少设计背景的从业人员则是把主要精力放在文化内部或文化之间的关系处理上，城市设计在这里成了这些文化的一部分。这些观点都是实际有效的，而且包括较宽泛的定义。正如本书中讨论的那样，随时间推移，城市设计的基础在时间中既是设计（空间），又是文化（人类行为）。

社区设计是和人类社区的组织相关的……（聚焦在）"组织"，其次才是形式，强调社区设计的系统基础……基于良好的技术知识、想象力和对于城市的系统本质的分析理解以及对社会正义及民主的政治承诺。

[拉扎罗（Lazano），1990，P.23]

在城市化的概念下，城市区域的物理层面的设计是针对单体建筑设计活动的外推法过程，对于城市规模综合建筑体的应用是城市化的基本特征……（还有）专业人士在处理社区范围设计问题上相对经验缺乏，而且他们也缺乏分析洞察力，这导致了用机械论的理由来支持一个构造图景。城市化如果仅仅是指把建筑构图规则变化到城市综合体中，就会把城市设计局限为对于唯一一个强大的创作理念的选择。

[拉扎罗（Lazano），1990，P.23]

作为文化和更广泛文明的一部分，设计是一门艺术，而不仅仅是一个定量的和技术性的构造过程。这门艺术需要用玩乐的态度和创造力来应对城市规模上的复杂性。用创造性的方式来游戏会带来超越一般量变过程的探索和发现；它同时包含了定性和定量的部分，以及直觉感受和理性思考。正如我们将在本书中看到的，思维中的认知感受元素（用感官思考）和其相对应的智力元素（用脑子思考）对于形态创造和空间建造的设计是必不可少的。设计需要使用空间媒介，例如绘图、构建模型、陶土、纸张和纸板，这些可不是完全过时了的工具。我把这整个过程看成是全身心的思考。

形式是通过几何学，即大地丈量法来度量的。设计就是对于人类文化以及他们的定居点的创造实体所不可或缺的构造顺序的形成

[戈尔茨坦（Goldstein），1989]

城市设计在现实中是一个概括性的术语，包含了上述所有的方面。我认为，城市设计的基础是在社区视角中，正因为如此，我认为城市设计可以被表述为：

社区多维度复杂性的空间构成，是（在设计师的协助下，并通过社区）从被观察到的（城市）社区内涵转化而来的。

我在本章开头列出了关于城市设计定义的多个例子。下面让我们抛开政治和其他建筑装饰因素，真正地来了解一下空间组成。

“城市的”（urban）一词用于给规模下定义，意为“城市区别于农村的物理特征”以及构成一座城市或城镇。在这方面，诸如“地区的”“乡下的”的设计，在不同的范围内涵中具有相同的重要性。我通常使用“社区设计”这一名词，因为这一名词定义了相互联系的一群人或是并非是专用区域的社会组成单位。使用规模这一名词时，记得要在它后面加上“意义”或“功能”以供参考，还要将文化、空间、实践辩证法与其联系在一起，这将是一个复杂的因素。

设计是一个制作东西的过程（在本书中是物理层面的），本质上是体现一个社区的不断变化的现实或给定的空间模式。[约翰斯顿（Johnston），1991] 它们不脱离于现实，而是与现实相联系。这并不是关于是否遵从功能的辩论，也不是关于是过程还是结果的辩论。如果我忽视产品的设计，那么过程就得不到检验和提高。

来自不同作者的关于设计的关键话题：

1. 空间的设计是文化的一部分（需求、身份、功能、形态、生产、装饰和符号）（拉扎罗，1990），在现实中并不是一个接着一个的，而是交织在一起的。

2. 设计是通过认知知觉（感官）创造或塑造物理形态的过程（阿恩海姆，1996），这不是、也不可能是单纯的智力过程；了解这点对于刚入门的设计师来说是至关重要的：“动手制作”的行为（用构造的要素和原则做游戏）是一种思维的行为，它会带来超越精神思维过程的探索和发现。设计不是线性的，它构成了对现实（而非虚拟现实）的感官参与。

3. 早期幼儿园的一个明显的、实用主义的目标就是唤醒感觉，弗里德里希 · 弗勒贝尔（Fredrich Froebel）认为，这些感觉与动物、植物和矿物质的生长相联系。

4. 设计由元素（建筑模块或空间名词）、原则（组装规则或空间动词）、关系或是交互，以及所得的组合物（两个或更多个组合元素相互联系的结果，体现了一系列原则或行为规则，讲述了一个故事或是一个比喻）之间的相互作用和联系所构成。

5. 设计成为“第三空间”；不同于各个部分简单相加的整体，以及创造性行为的不确定性结果。在这里，形态和功能融合成一幅构成的逼真图景，这并不是妥协或混合，而是形式和想法的“空间之舞”。

6. 设计在现实生活和那个现实中的物理现象中被找到。因此，我建议进行些有关创新性系统［卡帕拉（Capara），1982；约翰斯顿（Johston），1984/1986］和生态学［马图拉纳和瓦里拉（Maturana和Verala），1980；贝特森(Bateson)，1972］方面的补充性阅读。

城市设计在文化和文明中的体现

人类居住区的现实情况或者内涵

人类居住区的现实情况或内涵是一支复杂的"舞蹈"，它包含了设计的基本理念。理解这个现实需要同步进行的定量和定性的过程，以探索关于空间格局的可能性。这支"舞蹈"有时是连贯和同步的；而作为变化的维度和新型互动的一部分，它有时又是冲突的。这些过程本身仅仅是不完整测量中的形态和数字。在设计上，它们构成了旨在给这些复杂的相互作用带来一定秩序的持续互动追求，这既是不可预见的，又是不能被长期目标所控制的（没有目标的旅程），它们更多地被看作是正在发生的可能性。

为了寻求本书中的构造的基础，我参考了曼纽尔·卡斯特尔斯（Manuel Castells）、爱德华·索雅(Edward Soja)和其他人的书，因为这些书阐明了这支"舞蹈"。

（1）城市的内涵是"在一个特定的社会中，历史（和现代）行动者的冲突过程……定位为普通城市目标［定向愿望］的结构特性"。

（2）城市的功能是"为了完成每座城市历史形成的内涵所赋予的目标而形成的、环环相扣的组织方法体系。"

（3）"城市内涵和城市功能共同确定的城市形态。"

卡斯特和他的同事们并不认为经济状态决定城市形态，他们强调城市内涵、城市功能以及空间形态之间的关系和层次。他们把城市形态描述为，"总是被不同的历史参与者之间的冲突性过程（我强调的）所决定的，城市内涵和城市内涵（和他们的形态）的历史叠加的象征性表现"。这些参与者之间的冲突聚焦于城市内涵的定义，来自于不同利益、价值观和方法的多角度的城市功能恰当表现，以及城市内涵和（或）功能的合理象征性表达。

因此，他们定义城市规划为，把城市功能变为一个共享城市内涵的协商式适应；出于本文的目的，他们定义城市设计为，在某些特定的城市形态中表达某种公认的城市内涵的象征性尝试。度规张量［加来道雄（Kaku），1994］或复杂性矩阵由此开始了。亚历山大·卡斯伯特（Alexander Curthbert，2003）曾长篇累牍地强调，城市设计是完整的情境过程，而不是一些规划学者所认为的“技能”的过程；我们没有把重点放在核心技能，而是放在核心“知识”上—— 强调参与者、过程、观念和传统之间的应激反应关系。

为了让城市设计能被解释为“创作某种东西”，我坚决主张我们确实需要统一的核心技能，并且这些技术需要依据影响这个构成的复杂程度来调整其风格和应用。这些技能受到文化、时间到空间的综合影响。基于定义内涵和功能的复杂性，我们需要一种新的语言来传达这样的复杂性。

扩展城市内涵：空间、文化和时间/历史

爱德华·索雅（Edward Soja）在《第三空间》（1996）和《后现代都市》（2000）的写作中搭建了一个平台，使读者能够了解设计的社区现实基础，即空间、文化以及历史/时间三者的辩证关系。

空间

以下有一些为了讨论的目的而在城市设计中使用过的空间定义。从本质上来说，空间是生命和生活各个方面所固有的；空间的设计需要在其意义、形态和材料中反映和彰显生活以及生命的状态——这从理智上看起来非常平淡无奇，而要体面地实现却是很有挑战性的。

（1）空间是封闭的行为，这个概念在20世纪60年代随着生态运动和设计群体对于环境心理学的信奉而走到了城市设计的最前沿。

（2）空间作为封闭的需求和功能：城市功能中的“什么”和“多少”的基础。

（3）空间作为一个生命系统——一个生态设计过程，其设计的结果和模式从这个过程中发散出来，形成一个生态过程，并且不会单独作为“绿色产品”、生态设计的硬件设施或“可持续发展的设计”——如果这个过程在本质上不环保，那其结果也不会是环保的。

（4）空间作为由几何学形成的规则形态：相互联系的形状（形状元素、明暗度、颜色、构造）。

（5）一栋建筑物存在的目的是让地点成为揭示给定环境中可能存在内涵的地方，因为我们存在于那个环境中，并且是对它负有责任的一部分。

（6）空间结构通过聚合具有密切联系的实体作为组织关系（这是“如何”创造某种东西）来进行定位。

（7）空间与其他空间之间具有封闭、延伸和连接等关系。

（8）空间是内涵和功能的真实形态表现，一旦空间变得“具体”，就会再次改变其内涵和作用——成为自然发生的现实。

上述有关空间的描述体现了爱德华·霍尔（Edward Hall，1966）、克里斯托弗·亚历山大（Christopher Alexander，1964）、罗伯特·柏克德（Robert Bechtel，1977）、保罗·斯普赖雷根（Paul Spreiregen，1965）、爱德华多·拉扎罗（Eduardo Lazano，1990）、哈米德·希尔瓦尼（Hamid Shirvani，1985）、爱德华·索雅（Edward Soja，1996）、杰弗里·勃罗德彭特（Geoffery Broadbent，1990）等作者的作品。

文化

文化是多面而复杂的。让我们从《韦氏字典》开始。

文化指特定人群在特定时间段内的观念、习俗、技术、艺术。

在这些观念、习俗、技能等之内，索雅及其他作者把经济、政治、社会问题和互动都归纳成文化的功能。文化还引发了关于“是谁在设计城市”的讨论！这涉及城市设计中的美学意识形态［鲁宾（Rubin），1979］，代表了西方文明中城市功能和城市“文化”的两极分化情况。在这里，很多持“文化”观点的学生已经不能够接受被形态影响、作为价值的象征性体现的城市（现代化的城市）了［鲁宾（Rubin），1979］

概括性词语“文化”一词，要求我们用跨学科的方法对社区进行观察和分析。并且，正如我要进一步讨论的，设计过程必须以互动的方式向社会公开，并且在整个过程中让社区成员真正有主人翁的感觉。这并没有削弱城市设计者的作用，而是极大地强化了这种作用（见附录B）。

在城市发展研究的许多要素中，设计都有明确的角色要扮演——评估空间、文化和时间的相互作用。

度规张量再次建立，并且变得更复杂。

时间/历史

把时间看成周期性、行动发生的时间跨度，以及这些行动会带来新形态的出现；当新周期性开始时，这些形态会再次发生改变，并最有可能伴随着出现新的情境和新的局限性。这些周期是时间的载体，构建并用象征学来标记即将出现的现实或者混合体所导致的形式。这些载体又是时间的度量衡，在那个时期的建筑、制造和艺术领域中，与正在兴起的形态之中所体现的文化习俗和思想有着直接的关联。

时间因素包括但又超越了历史维护和保护层面。为了历史重要性而保护社区的某些方面，提供了与过去的文化和风格的连接，但并不一定有必要把过去和兴起中的现在桥接起来。所以，时间为设计人员提供了三组元素：历史与知识，现在和新出现的模式，可能性和不确定的愿望和结果。

在本书接下来的部分，我将提到“残余”的重要性，它作为连接过去、现在和未来的方式，与文物正好相反。简单地说，文物是过去留存下来的物品，残余则是一种关系的模式。这些模式往往是由更大的历史模式遗留下来的物理/空间的元素和布置构成的，能够反映一个历史时期的文化（社会学、政治、工艺、原料、内涵等）的痕迹。这些残余可能有充足的能量和创新能力，跨越从古代到现代、当代到未来的时间鸿沟，被重新整合或再造成现代构造中有意义的一部分。关于这个问题，在附录C有更详细的叙述。

设计在文化中的兴起

让我们回到设计上并审视其在历史和人类维度中的基本依据。现在沉迷于数字世界的许多学生，往往会忘记或忽视设计作为文化的一部分的基础起源。

人类经验和度量

从营地、乡村到城市，设计由涉及城市内涵和城市功能的创新组成，它以食品生产、防御、家庭单位的需求和服务的实际经验为基础，并以生存的基本文化需求为表现。

1）便于耕作的土地分割：一个人在一个工作日内可以耕种（非机械）的土地数量，约为209ft^2

2）居住区的规划（家庭、氏族、行业、生计之道）

3）很多地方成为了广场、庭院和花园：成为公众共享的土地（牧场、粮食生产）、保安和社会等级（例如：在庞贝，一个家庭可能拥有一栋这样的别墅，它带有临街商

店，后面是商店和公寓所共享的庭院，在最后的是家庭的一个较小的私人庭院）

4）防御：军营、护城河和墙壁（栖息地和边缘）

5）按照人体度量来建造，即在人体“参数”之内或适合人体比例；人类在他们“能够得到”和工具受限的范围之内进行建造；记住，尺寸是有历史渊源的，因为普通罗马军团士兵的身高是4ft（1ft=0.3048m）6in（1in=0.0254m），拇指长度是1in；经典的罗马瓷砖图案是依据一个工匠可以够到的范围设计的，等等

6）以（设计中的）最佳尺寸设计的城市（希腊人）：希腊人从一种有限感和人类的尺寸来看待他们的城镇设计，这对于城市居民基本上是可以理解的和可实行的［施普赖雷根（Spreiregen），1965］

超越人类的需要和度量—— 抽象、宏伟的力量和防御空间

后罗马时代来临了：

1）主要和次要街道：动脉和集散车道

2）网格的拓展使用：分散和高效率的循环

3）纪念碑：政治权力的兴起和表达，对设计的影响

4）封闭的城市空间：隐私和安全

5）对文艺复兴的灵感启发

6）基础设施作为空间“组织者”的重要性

7）罗马的下水道：庞大而失败的工程

中古世纪学者，从崩溃中恢复过来的新兴文化：

1）一流的主教文化，被教堂和修道院所主导

2）城堡和城市（防卫、城邦和地盘争夺战）

3）防御工事、教堂、同业公会

4）围墙，边缘和封闭

中世纪的设计师在现有的情境下进行设计—— 这是不定期的，并且根据当时文化和经济方面的压力，包括治安和商人阶层的兴起，而不断进化演变（斯普赖雷根，1965）。这是情境的复杂性！度规张量再次建立。

文艺复兴时期带来了理想的城市设计，标志性建筑之间相互联系，并在经典秩序和装潢中找到了设计思路，扩展了它们的使用；还同时引入了“巨大”或“庞大”的秩

序，使建筑物无论从远距离还是近距离都可以被看到。商人阶级和投资人成熟了，资本主义形态兴起了。

工业时代和技术文化

即将出现的机械时代和笛卡尔设计方法的巅峰：

1）理想城镇

2）工人城镇

3）为了健康和清新空气的“健康女神”规则；杰斐逊的网格公园规划

4）英国式规划的工业城镇

5）铂尔曼，伊利诺伊州（1879）；阳光港口计划（1887），加里，印第安纳州（1906）；科勒，威斯康星州；洛厄尔，马萨诸塞州（1882）

工业时代的技术

铁路、公路、运输、机场、即将出现的基础设施或当代城市的聚集框架。这是公共工程设计者的时代。城市功能正如催化剂一般在建设城市过程中占据主导地位。

斯普莱雷根（Spreiregen，1965）告诫设计师们不要肤浅地使用技术，促使评估技术对于社会和城市生活质量产生益处，同时避免把它作为权宜之计和追求新奇的手段。

对于工业时代的回应：田园城市运动和自然保护主义者。新兴的改革文化和生态意识将人类重新带回到了与大自然合作共处的位置上。

德国教育学家弗勒贝尔（Fraebel）很轻易地将生物相互关联性的概念（生态）吸收到了自己的作品中：“我可以在多样性中感知到统一性，这种多样性包括力量的相关性，所有生命、物质的互相关联性，以及物理学和生物学的原则。”［布罗斯特曼（Brosterman），1997，P.18］。

美国实验

务实的美国时代：来自希腊的Pragmatikos在经营生意的时候，在许多不同的系统中寻找有效的方法，而这些方法不一定都均衡、实用，但却是新兴的折衷主义文化。

城市美化运动：在19世纪90年代以及20世纪初，在北美建筑和规划领域掀起了由丹尼尔·伯纳姆领导的一场改革运动，它侧重于设计中的欧洲式奢华。该运动的提倡者认为，城市的宏伟壮丽可以提升公民道德水平（勃罗德彭特，1990）。

公共工程总监，工程壮举和大型城市基础设施以及旧城改造的兴起。

（早期）新社区运动，雷得朋，新泽西州

不断变化和扩大的城市地区、第二次世界大战后和美国城市的分散——郊区（摆脱网格状），奔向伊甸园。

后现代，怀旧，新城市主义和新边界的搜寻（弗兰克·欧文·格里㊀）的后大都市主义（爱德华·索雅）

后现代主义在建筑理论上是一种风格，在文学理论上是一种方法。虽然没有达成过共识，但音乐、电影、建筑、艺术等领域的不少人都认为，后现代主义在本质上是对于世界的一种视觉上的理解。它的出现恰好和20世纪70年代一种全新的、充满活力的、风格多样的多元文化结合在一起。这种“风格”已经产生了与资本主义相关的超级明星项目和巨星级建筑师，并且与“代表（同时反对）一个前进中的工业时代的‘高级’资本主义的现代主义具有相似性和连续性（后继性）。”［朱肯（Zukin），2003］。也许我们能把它视为是源于社会分化的文化?

新城市主义（在英国是新传统）被形容为“被基本经济和政治议程所驱动”，它是资本主义所信奉的，具有极端保守的、局部的和历史主义的属性［卡斯伯特（Cuthbert），2003］。在辩论的一方看来，新城市主义与近郊是相悖的，它是一个对更正式城市框架的回归；另一种观点，包括我自己的，认为这是对近郊的一个保守且正式的补充。从其他方法和理论摘选过来的，新城市主义的不少方面的内容都是有可取之处的，所以这是在批评那些更僵化的类型学以及它们的包装和推销。贡献在于城市设计具体实施的包装差异性领域，如以形态为基础的区域划分和城市混合密度概念，而后者在更多在小城镇和半农村景观有所应用（之后会更多地阐述这一点）。

弗兰克·格里和新的建筑技术：弗兰克·格里把来自军事和空间计划技术的新设计软件技术带入了建筑的过程。形态的边界已经走向了新的方向。盖里的风格被标记为结

㊀ 弗兰克·欧文·格里（Frank Owen Gehry），1929年出生在加拿大的多伦多，原名弗兰克·欧文·戈德堡，曾获得过普利兹克建筑奖、加拿大勋章、美国建筑师学会金奖和其他奖项，是洛杉矶的著名建筑师。他的作品包括西班牙毕尔巴鄂的古根海姆博物馆、洛杉矶的沃尔特·迪斯尼音乐厅以及西雅图音乐体验馆等。

构主义或结构建筑学，它以割裂于当地情境和功能必要性的、形态被雕饰过的结构独立性为基础。

城市设计里对内涵和联系的探寻和对人类视角的回归

后大都市——在母体城市之后：爱德华·索雅讨论了郊区、偏远的城镇和城市与历史悠久的母体城市的分离。这些郊区和远郊社区内部之间比他们和地区主要城市的联系更紧密。高速公路、高速环路、大型商场、“大盒子”（集大卖场、家居超市、特色餐厅等为一体的连锁商业集团），连接市中心及离岛的就业校区，都促成了这股离经叛道的潮流的出现。像洛杉矶和拉斯维加斯这样的主要的新城市伴随着全新的城市形态模式兴起，而传统的东部沿海和中西部城市则以混合形态兴起。

一个新的区域主义：戴维·米勒（David Miller，2005）描述了一个新区域主义在太平洋西北部的兴起，打破了提倡用一个全球普遍通用的方法来进行设计的国际化风格。米勒把这个新区域主义描绘为一种根据当地的条件而形成的建筑风格；它抵制被全球生产和消费的迫切需要完全吸收。这种批判的地域主义，通过增加情境的复杂性来取代如新城市主义这样的形式化模型，因此不断地扩展了度规张量。关于地区主义，米勒引述建筑师哈威尔·汉密尔顿·哈里斯（Harwell Hamilton Harris）的话，我将用其作为对于情境复杂性的积极回应的一个论据：“要表达，必须先建立想法。要让想法建立，它就必须是具体化、本地化的，并且被定位在一个区域内。”米勒还引用了肯尼思·弗兰普顿（Kenneth Frampton）1982年所写的关于批判地区主义的一篇文章，该文提倡地方条件孕育出来的建筑风格，并且抵制被全球生产和消费的迫切需要所完全吸收，因为在这种状况下，时尚在设计中就是整体性的敌人［弗兰普顿（Frampton），1982］。

现代派社区主义

结束点是在这种条件下出现的：自第二次世界大战以来，与当地社区利益割裂的实体，即全国性公司和跨国公司出现并占据了主导地位。这些企业促进了公司建筑以及以商场、广场、写字楼发展项目和一系列零售商店为代表的城市设计的兴起。他们对于投资者经济回报的关注导致了为了让客户消费而准备的产品包装和营销，而对个体社区功能的内涵表现出较少兴趣。美国的城市可能拥有相同的购物中心模式，即沿着主要公路干道，大约每英里（mile，等于1609.344m）左右重复出现一次；同时还有在每个中心都会重复出现一遍的相同的零售和娱乐服务场所（零售企业）。

公司城市化发展的包装和营销鼓励了可预测和可重复的形态，从“大箱子”仓储零售巨头，到仍被特许经营企业的零售网点所占领的休闲中心，再到展现出主题化或怀旧风格的住宅小区模式。社区的聚集地现在都是在消费者获取空间中的私人领地上的，这些领地由私人实体所控制、保护和制定政策。这是社区发展、建筑和设计中的一股强势力量，通常是企业中间人取代了公民的角色。

现代派社团主义、新区域主义和创造性都市主义这三者相互矛盾的性质是城市发展的一部分，也是城市复杂性的一部分。城市设计师们有这样的选择：为了利己和包装的需要，接受并提升全国的和国际化的模式，或者超越这些模式，为了丰富多样和创新性的要求或设计，重新投入到日新月异的社区有机体的复杂设计之中。

参考文献

Alexander, Christopher, 1964: *Notes on the Synthesis of Form*: MIT Press, Cambridge, MA.
Arnheim, Rudolph, 1969: *Visual Thinking*: University of California Press, Berkeley, CA.
Bateson, Gregory, 1972: *Steps to an Ecology of the Mind*: Ballantine, New York.
Bechtel, Robert B., 1977: *Enclosing Behavior*: Dowden, Hutchinson & Ross, Inc., Stroudsburg, PA.
Broadbent, Geoffrey, 1990: *Emerging Concepts in Urban Space Design*: Spon Press, London.
Brosterman, Norman, 1997: *Inventing Kindergarten*: Harry N. Abrams, Inc., New York.
Capra, Fritjof, 1982: *The Turning Point*: Simon & Schuster, New York.
Castells, Manuel, 1983: "The Process of Urban Social Change". In *Designing Cities: Critical Readings in Urban Design*: Cuthbert, Alexander R. (ed.), 2003, Blackwell Publishers, Cambridge, MA.
Cuthbert, Alexander R. (ed.), 2003: *Designing Cities: Critical Readings in Urban Design*: Blackwell Publishers, Cambridge, MA.
Frampton, Kenneth, 1982: *Modern Architecture and the Critical Present*: Institute for Architecture and Urban Studies, New York.
Friedman, Jonathan Block, 2000: *Creation in Space: A Course in the Fundamentals of Architecture, Vol. 1: Architectonics*: Kendall Hunt Publishing Company, Dubuque, IA.
Goldstein, Nathan, 1989: *Design and Composition*: Prentice Hall, Inc., Englewood Cliffs, NJ.
Hall, Edward T., 1966: *The Hidden Dimension*: Doubleday, Garden City, NY.
Johnston, Charles MD, 1984/1986: *The Creative Imperative*: Celestial Arts, Berkeley, CA.
Johnston, Charles MD, 1991: *Necessary Wisdom*: Celestial Arts, Berkeley, CA.
Kaku, Michio, 1994: *Hyperspace: A Scientific Odyssey through Parallel Universes, Time Warps, and the Tenth Dimension*: Oxford University Press, Oxford, UK.

Lazano, Eduardo E., 1990: *Community Design and the Culture of Cities*: Cambridge University Press, Cambridge, UK.

Lynch, Kevin, 1989: *Good City Form*: MIT Press, Cambridge, MA/London, UK.

Maturana, Humberto and Verala, Frank, 1980: *Autopoiesis and Cognition*: D. Reidel, Dordrecht, Holland.

Miller, David E., 2005: *Toward a New Regionalism*: University of Washington Press, Seattle, WA.

Rubin, Barbara, 1979: "Aesthetic Ideology and Urban Design". In *Designing Cities: Critical Readings in Urban Design*: Cuthbert, Alexander R. (ed.), 2003, Blackwell Publishers, Cambridge, MA.

Shirvani, Hamid, 1985: *The Urban Design Process*: Van Nostrand Reinhold, New York.

Soja, Edward W., 1996: *Thirdspace*: Blackwell Publishers, Cambridge, MA.

Soja, Edward W., 2000: *Postmetropolis*: Blackwell Publishers, Cambridge, MA.

Spreiregen, Paul D., 1965: *Urban Design: The Architecture of Towns and Cities*: McGraw-Hill, New York.

Webster's New World Dictionary, Second Concise Edition, 1975: William Collins & World Publishing Co., Inc.

Zukin, Sharon, 1988: "The Postmodern Debate over Urban Form" In *Designing Cities: Critical Readings in Urban Design*: Cuthbert, Alexander R. (ed.), 2003, Blackwell Publishers, Cambridge, MA.

第3章

城市设计的语言和参数

设计的语言

语言是交流的能力，在大多数情况下，是用一套符号的组合进行的。这套符号的范围从被构造为代表声音的图像符号的表示物体和思想的词汇，到表示形态和空间元素的形状和线条。语言的特性因文化，给符号及其强调的内容定义并赋予其附加含义的人群的不同而变化。

设计作为一种过程也有自己语言——一种探索和发现的语言，而不是简单的表现陈述。这种语言传达的是空间关系，因此是由代表形态的符号和形状构成的，而不是由代表声音的字母和单词构成的。表现方法包括绘画和模型制作。尤其重要的是，设计的语言有两个主要任务：在内部，在设计过程中把对新兴形态的探索和发现传递给设计师；在外部，把新兴的设计模式传递给他人（客户、社区、团队成员等）。

对于我的学生们，我要强调的是，城市设计不能只停留于详谈，或是仅靠思维而不靠认知感觉来应对，即仅用感觉思考。事实上，经常有新发现仅仅是从游戏的过程或者说手工创造的过程中领悟到的。

设计的字母表是由空间要素（形状、线条、点、颜色、明暗度和它们的构造，如平面、体积等）组成的，其中最重要的是这些元素两者或更多者之间的关系。图形语言的“字”“句”和“段”是根据空间原则组成的关系集合，这些原则引导了构造的组织和结构。例如，一个构造可能会有“定向运动”，这意味许多元素会形成对角的、垂直的或曲线的路径或图案。网格和径向脉冲串是聚集构成的几何结构类型。这些关系集合中的每个组件都有蕴含的空间故事述说或空间暗喻过程。

和设计相关的符号和图像是经过漫长世代对人类居住区建设的途径和方法的解读形成的。这些符号曾经是并且现在仍然是与人类的经验和比例规模联系起来的；它们和我们相关的，它们来源于我们……这是当文明进入空间思维和人类维度可能有着明显的不同或者割裂的数字机械时代时，需要提醒人们的一点。

基本的图形语言技巧

以下部分简要地总结了设计构成中使用的主要语言类型和技巧，它们对视觉思维过程来说是至关重要的。在书中加入这段总结，是因为我发现，许多规划方面的学生，甚至还有专业人士，并不熟悉或精通这些基本的绘图类型，并正在变得对数字化的图形程序过度依赖，因而脱离了视觉思维的感官体验；而经验丰富的设计师则可以跳过这部分，进入到下一个部分。

我把图形例子都放在了附录A中。我鼓励对可应用于城市设计的绘图类型不熟悉的所有人，也要认真复习示例图形和相关讨论。

这虽不是一本绘图书，但绘图类型却不能被忽略，因为它们是设计构成过程中的必要成分。对规划师来说，轴测图、剖面图和平面图对于三维立体思维和交流来说都是必不可少的。我建议他们把焦点放在这里。

正投影和平行线立体绘图

正投影图是正向前的视图——直角的、确切的或标准的图像。正投影图只有很少的失真（有些在空中摄影）或根本不存在失真，因此可用于标准的、可测量的图形研究，并作为设计和施工的表现手法。因为它们是可测量的，所以既是定量的又是定性的。平面图、剖面图和立视图类型都是正投影。

平行线的立体绘图是线条始终彼此保持平行，并且就像在透视图中也一样不会扭曲的绘图。轴测绘图是一个对设计师和规划师有着特殊价值的平行线立体绘图，因为没有视角变形，所以它可以体现出一个体积的至少三个平面，而且是可测量的。基本上，所有的线在平面图、剖面图和立视图中都是平行的，并在轴测图中继续保持平行。

平面绘图

平面绘图对建筑师、工程师和景观设计师来说是必不可少的，它是一个正向下的、水平平面的直角图像，体现了那个水平面（住宅平面、办公室布局、街区局部等）上的关系。这个平面是正投影和定量的图像，对于标准参考和测量至关重要。一个依照惯例的比例[㊀]是为测量目的而指定给绘图的，并且总是表现为图形模式和数字。这样，无论平面尺寸以及相应比例中的尺寸扩大还是缩小，比例都能被确定下来。平面绘图也是水平剖面，在这里，剖面线在标准的高位切割了垂直“视图”。在住宅平面图中，水平剖面在地板上方4ft处切割，这意味着所有的墙壁高度从地板到切割面最高只有4ft。这是什么道理？因为在这个高度，窗户和门的开口可以在切割（垂直）墙中被观察到。根据所要表达的信息，制作城市规模的平面图时，可以在指定高度上画一条水平切割线。例如，可以做一个50ft高的平面来切割所有从基础水平面起51ft或以上高度的垂直物体。

剖面图

剖面图是从水平面（0～180°）直视（正投影——90°）垂直平面以及平面之内的物体（低一级、平级、高一级）的视图。地点剖面图从垂直于观察者的穿透地点的切割开始，并且在切割线之外和观察者的视线以内，观察者可以在立面中观察任何一个垂直的（包括斜的）平面。观察者选定一个相关视角，同时建立用于参考和定位的切割线。

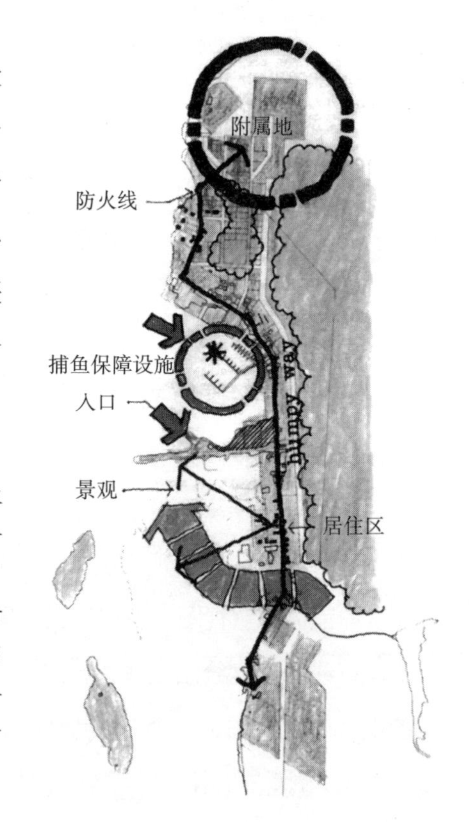

图3.1 佩力肯平面图

当平面绘图包含基本的图形参考信息和方向信息时，它就被称作“工作底图”。附加信息可以添加到底图上，以提升分析水平。工作底图总是会作为原始参考资料而被保留下来。这个阿拉斯加西南部佩力肯小渔村的简单例子，就体现了村庄形态的最重要特征。记住，在城市设计中，分析会溢出项目区域边界，这就需要对不同规模的信息和资料输入进行分析。这个工作地图事实上是一系列地图，从项目区域向外扩展，直到情境被充分识别出来并作为设计线索被评估。

㊀ 在图形信息系统（GIS）使用中，许多设计师为规划地图选定了不依照常规的比例，这为其他参与到设计过程中的人员带来了测量困难。通过GIS程序的计算，不依照常规的比例可以用于测量数据，但在使用标准手工比例和其他测量手段（那些不会因为计算机科技而被停止使用的）的时候，它却不能被用于进行测量。例如，做一个市中心设计的时候，基于工程（标准）比例的一个标准比例，它的范围可能在每个工程比例1in10个增量到每个工程比例1in60个增量之间，和公制的比例相近（以米（m）作为测量长度的基础）。为绘制纸质硬拷贝的标绘地图，这些常规比例在野外作业、团队设计、研讨会等方面很有用。很多图形信息系统（GIS）都用非常规比例（例如，1in相当于462ft标绘的），而且对于团队、客户或设计过程的作用很小。

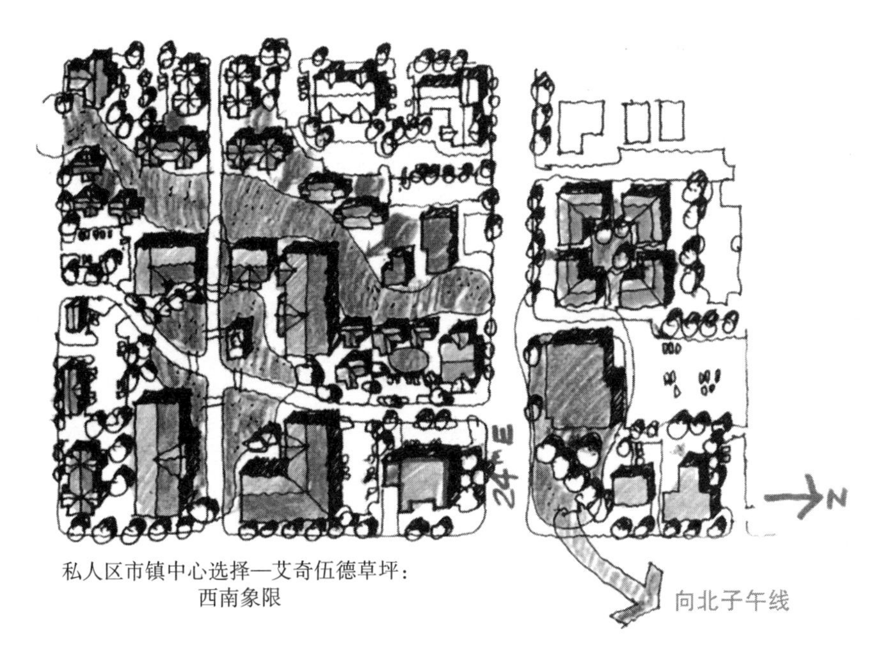

图3.2　埃奇伍德的概念平面绘图

平面绘图也被用作从上方（90°）正向下的或者正投影的视图。埃奇伍德平面图是公共信息系列平面绘图的一部分，用于在公共研讨会和社区中探讨想法和选择项。

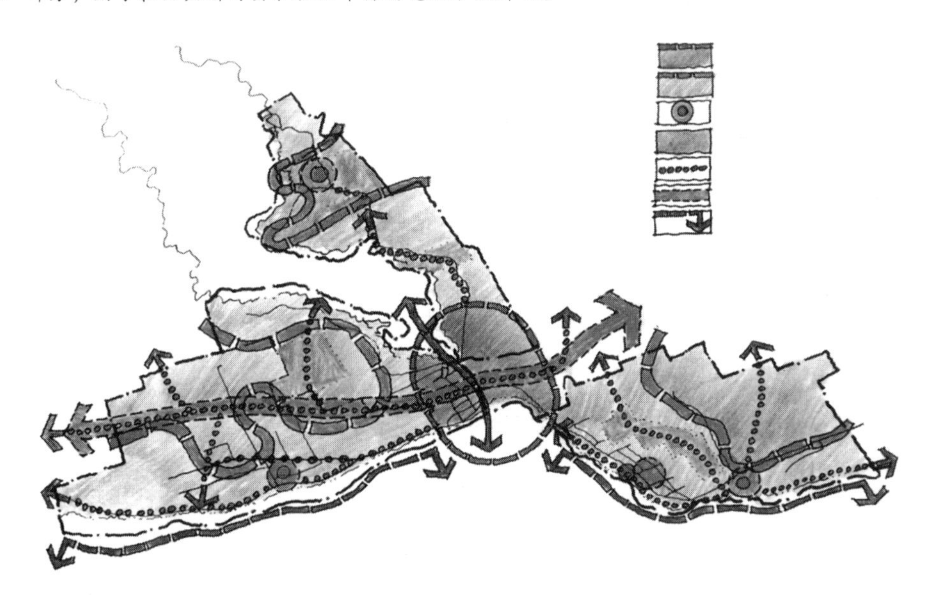

图3.3　不列颠哥伦比亚西彻尔平面示意图

平面示意图是作为工作底图覆盖物而绘制的。例如，当图形形态中的土地利用、人口统计、土地价值、建筑状况或其他信息作为覆盖而被添加到工作底图上时，拥有标准参考资料（街道、人行道边缘、地貌和建筑物、图形比例和指北箭头等）的一个常规比例工作底图就成为平面示意图。现在，工作底图是分析过程的一部分，它建立了档案记录，为手工制作和（或）数字比较提供了基础。在这个不列颠哥伦比亚的例子中，示意图概括了一个地区层面上的主要设计成分。

这个切割线就像一张贴着你鼻子的落地玻璃窗，而你就像是立视图一样直视着它。

除了……沿着切割线的一切，所有都是像被手提锯子切割了一样的水平面和垂直平面，都被强调为切口，通常都有着比高程线颜色更深的线。

前景，观察者和切口之间的一切都消失了，只留下了中景和背景。

如果在切割线以外的一栋远处建筑的一部分被在它前面的或被在观察者和它之间的另一个建筑结构给遮挡住时，你就只能看到这个较远的建筑没有被更近的建筑物（被一个正向前的图像）挡住的那部分。

一个剖面既是切口又是立视图，它通过图像体现出了材料、实际被切割的水平和垂直的（和斜的）平面。在切口之后，但是没有被实际切割的其他平面。这一剖面包括了地面之上的平面，地面以下的平面（地下室和车库）和地面本身的平面。

在城市设计中，地点剖面图在描绘垂直和水平关系时很有用。建筑剖面图更加详细，而且切割区域可能包含了详细的施工信息。一个建筑物可以在多个不同地点被切割，以用来观察立视视图上所不能观察到的内部垂直关系（内部庭院或室内大堂和周围内部空间的关系）。一个地点可以在很多不同的位置上被切割（用来观察和周围建筑有关的户外和地貌特征），并会再次被标注在水平平面视图上以供参考。

图3.4　地点剖面

地点剖面利用了和建筑剖面一样的原则。基于对于切割位置和视图方向的决定，剖面图展示了切割水平和垂直平面，包括路基特征（地下停车场、公用事业、水深等）和地平面上的自然和建筑特征。切割线背后的物理特征通过更淡的明暗度线体现了出来。为了展示立面的所有特征，更浅的明暗度线被保留了下来，而更深和更粗的线则被用于切过的垂直和水平平面（地面、墙壁、地板、停车场、街道、水景等）。这种绘图方法可以追溯到冈本Okamoto和威廉姆斯（Williams，1969）的作品。

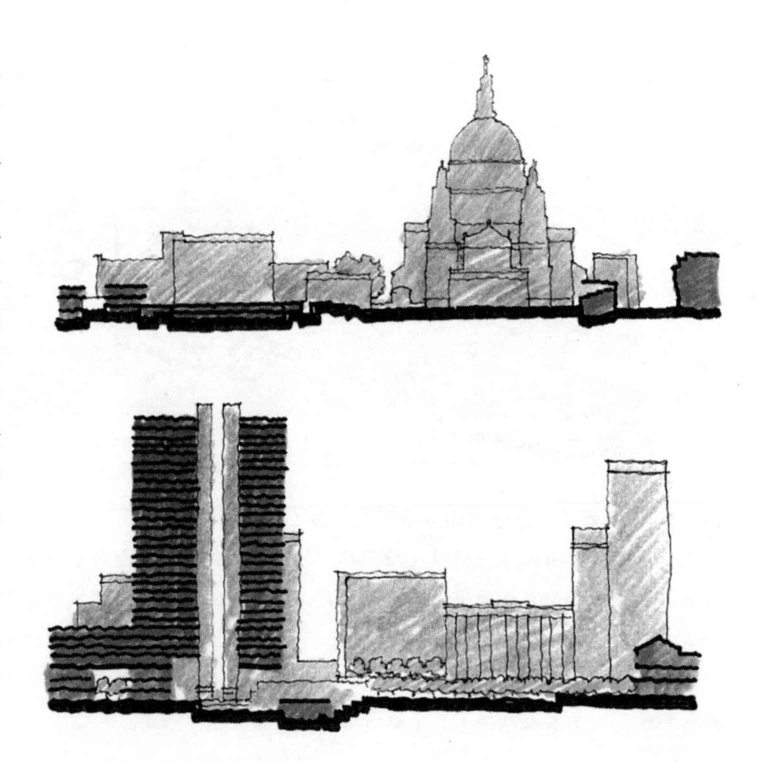

剖面图总是伴随着一个剖面切割地点和方向而被规定在一个常规比例的平面视图中。

示意图

示意图是半真实图形表现，可以利用各种不同的绘画类型：平面、剖面、轴测和透视图。它们渲染或概括想法、信息及分析，并过滤掉和分析或比例不相关的信息。通过方向、比例和充足的注释等参照信息和定位信息，示意图能够很好地传达信息。

我使用示意图来归纳和总结设计分析中的大型模式情境分析中的关键因素。示意图为在工作坊、会议和设计研讨会上提出和讨论想法及信息提供了绝好的形式，还为设计师提供了评估工具——在分析和综合数据时，示意图被用作在工作底图这类的情境绘图上对信息按照重要性进行优先排序和集中的办法（见图3.3）。

轴测绘图

轴测图是一个平行线立体绘图。其中，在平面、立视图和剖面图上相互平行的线条，在轴测图上也是相互平行的。记住，“平面”总是存在于轴测图中，并不会变形。正如附录A中所描述的，我仅仅按照30/60或60/30这一水平参考线（0～180°）旋转了平面（最后推荐或概念性方案），并且按比例做垂直线。为什么要旋转？因为我想看到至少两个垂直平面，实际上，我将看到三个：两侧的垂直平面以及顶部或屋顶平面。如果将一个立方体作为一个轴测来直视，那么我仅仅看到了前面的垂直平面和顶部的水平平面。所有在平面图和立视图上彼此平行的线条仍然保持平行。同样，这个绘画类型是设计师使用最广泛的一种，在这种情况下，没有视角扭曲的“三维”图像是让人期待的，它让绘图变成既是定量的又是定性的。

就像本书中明显体现的，因为轴测图拥有均衡的视图（不会被透视图扭曲），并且容易构造，所以我广泛地使用了它。透视图总是有一个站点或观察点，这里平行的线都朝着一个消失点缩减，造成了一个形状的等级（在前景中更大，在背景中更小）。

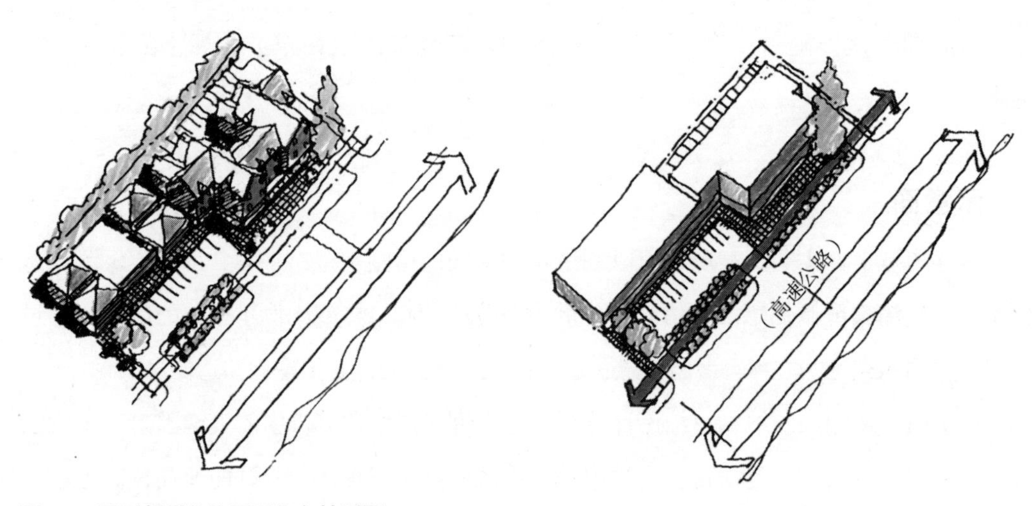

图3.5　不列颠哥伦比亚西彻尔轴测图

在“西彻尔的远景”中，这个轴测图为在公共会议和研讨会中的关于景观走廊的讨论提供了计划开发地点的空中图景。这个绘图是半真实的，因为它描绘了建筑质量体和开放空间，而不是建筑细节或风格；还和规模示意图一起，还提供了建筑实例。轴测图更像一个基于形态的建筑物分区基本框架，而不是特定的设计。

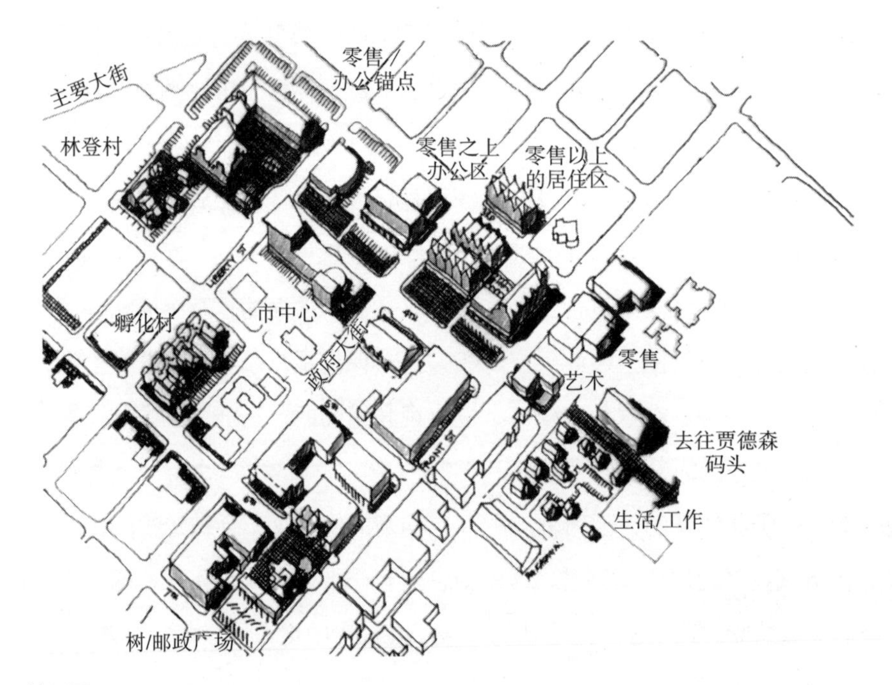

图3.6　轴测图

在华盛顿州林顿市的市中心设计研究中，轴测图被广泛用于描绘各种概念的总体设计意图。轴测图还被复制，并用作示意图。注意，平面的定位（30/60或60/30）以及所有的垂直线都符合0～180°的参考线垂直的基本要求——它们不是斜的，就像如果平面没有被旋转所可能发生的那样。这个倾斜效果令大多数外行观察者感到费解，因为其可能会破坏或降低公共会议的质量。

透视图

詹姆斯·佩蒂纳（James Pettinari）和我使用广泛地使用空中偏斜（在非直角）视角来描绘和特定对象相关联的更大的空间环境。由于在量化方面的失真和局限性，透视图在本质上更倾向于定性。

轮廓素描

为方便规划师阅读，我把轮廓素描安排在本节中，是因为它是描绘透视图的简单的工具，尤其是可用于实地描绘。轮廓素描的基本概念很简单：只画看到的物体的轮廓或边缘，并不需要理解透视图或者有精湛的绘图技术。实际上，对透视图的思考反而可能是绘制优秀轮廓素描的障碍。附录A提供了轮廓素描的技巧。规划师需要通过聚焦和集中注意力来训练眼睛，使它们能够看到给定物体的轮廓或边缘情况的本质和物理特征。如果你仅凭记忆绘画或没有密切关注和观察主体，那么你的思想和眼睛就会从对物体的关注上转移到对回忆的幻想和扭曲的结果上。

图3.7　空中透视绘图

在这个市中心研究中，空中透视图被用来描绘坐落在高层办公建筑群之中的一个主要市民中心的改造。空中视图提供了更大的市中心部分和周围情境的图像。这些透视底图可以通过包括航空照片在内的各种资料来源重绘。设计变更或设计概念可以覆盖到透视底图上面。

我在实地观察和视觉展示中广泛地应用了轮廓视图。为什么？我更多地通过我的手/眼睛/大脑，而不是用镜头来观看和记录。这是因为当我绘画时，我需要观察并将注意力集中在景观中的物体上。摄影只是备用的资源。

设计的参数

设计的尺寸和参数是如何产生的？

作为设计元素和原则的序曲，我要提醒读者，设计不是抽象的概念，而是我们的延伸。设计作为文化的一部分，植根于人文尺度和功能。技术在不断进步，在这一基础上的制造、船运和集装也在变化，人文尺度却仍然是设计的基本原则。随着分析和设计中的更多的数字支持，设计的人性尺度起源可以说是“迷失在转化中”。人类并不是从命名并指定尺度和“东西”开始的。他们根据人体的感觉和局限来留意日常生活中哪些东西奏效，然后再凭经验来命名和定量。

设计就是创造某种东西（来适应人类心理）：

1）一品脱（pint，约为551ml）或者一升是伸展的一只手臂可以接住的液体量（历史上的，比现在的小）。一英亩（acre，约为4047m^2）是一人一天之内可以耕种的土地大小（手工耕作）

2）英寸、英尺和码（yd，约为0.91m）是用人类身体的一个元素来测量长度的传统方法

3）大拇指是（过去是）一英寸（在古代时期，人类的身材更短小）

4）前臂是（过去是）一英尺

5）一步是（过去是）一码

希腊和哥特风格建筑的建筑师正式确定了在建筑和社区设计中的人文尺度。罗马和文艺复兴建筑师给我们带来了人文尺度以外的抽象概念和更大的秩序——众神和权力。现代社会和科技给予了我们在操纵、船运和装配基础上的建筑，这反过来又影响了制造，即制造影响了生产，而生产又影响了设计。

设计是通过间接或者无意识的行动进行创造。设计是人类行为及其与环境互动产生的潜在力量的物理和几何表现。你在客厅里摆放家具的方式使你感到“舒适”，这就是一个设计行为，它背后有着显著的隐藏（文化）力量和决定因素［霍尔（Hall，1996］。

相应地，在我们的文化中，接触设计时，我们把有些人类行为和需求诠释为设计形态的基本方法和惯例。这些方面和惯例根据其所应用的环境而各有不同；它们形成了已被认可的设计的基础，并且为创新提供了一个出口。

1）人类：需要、向往、愿望和热情

2）程序：什么和要多少可以满足提出的需要

3）情境：生物物理、文化、司法、历史/时间和相互关系

4）组织，结构和过程（物理学）

5）设计元素、原则、关系或（艺术）构成：空间、围墙、活动和循环

6）结构、生产和经济

认识到人类尺寸在设计中的重要性，对于理解设计构成的元素和原则并把它们应用到现实中是非常关键的。设计的语言，即形态的元素和原则，在关系中的体现，可能会影响到你对于人类的需求和向往以及因这个需求而存在的设计的理解。在现代设计应用中，平衡地使用数字化和手工方法能为设计过程提供最佳服务。仅仅因为你能够利用计算机做点儿什么，并不能说明着计算机就会是最适合的工具。在本书余下的部分中，我会用手绘或者手工语言类型来进行探索和展示。这些方法和类型并不是已被淘汰的，或者说过时的，更不是现在的学生无从掌握的。在我的职业和学术经验中，它们是最有效果的视觉思考。

参考文献

Broadbent, Geoffrey, 1990: *Emerging Concepts in Urban Space Design*: Spon Press, London.

Edgewood, City of, 1999: "Town Center Plan: Community Character and Land Use Study": Kasprisin Pettinari Design and Dennis Tate Associates, Langley, WA.

Hall, Edward T., 1966: *The Hidden Dimension*: Doubleday, Garden City, NY.

Kasprisin, Ron and Pettinari, James, 1995: *Visual Thinking for Architects and Designers*: John Wiley & Sons, Inc., New York.

Okamoto, Y. Rai and Williams, Frank E., 1969: *Urban Design Manhattan (Regional Plan Association)*: The Viking Press, Inc., New York.

Sechelt BC, District of, 2007: "Visions for Sechelt": John Talbot & Associates (Burnaby, BC) and Kasprisin Pettinari Design (Langley, WA).

第4章

设计构成的元素和原则

表现社区关系的形式

城市设计的过程通常被称为“空间的创造”，它把“城市的内涵和功能”（卡斯特斯，Castells；1983）解读为空间暗喻和感觉、感官的建筑环境，而后者在观察者眼中是特殊的。越多的城市功能和内涵的方面被融合到这个过程中，空间创造的挑战就会变得越复杂。对于当代设计师来说，把社区的丰富故事和艺术的构成原则融合在一起是个关键的挑战。创作能够构造城市内涵并对其进行呼应的空间构成，保持那个复杂性之中的构造完整性，这样就开始了城市的设计艺术，也就是运用元素和原则来描绘丰富的空间故事。之后，城市设计成了表现社区关系的形态。

在理解这些元素和原则的同时，还有必要进行巧妙的游戏，这就是设计实验，或者说是通过动手制作进行发现的过程。我在书中经常提到动手创作，因为这个过程是对这些社区关系的设计探索的一个内在因素。

设计元素：“名词”

当我把构成的元素和原则提升到一个更复杂的应用层面时，这些例子将开始在本质上变得更加抽象，它们的复杂性和现实主义也提升了。

元素：（空间的）基础或根本的成分、部分或者质量

元素构成了图形设计字母表和空间构建的基础。我们使用符号和形状来表达一种空间语言，并把形状作为元素来形成空间构成。作为建筑学校的一项作业，我们被要求用圆规、三角形和丁字尺来制造罗马字母表的每一个字母。无须多说，我得到的不是对于

“A”的理解，而是对构成那个“A”（就好像罗马人所创建的）的线条、圆圈和方块的理解。这个由圆圈、角度和直线构成的、字母表里漂亮和规范的几何学就变得非常明显！对设计者来说，在设计构成中操纵这些基本元素，使它们成为有内涵的形态的灵活性和能力是很重要的。让我们开始吧！

圆：一个点，小的圆形形状，在其他比例下表现为：

点

圆圈

圆柱体

球体

夜空中的星星（行星）

线条：一个（相对）细的线性形状，具有长度显著大于宽度的特征，也体现为其他比例——从钢笔画的线条到前往和超越洲际的高速公路。

垂直的（栏杆、旗杆、远处的高层建筑、夜空中彗星的尾巴）

水平的（轴线、高速公路、海岸线）

倾斜的（对角线、不是竖直的等）

直的（弧形的、破碎的、边缘等）

定向的（箭头、图表、矢径）

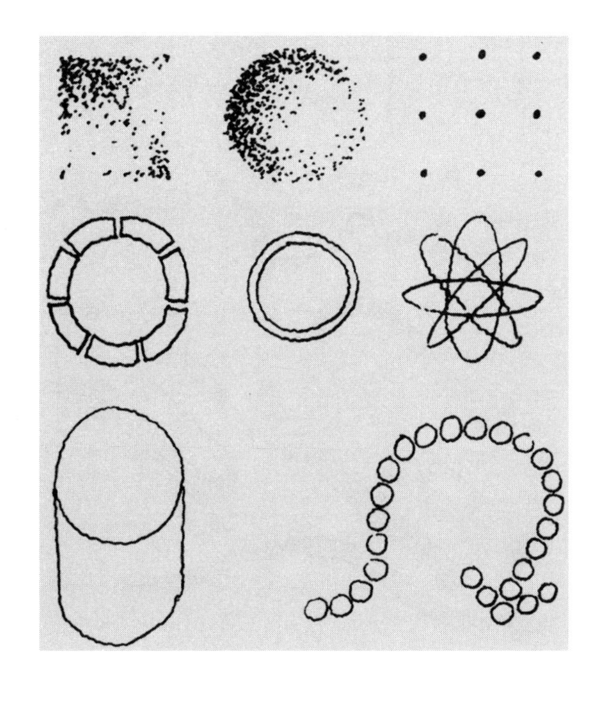

图4.1　圆点

对于圆点（一个斑点、微小的圆形痕迹）不要等闲视之。圆点决定了形状，并且和密度相关。当只有它自己时，它就是斑点或是微小的痕迹。在不同密度的群簇中，圆点形成了形状（如方块和圆形），并且描绘了基于密度的深和浅的明暗度。在更大的规模上，圆点变成了圆圈、从空中看到的巨石阵、一个圆柱体的顶部，好比篮球或者是天象仪的一部分的球体——以及在夜空中可以看见的一个遥远星系的形态。这对一个小圆斑来说，是非常让人惊叹的。

形状（也是一种区域对于边缘的关系）：任何由线条、明暗度、颜色、密度和（或）质地以及它们的对比或一些组合定义的、可辨认的且有边界的区域；由特定的区域、范围或者场地组成的，被一个边界或者边缘（参加边缘）所包含或标记。一个形状可能是直接构成的，如在方或圆中；也可能是间接构成的，如在“L”形中；联系的在被有着紧密相似的或不同的两个元素塑造的分隔或区域中被暗示。

形状的不同类型

形状有许多不同物理特征，因为自然界中的一切事物都是由形状组成的——“形状即是内容”。

（1）几何：如同几何学中的大地丈量法（需要有数学基础）。

（2）有机：生命系统、生长的、对物理环境反应灵敏的、整体系统和分形的。

（3）极性的：正极和负极、图形与背景、实和虚、丢失和找到的。

（4）模棱两可的：不确定，例如一个正在变化的模式的停顿。

（5）原始的：在发展过程中处于首要位置，其他都是由它衍生而来：

1）圆形

2）正方形

图4.2　线条

线条是一个有用的形状，特别是作为轴线，就像矢量一样能够产生运动、方向和力量。正如我们之后要讨论的，轴线在设计构成中是强有力的构成结构，并且能够呈现为各种形态。

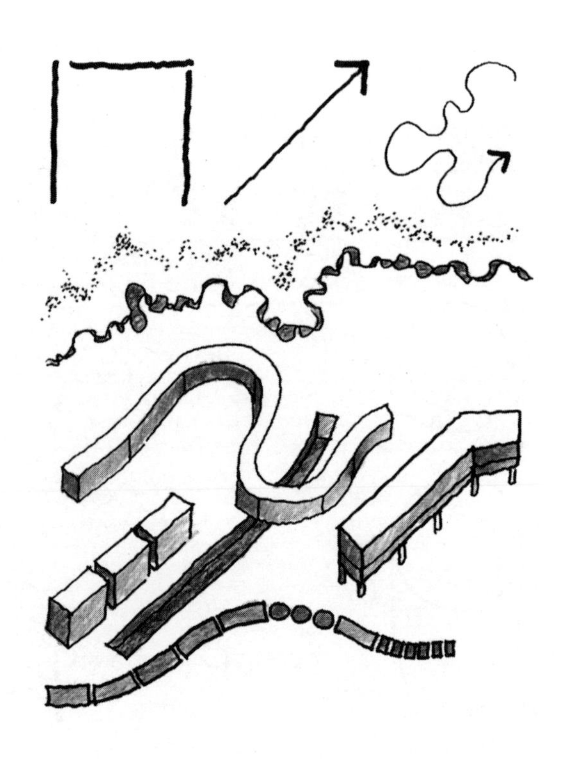

（6）衍生的：可以追溯到另外（原始）的来源的：

1）三角形

2）不规则形状的/多元的

3）长方形

4）多角形（封闭的形状，尤其是有四个以上边或角的）

5）椭圆（一个以到固定两点的距离之和保持不变的点的移动轨迹）

6）梯形（有两边相互平行的四边形）

7）不规则四边形（没有任何两边相互平行的四边形）

8）平行四边形（相对的两边相等且相互平行的四边形）

图4.3　形状

形状是一个封闭的、有边界或一半边界（甚至是蕴含的）的空间或虚无（虚无中缺少元素存在，它由某些形式的边界构成）。成群的和由圆点组成的区域暗示了有边界的形状。

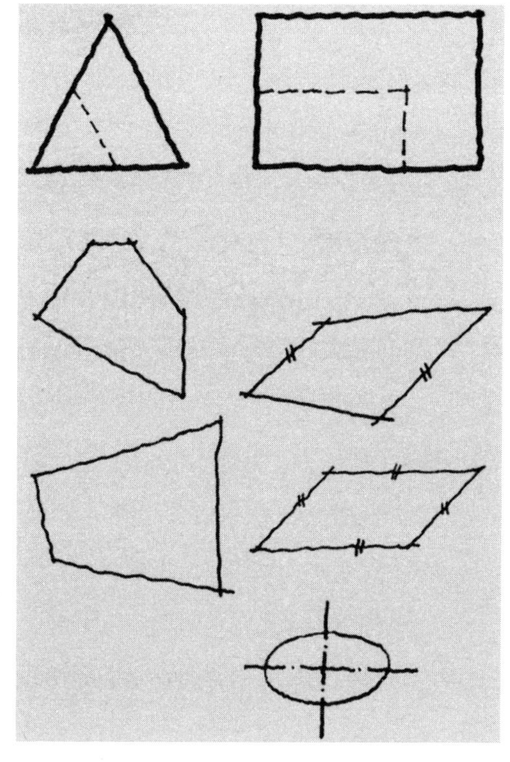

图4.4　衍生形状

从原始或基本形状中衍生出来的和（或）不同于原始形状的形状。

平面和体积：通过基本元素构建的形状

这些基本元素组合起来，同时形成了字母表和字母衍生的空间构造。在设计中，这些构造成了包括建筑和景观建筑的（城市）设计建造模块。这些构造从二维构造（平面、轴线、区域）开始，还包括例如体积的三维构造。

平面的形状（平面）

（1）在空中的（天花板、屋顶）

（2）垂直的（墙、栅栏、窗户、篱笆）

（3）平行的（底座、脚印、地板、路径）

（4）斜的或是有棱角的（斜面、坡道、棚顶、斜坡）

（5）关系中的多重垂直平面——相邻的、平行的、斜的：

1）L形

2）斜的

3）平行的

4）正射的

5）U形的

6）封闭的

（6）弧形垂直平面

1）相等半径

2）波浪起伏（变化的半径）和（或）变化的中心

3）S形状（重复但反转的相等半径）

4）顶部或底部有平坦的水平平面的封闭圆柱体

5）所有弧形平面都拥有半径相等的封闭球体

轴线（线）

（1）在空中的（凝结尾、光串、天棚）

（2）垂直的（电梯井、火箭喷焰、摩天大楼）

（3）平行的（走廊、街道、人行道）

（4）倾斜的（驶出匝道、之字形路线、田间小径）

场地或图形（圆点）

（1）鹅卵石场地

（2）岩石墙

（3）质地

（4）纹理

图4.5　平面形状

平面形状的组产生了体积——封闭和半封闭的，或是有边界的空间。

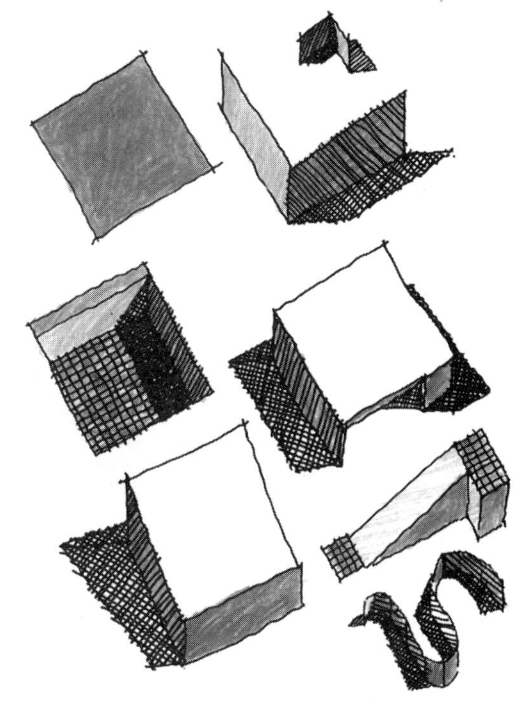

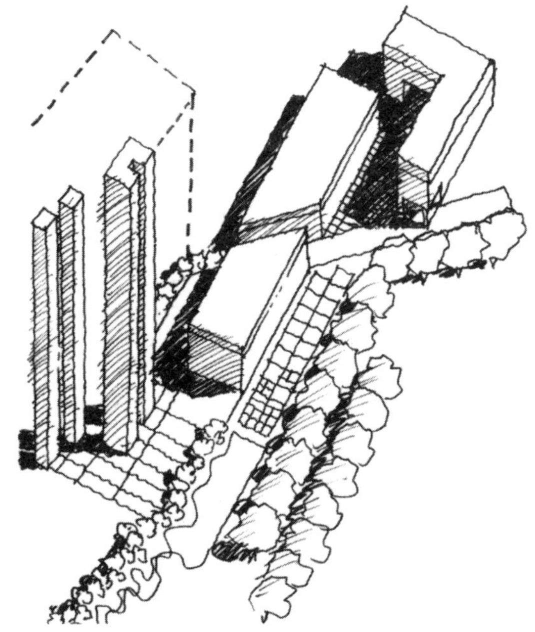

图4.6　轴线

在设计中，运动、方向和力量是线或轴线的关键特征。就像在构成结构中讨论的那样，轴线聚合并构成了结构。轴线可能包括水平的路径，由建筑群体、景观美化构成，可以是垂直楼塔、电梯系统等。

体积

体积是由二维形状和（或）元素组合构造的三维形状构成，它的至少三个元素构成了长、宽、高，或者由取代空间的质量所决定。

（1）被质量（固体，如保龄球墙）替代或定义的空间

（2）被平面或者质量所包含或围绕的空间（封闭的体育场、圆顶、下沉广场、河道、隧道、楼房）

（3）球体

（4）棱镜

（5）圆锥体

（6）圆柱体

（7）棱锥体

（8）立方体

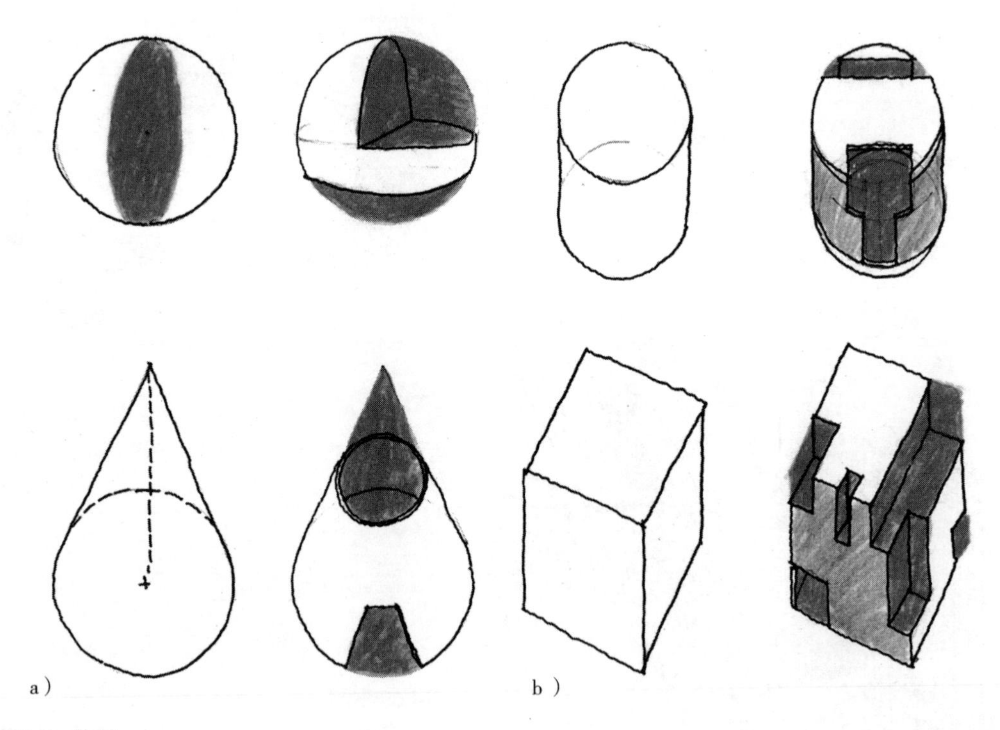

图4.7　体积

这些体积构成了在初始和混合的形态中建筑环境。球体：任何表面上所有点到中心的距离都相等的圆形物体；棱镜：底端是相等和平行的多边形，周边是平行四边形的固体；圆锥体：底部是圆圈，有向一个点逐渐尖端变细的弧形平面的固体；圆柱体：上下面是相等且平行的圆形的固体；棱锥体：有着四方形底座，并且四个斜边在一点相交的固体；立方体：有六个相等方形平面的固体。

颜色

我把颜色当作在建筑和城市设计中总被忽略或被削减为“自然灰”的设计元素。颜色很有力量，因为它可以营造情绪、产生温度，并控制深浅和密度的消减和增加。

颜色或者色调是在光谱中可以通过温度（冷或暖），通过光的强度或密度或是两者的缺乏，通过透明度（吸收或反射光的能力），通过纯洁度或元素（在不同色板上有许多由红、黄、蓝所定义的原色或纯色）的混合，来辨识的一个元素（波段）。二级颜色由任意两种原色的混合定义——红和黄混合成了橙色，红色和蓝色混合成了紫色；蓝色和黄色混合成了绿色。三级颜色基本是由所有这三种颜色混合而成的彩色灰度，例如，橄榄绿（黄色加蓝色，再加一点红色）。

常规的色彩系列或者说是色板，如水彩，有以下几种：

柔和的透明色板

1）玫瑰红

2）钴蓝

3）水母黄或氮黄

4）深翠绿——一种混合绿色（更冷的）

强烈的染色板

1）酞青红或茜红（更冷的），或以制造商的名字命名（温莎红、格伦伯切红或红宝石色）

2）酞青蓝

3）酞青黄

4）酞青绿或温莎绿——一种混合绿（更冷的）

不透明的色板

1）铬红

2）青色

3）土黄

4）更多的三种原色的变化是存在的

颜色里明暗度的增量（明暗度也是一种关系）：（在视觉艺术中）在最浅和最深之间或者在黑和白之间从三到五到九个增量的之一；一个基本的明暗度比例是由浅、中、深组成的，再扩展到浅、中间浅、中间色、中间深、深；而九个明暗度比例不会经常使用到。

元素的特征（描述符号）

1）尺寸：和其他形状有关的比例外观。

2）质地：意味着一种触摸反应的表面特征，以及当一个表面与光或其他表面特征的变量互动时所产生的视觉表现。

3）纹理：表面特征的密度（每英寸5个点和每英寸50个点是具有差异的）。

4）方向：从某个地方（南、北、东、西）来或者到某个地方去的运动，如水平的、垂直的、对角的、圆形的。

5）透明度：光和影像都很明显地透过一种材料。

6）半透明度：光很明显地透过一种材料，但是影像被分散了。

7）不透明度：光和影像都无法透过材料，它们被吸收或者反射了。

8）位置：与其他形状相关的地理位置，形成关注的中心。

9）定位：朝向，暗示方向。

10）稳定性：和地平面以及万有引力的关系。

焦点或者关注中心：元素的主要描述符号是很明显的。焦点和关注中心在设计中经常被忽略，它来自于黄金分割，在构图中是被强调的一个点或者区域。关注中心可能是顶点，最富有戏剧性的点，并会被构成中的其他元素和原则所支持。

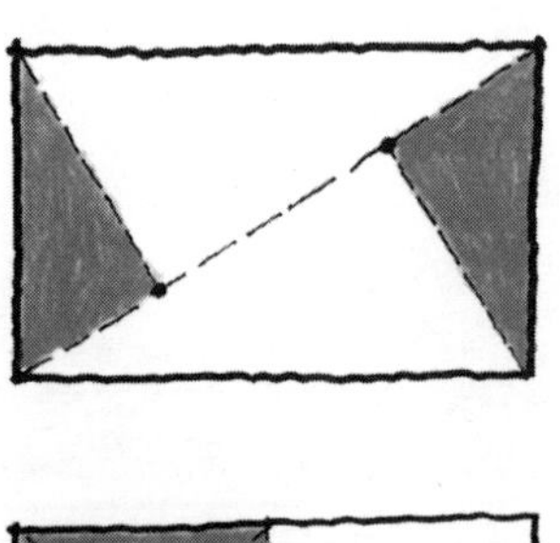

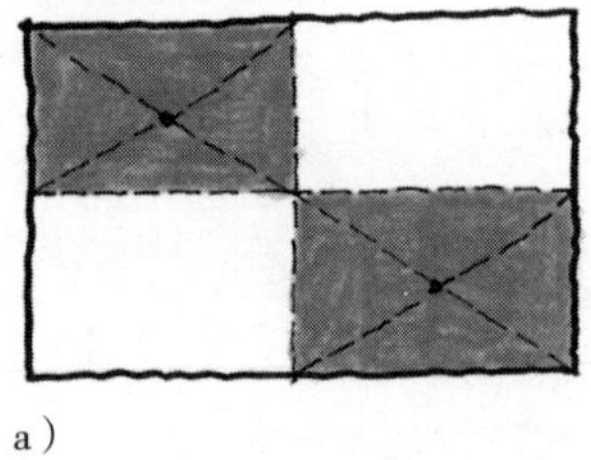

a）

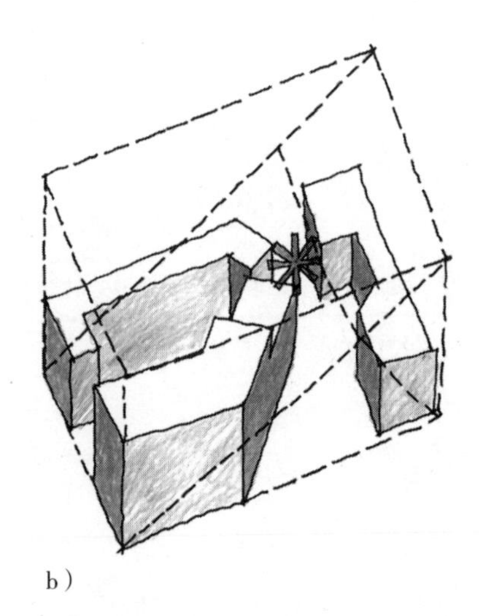

b）

图4.8　焦点或趣味中心（CI）

趣味中心（CI）就是“aba”、最戏剧化的点或一个设计故事的主要方面。在绘画中，这个关注中心的位置通常在象限中心之中的一个上，或者在沿着任何一条对角线的地点上。在这点上，一条垂直线可以横切来自任何角落的对角线。

设计元素："动词"

原则是行为规则，也是解释某个行动的基本法则（并不是普遍使用的）。它们通常被理解为结果，但事实上它们是导致结果的行为。在构成中，原则指导或者引导元素进入关系构成。以下的原则来源于几个世纪的艺术探索，并被直接应用到了设计的主要方面，其中包括城市设计。这些原则能帮助刚入门的设计师，尤其是把物体或元素激活到夸张的布局和构成中。

这些内容需要实践和探索，而不是机械记忆。

轮换：重复使用两个或两个以上的形状、尺寸等，通常是连续出现，如ABABABAB。

视图的角度：两条相交的线所构成的数量、范围和维度、程度的视图；这两条线延伸到水平线后所形成的空间；还有观察者的视角 ——所有的东西都是通过观察者的眼睛看到和观察到的。

轴向运动：两点或者更多点之间的线条通过定位的本质属性指示了方向和运动；一条线组织了其附近和沿着它的距离和宽度的形状；这个运动轨迹可能是直的、弯曲的、曲线的、破碎的、形成凹槽的等。这个轴线既作为元素（线）存在，又作为展现组织和聚集的设计原则的组织结构而存在。

平衡/对称：一个总体作品的平衡状态（并不一定需要是镜像）；平衡和重量是同一原则的相近表达。

桥接（极性）：以最小的妥协让各种极性（相对比的或者冲突的元素或关系）融为一体。

构成结构：这些是与构成和聚集形态相符合的设计原则，以方和圆的基本形状和组成要素为基础，它们形成了设计的中枢或框架——设计的核心。作为介绍，或者是复杂的几组原则，我将它们包含到了此处的内容中。

已知数：已知或者被默认的内容；能够代表设计原则，或者作为设计原则存在的一般参照点——在设计构成之内的组织参照。

主导：往往通过大小、明暗度、重量、配置而具有可辨认的、超越其他同类的强度或重要性的元素和图形。

边缘转换：一个结束和开始；水的边缘，一个颜色的变化，一个圆周，一个冷锋；我将"边缘"作为同时存在于力量和形态之中的能量交换。

渐变：在一个给定形状之内、一组或簇形状之间的增量变化（明暗度、颜色、温度、基调或亮度、密度）。

协调：一个形成惬意整体的布局（如果采用同一色谱或者色板作为起点，则更容易在颜色上实现）；需要基准来决定协调对于和设计情境相关的设计意味着什么；协调可能只存在于特定文化中，而不是普遍适用的。

合并：把两个或者更多的元素、构成、关系在边缘转换地带中放到一起，在保留每个原始元素或关系的基本特征的前提下，建立一个合并边缘或者周长；只要原始的元素仍旧表现得明显，转换区域就可能会非常突出。

图案：形成一个更大的整体的元素和构成的重复使用；通常由一组更小的设计原则组成，如带有变化的重复、渐变等。

极性辨认：明确对设计、对话和潜在形状或设计行为的限制；往往由对比形成的最小的不协调和由冲突造成的最大的不协调所体现。

增进：如让某事物更靠近、被眼睛看到（更暖的色调）、更大的形状、更深的明暗度、更明亮和更暖的颜色。

图4.9 视角

在“凯奇坎历史街区：公共设施改善工程”（1984）里，视角是从沿着海边小道主要的瞭望点评估到的。历史建筑、情境建筑、溪流的表面区域和其他的特征也被估算了，并且被包含到了对有可能破坏视角的基础设施元素的一个分析之中。

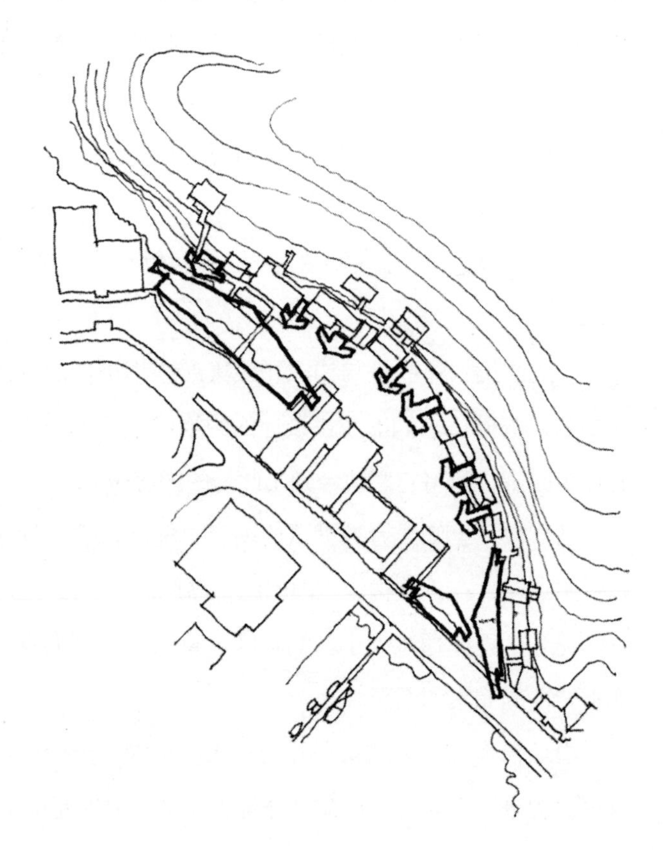

减退：让某种事物更进一步地远离（更冷的颜色），如更小的形状、更浅的明暗度。

重复：在固定间隔中，一种元素或者关系的重复出现。

带有变化的重复：通常是相同的元素在尺寸、颜色或者其他物理特征有变化的情况下重复出现；例如AaAa，或者重复出现但尺寸依次变小的圆圈。

节奏：在不同但又具有一致性的间隔中交替重复（AaaAaaAaa或AaaBBAaaBB）。

对称：在一条分界线或者一个形状两侧的形态或布局的相似性。

温度：从暖到凉、从热到冷、暖到更暖、冷到更冷（都是相对的）；能体现出主导的情绪。

转换：通过一系列行为来改变形状和构成，例如标出尺寸、增加或减少行为、合并和桥接等。

多样性：元素、构成和关系三者内部和彼此之间的差异。

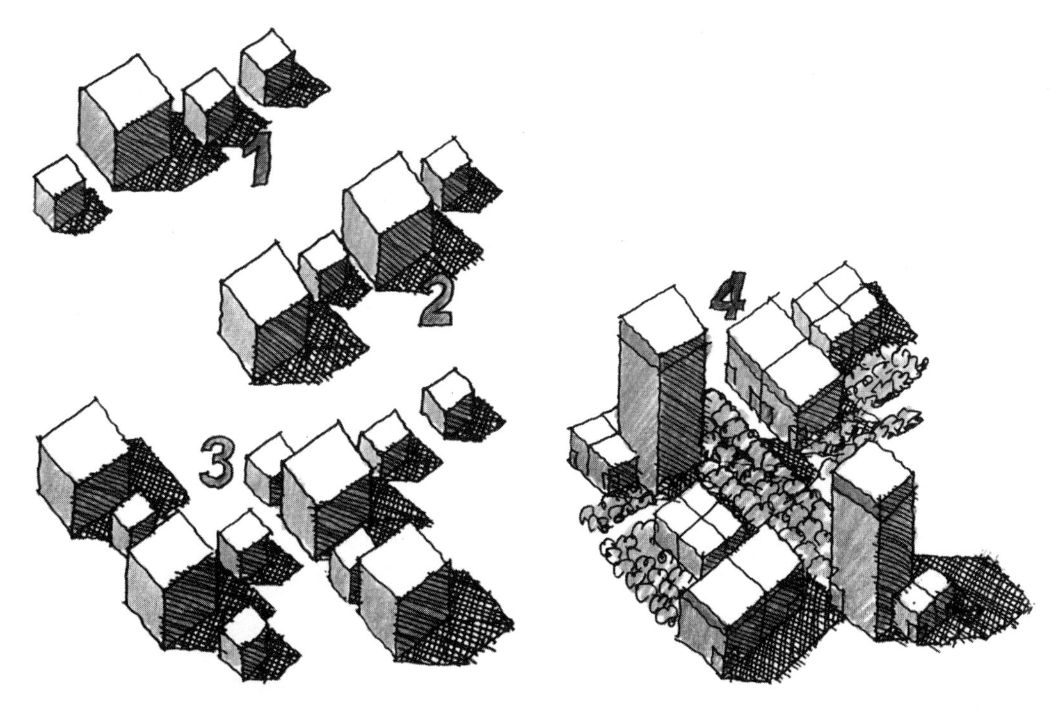

图4.10和图4.11　交替

两个或更多的选择，重复由两个或者更多的元素轮流交替组成的图形或者成组或成群的图形。当在复杂建筑形态的环境中追求统一或一致时，交替可能是很有价值的——它们通过轮换的方式来打破单调的形式。在示例中，两组不同的交替形状（1）和（2）组合起来形成了一个1，2，2次序（3）。在（4）中，同样的原则应用到了大规模的开发中。在这里，重复项目是允许的。

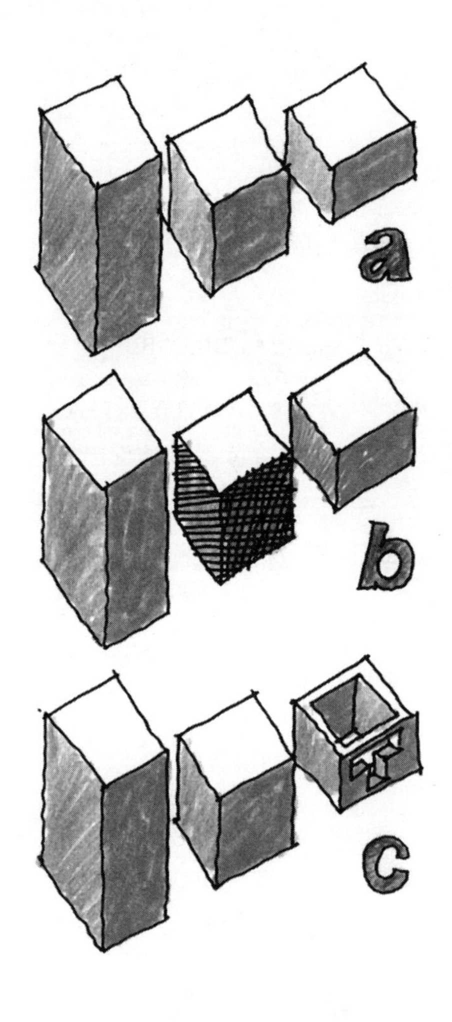

图4.12　主导

主导是当构成中的某个形状、形态或者图案在大小、颜色或色调等方面比其他同类更具强度或重要性时产生。主导可能产生于一组元素的组合，而非单个元素，参见图示（a）（b）和（c）:（a）通过大小占主导，（b）通过色调或明暗度，（c）通过差异。

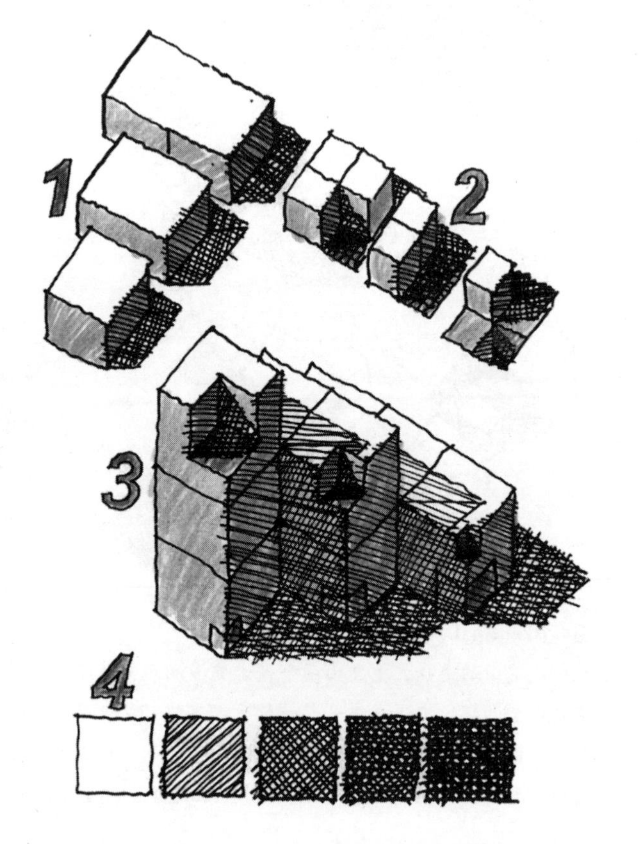

图4.13　渐变、变化的重复和明暗度

把这个立方体按不同的大小进行重复（尺寸变化）来实现水平宽度的逐渐增加（1）；使用明的和暗的四分之一体积在不断增加的复杂性中变化（2）；同时在整个体积和成分细节中垂直地划分等级（减法转换）（3）；在从淡到深的浅色图案中，渐变发生了。在艺术和设计中使用了有五个明暗度的级别，它的范围是从浅、中浅、中、中深到深（4）。

图4.14　协调

在绘画中，协调可以通过使用同一色系或者色板的主导构图颜色来实现。在设计中，一系列体积的重复，如图示中被方向性运动和大小的等级划分所增强的阴影也能够给整个构图带来一种协调感。

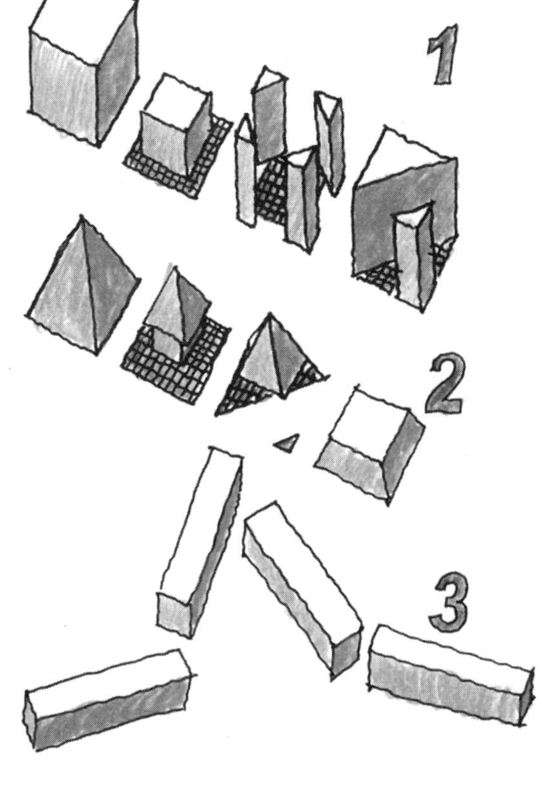

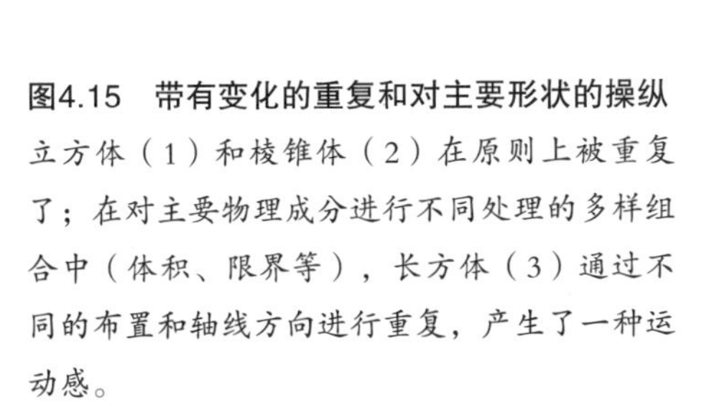

图4.15　带有变化的重复和对主要形状的操纵

立方体（1）和棱锥体（2）在原则上被重复了；在对主要物理成分进行不同处理的多样组合中（体积、限界等），长方体（3）通过不同的布置和轴线方向进行重复，产生了一种运动感。

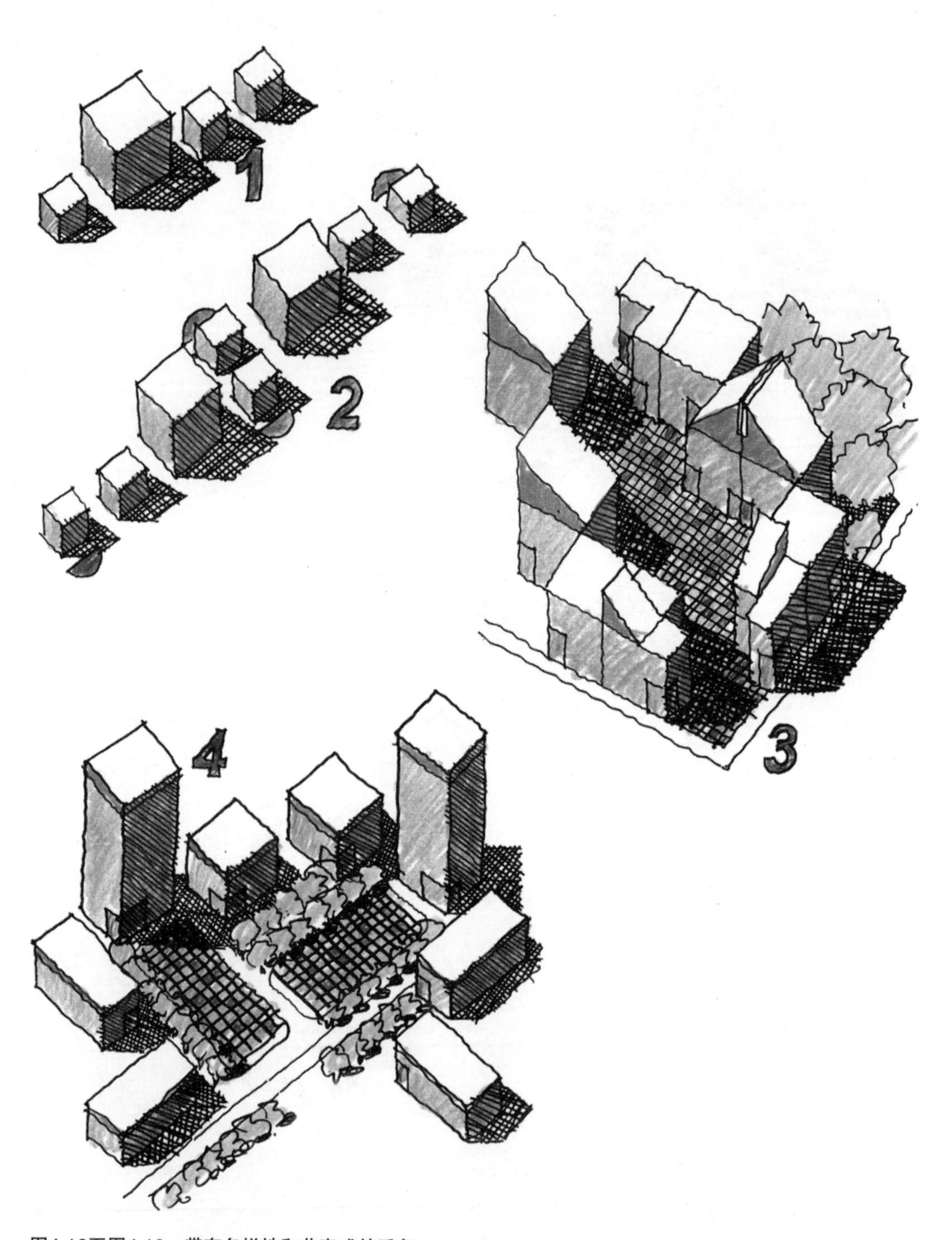

图4.16至图4.18 带有多样性和节奏感的重复

这些大小尺寸不一的重复立方体（1）以特定的节奏被排列成了一簇（小、小、大、小）；每个包含着相同的基本韵律的簇又再次被重复（2）；在（3）中，使用同样的节奏，一个假设的住宅地点中包含了有相同重复变化的三组建筑群；在（4）中，一个假设的办公楼区域使用了具有相同节奏的两个建筑群，它们以群为单位进行了重复。

参考文献

Arnheim, Rudolph, 1969: *Visual Thinking*: University of California Press, Berkeley, CA.

Castells, Manuel, 1983: "The Process of Urban Social Change." In *Designing Cities: Critical Readings in Urban Design*: Cuthert, Alexander R. (ed.), 2003, Blackwell Publishers, Cambridge, MA.

Ching, Francis D.K., 1979: *Architecture: Form, Space and Order*: Van Nostrand Reinhold, New York.

Edwards, Betty, 1979: *Drawing on the Right Side of the Brain*: Houghton Mifflin Co., J.P. Tarcher, Los Angeles, CA (or any of her books that have a section on pure and modified contour drawing). Read the sections on contour drawing.

Freidman, Jonathan Block, 2000: *Creation in Space: A Course in the Fundamentals of Architecture*: Kendall/Hunt Publishing, Dubuque, IA.

Goldstein, Nathan, 1989: *Design and Composition*: Prentice Hall, Inc., Englewood Cliffs, NJ.

Kasprisin, Ron, 1999: *Design Media*: John Wiley & Sons, Inc., New York. Especially the chapter on fear and creativity.

Kasprisin, Ron and Pettinari, James, 1995: *Visual Thinking for Architects and Designers*: John Wiley & Sons, Inc., New York.

Ketchikan, City of, 1984: "Creek Street Historic District: Public Facilities Improvement Project": Kasprisin Hutnik Partnership with J.L. Pensiero and Associates/URS Engineers.

Spreiregen, Paul D., 1965: *Urban Design: The Architecture of Towns and Cities*: McGraw-Hill, New York.

第5章

构图中的关系：组织和结构

构图就是把某种东西放入恰当的顺序和形态中，从小规模的关系组或体系和它们之间的更大的关系中聚合出一个物理实体；在特定的时间段（周期）内，它是小型系统在美学上统一的布局。的确，美学与文化及社会是有关联的，并且它是构图中的主要可变量——取决于文化、空间和时间的三元辩证关系。在设计中，构图就是在代表某个意义、故事或空间比喻的关系中的元素的布局（组织和构造），其中"创造"的过程在构成中非常明显，并通过物理尺寸和状态明确地表达出来。

本书的读者主要是崭露头角的设计师和对设计有兴趣的非专业人士。对这些读者来说，最关键的是对这些主要设计原则的理解。大部分做设计评论、制定城市发展政策以及形态规范的人们，都不是设计师，他们都是专注的非专业人员（规划者、律师或技术人员）。他们对于城市设计的理解和应用能够提高所有这些城市设计实施机制的质量。

好的构图始于一种以某种方式相结合某种形式的激发状态，至少在我们看来，把设计塑造为实体的过程，以及让我们深深感受到创造乐趣的已解决的和永久的状态，都能够与他人分享。这看上去很令人满意。

[戈尔茨坦（Goldstein），1996]

让我们用通过文字表达的对理论和实验特定的定义，来探讨作为一种构成关系的设计吧。

不管是在艺术、建筑还是城市设计中，设计往往都有个意义或故事，它们是通过空间比喻来讲述的。形状即是内容。

[阿恩海姆（Arnheim），1996]

设计包含相关的"局部"，这些局部的范围包括从一定顺序中的形状（经典圆柱：柱顶、柱身和柱子基座）到按照能协调兼容的互动来进行组织的社会文化模式和需要。

最后，设计不是由关系中的"部分"构成的，而更多是由设计的功能性需求构成的。椅子就是一个例子。椅子有个局部的组织——垂直的支架、座位区域以及靠背这样的可选项。这些都是通过组织用于产生一般的、发挥作用的“椅子”的功能性需要（把有功能的组件组织到一个关系之中）。它们需要用“结构”来确定具体形态，并使之完整。

因此，设计也是构造或者聚合——把有组织的“局部”放在一起的方式——四个垂直支架相对于三个，有靠背相对于没有靠背。这些结构和材料成分多种变化。结构和组织是一支舞蹈中的舞伴，它们由需要产生，并且按照一个特定情境中的固定模式进行聚合，也就是被进行了设计。

和构成相关的定义

我在整本书中使用了这些词汇，并且把它们作为城市设计构成的基本语言来进行介绍。

1）内容：内涵、本质、思想、故事。

2）情境：一个基本的现实，它影响到了存在于其中的某个物体，然后又被那个物体的行动和变化所改变；也是复杂的现实，一个不断浮现的物理背景或现实。

3）组织：把（设计）成分和它们的关系排列到一个程序、功能或者系统中。在设计中，一个“程序”是一个计划或者步骤，规定了问题解决过程的“什么”和“多少”，还规定了解决某个问题时所需要采取的一系列行动的次序。

4）秩序：有等级体系的布置，是一种来自局部组织的风格，几种经典的构造方式中的任意一种。因此，不要混淆“秩序”和“组织”是很重要的。

5）结构：组织关系的聚合——在一种关系之中或者是这种关系本身。也是和材料、元素和设计原则的组织关系，它让对于一个相似的组织的设计区别于对另一个相似的组织的设计（通过它的结构和聚合）。

6）过程：利用组织和结构来创造一个实体、系统等的艺术和科学；也是手段或策略。

7）结果/新兴现实：在过程之内，结果得到形态的体现，通常在这里被称作“新兴现实”（这个产品在给定的和有限的时间内拥有“生命”）；产品和过程并不是割裂的实体或概念；动物粪便是活着的动物在生存过程中的不间断产物；一个建筑或者广场是更宏大的设计过程的产物，并以实际的形式表现出来——随着过程的持续和进一步发展，产品也会在不同的周期中出现。

8）周期：这是我从约翰逊（Johnson，1984 /1986）那里借来的词汇，它定义了一个关系存在的特定的时段或时间范围；并且在这个时间段之内，这个关系在瓦解或变革之前是有效的。

9）关系：体现出不同的实体、元素、原则和其他关系的内部及其相互之间的联系。

10）内涵：被预示、期望和指示的内容，或者是重要的内容。

11）功能：任何事物正常的、特定的或者具有特色的行动；在工作或活动的过程中的特别表现。

12）本质直观（新兴现实）：当内容和形式合二为一、拥有一个表现为物理形态的内涵时，本质直观就发生了；我同时也把“新兴的现实”包括在内涵之中——形态在现实的情境中成形。

13）局部：“创造性组织的原则”［约翰逊（Johnson，1984 /1986）］，对于设计中如果再分解下去就不再存在的关系的表述；一个就像一个更大的分水岭中的小溪流分水岭一般的小系统；它总是被看作是其他相关群中的一个关系。

14）组件或元素：不在关系中的物体，它们是单独的，并且不和系统相关联。

15）极性：两个相反的本质；相反的；正负的；一个给定对话的不同极限。

构图中的组织关系

让我们用”关系”作为起点开始接触构图；在这里，功能和内涵互相融合，并表现为形态。构造关系被表现为一组的两个关系群体——组织的和结构的。“组织的”指的是一个构成的运作和功能，“结构的”指的是把这些组织聚合为一个物理整体的本质。

就像在椅子的例子中，“局部”被排列在其他局部内部和相互之间的关系中来实现一种需要或愿望。这些需求都是来自于人类聚居区的社会—文化—政治互动。它们代表了城市内涵和功能的本质，或是对话中的人们的内部或之间的戏剧性事件。我们可以把这些组织关系看作是一个设计或艺术作品的功能性指令。当我们想要跨越需求和需求的空间容纳之间的鸿沟时，这些组织关系在设计中就是至关重要的。城市设计师和规划师通常会忽略这个在需求陈述和设计实施之间的关键的“空间项目”桥梁。

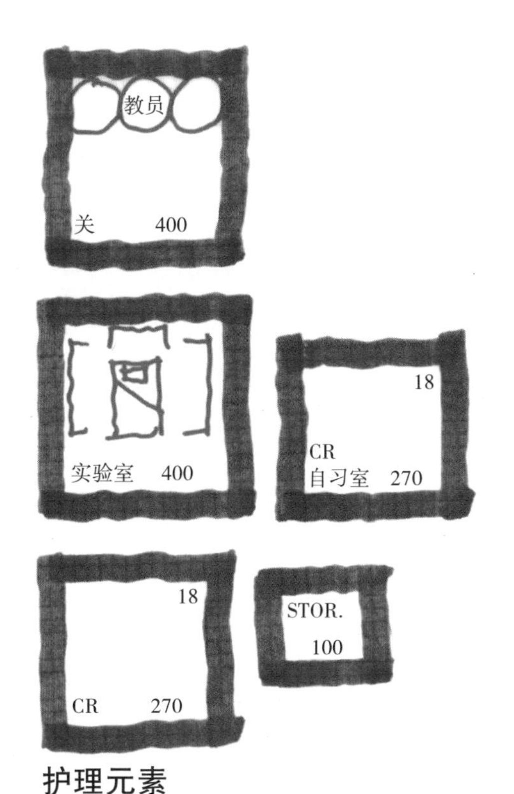

图5.1　学科的“组件”和需要的“元素”

在关系聚合产生之前，这些基本需要和要求被明确提出，并被列入“什么”和“多少”的清单。这些很重要，但并不是相关的。

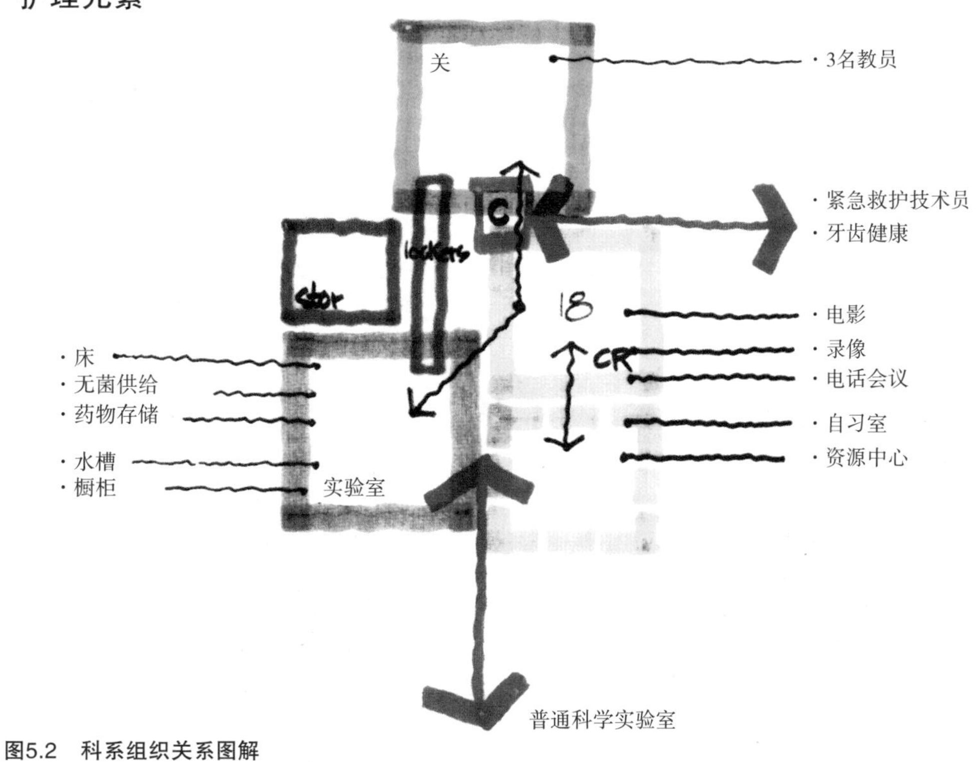

图5.2　科系组织关系图解

“塔纳纳河谷社区大学总体规划”按照学术科系的组织关系图解。

在阿拉斯加州矿业中心费尔班克斯的塔纳纳河谷社区大学总体规划中（贝蒂斯沃斯和卡斯普利辛，（Bettisworth和Kasprisin，1982），我们的设计团队采访了每个科系的主管，并且把每个科系成功运作的计划需求进行了编目分类。在每个学科之中，“局部”被认定为功能需要——教室、办公室、会议室、实验室、工作室和储存室等，它们都有着定性的要求和尺寸。这些局部通过不断摸索和反复实验来布局到发挥作用的或更大的可运作整体之中。每个科系都在这个组织之中，然后每个都被组织到了更大的功能模式中。在那里，所有科系形成了一个更大的和可运作的整体。

地点情境和结构集合仍然不是这个更大组织的一部分，而且设计还没有完成。

构成中的结构关系

构图中的结构关系把功能关系和可操作关系聚集到了一个物理空间构成中，并同时运用形态来把功能和地点情境结合到有内涵的空间比喻中。结构关系尊重组织和功能需求，能对环境做出反馈，并且追求本质直观。在设计中，总是有一个结构构成在许多较小的集合体中占支配优势。复杂的结构构成有着相关的多个结构，它们对于更大行为都起到了支撑作用。

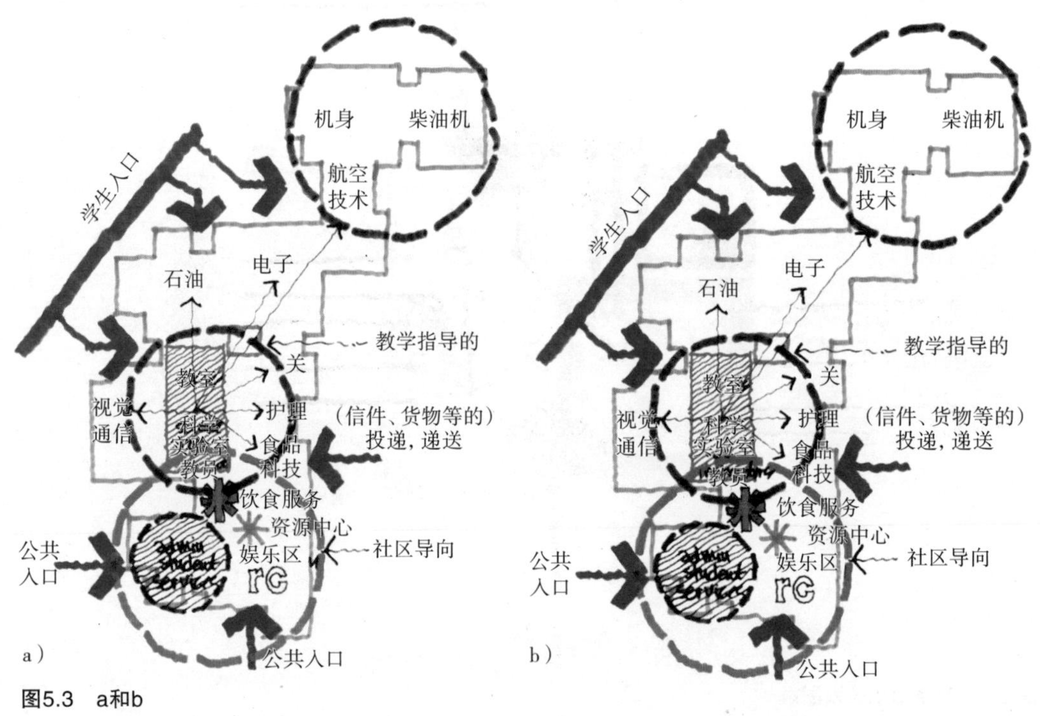

图5.3　a和b

功能完善的组织关系图解。所有的学术科系都在一系列功能完善的组织选项中相互联系了起来。

这些结构关系是设计构成的初始阶段，并且代表了形态具有可靠的和响应的内涵的设计中的一个时期。在接下来的图示中，塔纳纳河谷社区大学（费尔班克斯）被呈现在了组织、环境适应和物理结合之间的变革性转折中。

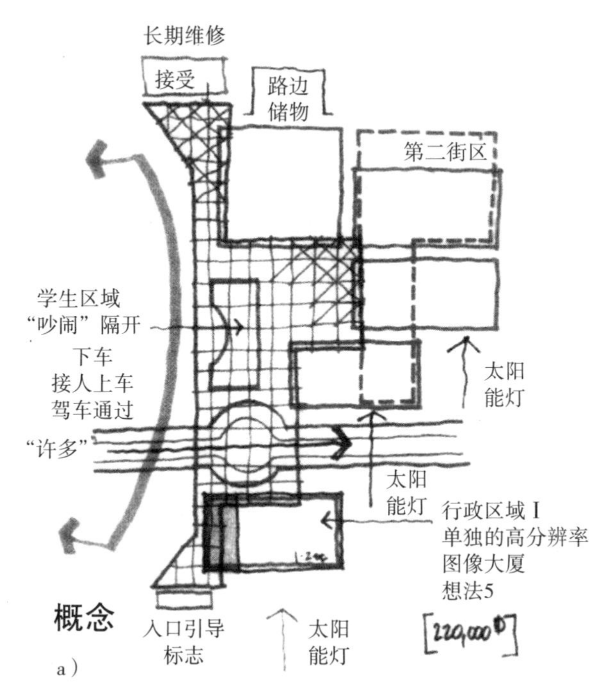

a）

b）

图5.4　a和b

塔纳纳河谷社区大学的结构图释选项。每一个图释选项（a）探索了把组织关系构造或者聚合到一个和地点情境相关的形态中的许多方式。在（b）中，更大的构造作为一个融合了建筑、使用和开放空间的结构体系出现了。

构图的结构

现在，方、圆和线条已经不只是元素或形状了，它们成了复杂构成的构造机制。

阿恩海姆（1996）曾表述过，世界上只有方和圆这两种基本的结构构成，其他所有的构造都是它们散发出来的。但我还要把线或轴增加到这里，因为它们在方和圆中都是固有的，但并不总是很突出。对于方形来说，每个主要结构形态的混合物都包括但又不限于长方形和坐标方格；对于圆形来说，包括但不限于半径和径向爆破；对于线来说，包括但不限于轴。在这里和接下来的章节中，这一点都会被探索。

为什么这些很重要？这些基本结构为个性化或为给予组织具体特性提供了（组合的）动态结构或构架。当它们响应环境时，总是在“乞求”一种组合。

（1）动态的（和变化有关，运动中的物理力量）

（2）具有特性的（特有的或者表明某种特性的）

（3）静止的（稳定的、中心的，就如在核心价值中是不会成长或变化的）

（4）边缘的（不太稳定的、有创造性的、变化的、有反应的）

让我们回顾一下如原始形状（见图5.5—图5.26）中所描述的这三个基本构成结构的多种特性。

方的特征

（1）四到五个点的形状（中心点和四个边缘点）

（2）对立的直角边缘图形

（3）两条平行线按照自身的度量尺寸保持距离

（4）四个完全相等的四分之一形状

（5）两个完全相等的二分之一形状

（6）两条相等的线相交意味着四个四分之一

方形的衍生

坐标方格：

（1）十字形图形

（2）正射投影的图形

（3）垂直和水平图形

（4）种类：

1）标准的方形坐标方格

2）标准的长方形坐标方格

3）破碎坐标方格

4）混合坐标方格

长方形：

（1）多个方形

（2）一个方形的部分

三角形：

（1）两个或三个角度不是90°

（2）有一个沿着顶点或者垂直轴线的中心

（3）定向的和有指向性的，或者就像在等边三角形中一样，是有中心的

（4）箭头是一个三角形（有指向性的）

（5）消失点

菱形：

（1）垂直线和平行线的交叉

（2）一个三角形的构造

（3）四个点形成了四个不垂直正交的角度

（4）在三维中：底座相接的两个棱锥体

十字：

（1）有一个中心点

（2）有一个胶版印刷的聚焦点

（3）有运动的和不垂直方向的角

对角线：

（1）运动和方向

（2）45° 角定位

（3）倒过来的坐标方格

平行/垂直：

（1）更少的张拉和戏剧效果

（2）条和尖桩

（3）可是，当和对角线（和30/60）混合在一起的时候，会更夸张和更加多样化

“L”结构：

（1）转过一个角

（2）带有选择的末端

（3）对角的幻觉或假象

（4）转向并结束

（5）记住：“L”可以是站着或躺着的、正着或颠倒的

图5.5　构成结构：方形

方形在城市设计中是一个强有力的结构形态，它体现在传统的街区网格、网格内的建筑群和开放空间的聚合之中。

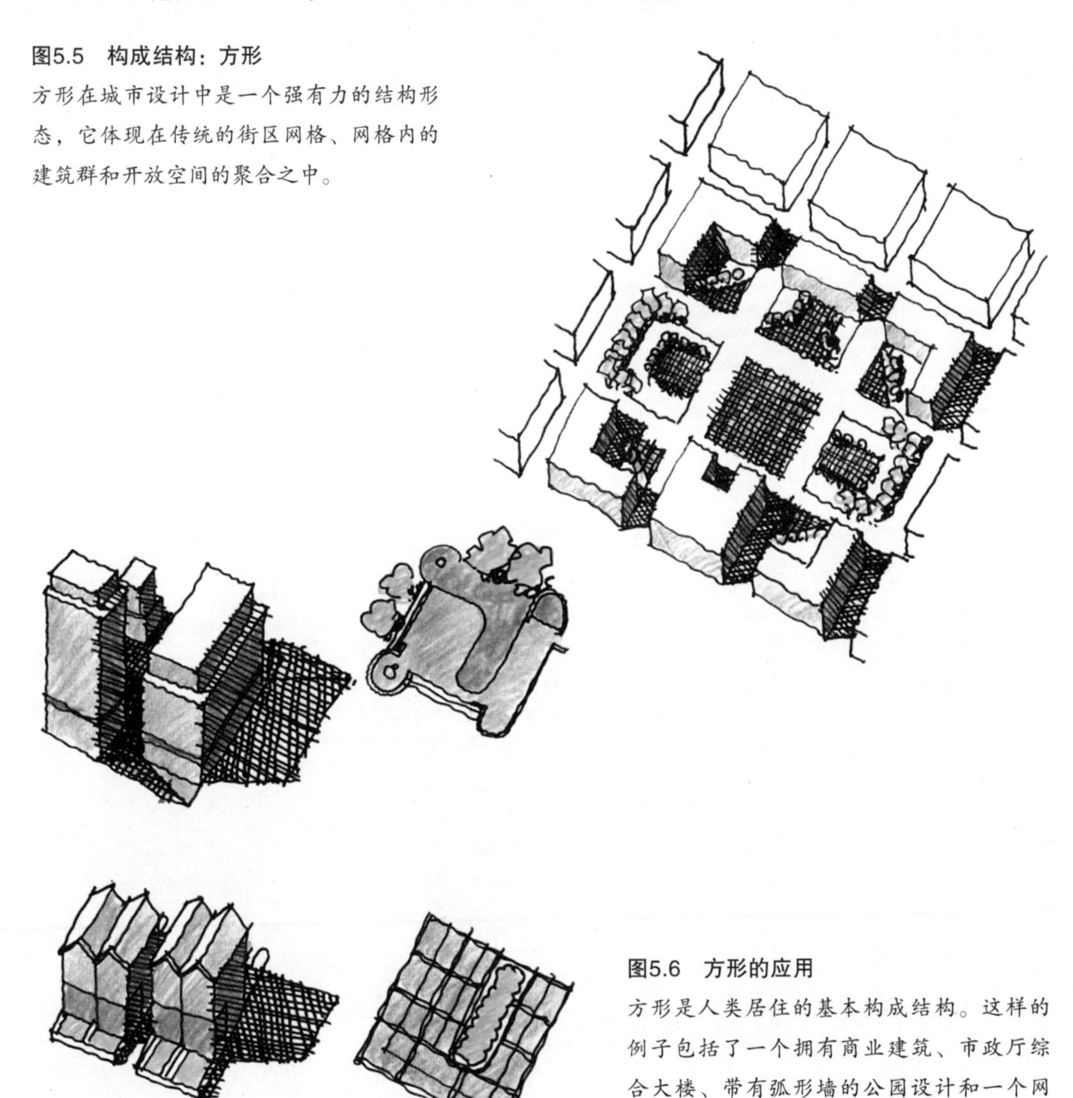

图5.6　方形的应用

方形是人类居住的基本构成结构。这样的例子包括了一个拥有商业建筑、市政厅综合大楼、带有弧形墙的公园设计和一个网格街道布局的市中心街区。

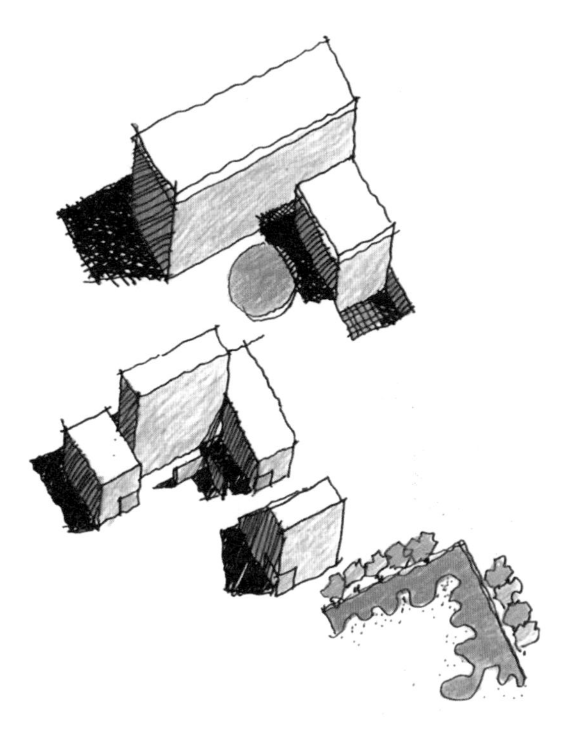

图5.7　结构构成："L"形

作为方形的另一个衍生，"L"形是在城市设计的所有规模上都有应用的一般构造结构，它的范围从建筑物和地点开发、城市街区开发，跨越到景观设计。在这个"L"形占主导的情况下，它可能由许多更小的形状组成。

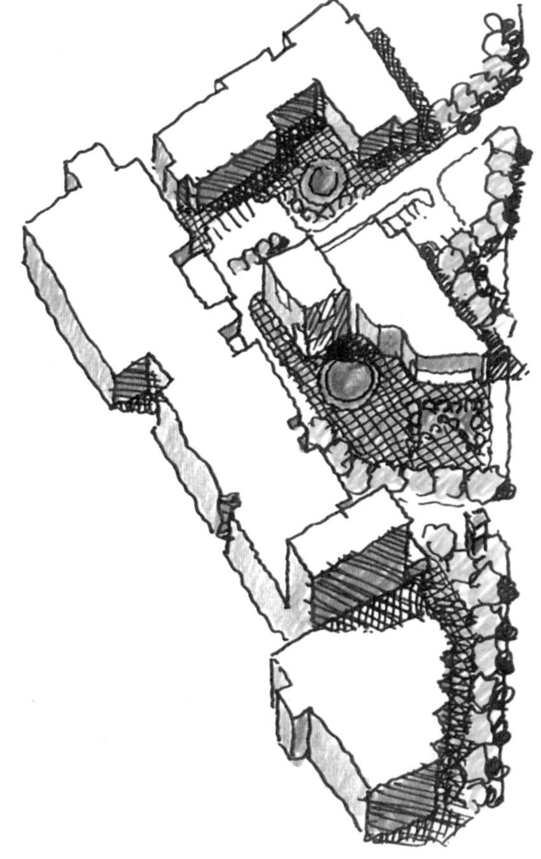

图5.8　作为休闲中心的"L"形

这个"L"形有许多应用，特别是在紧凑的地点中。在三角形地点上建造一个小型休闲中心和零售综合建筑群体，把一个"L"形嵌套在另一个更大的"L"形中。

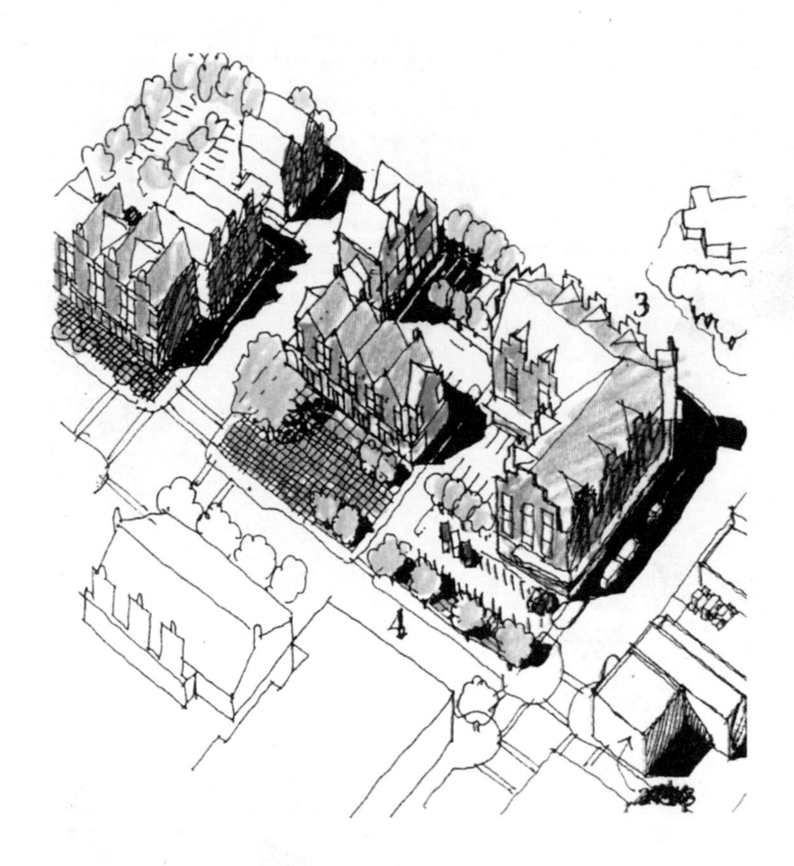

图5.9 “L”形作为混合用途的街区

这个“L”形作为混合的居住建筑群镇中的组织结构，朝着公共共同体的方向定位，由零售商店上的连排式住宅和叠层式公寓构成。这个“L”形的转角处包含着空间，并且有着对外界开放的姿态。

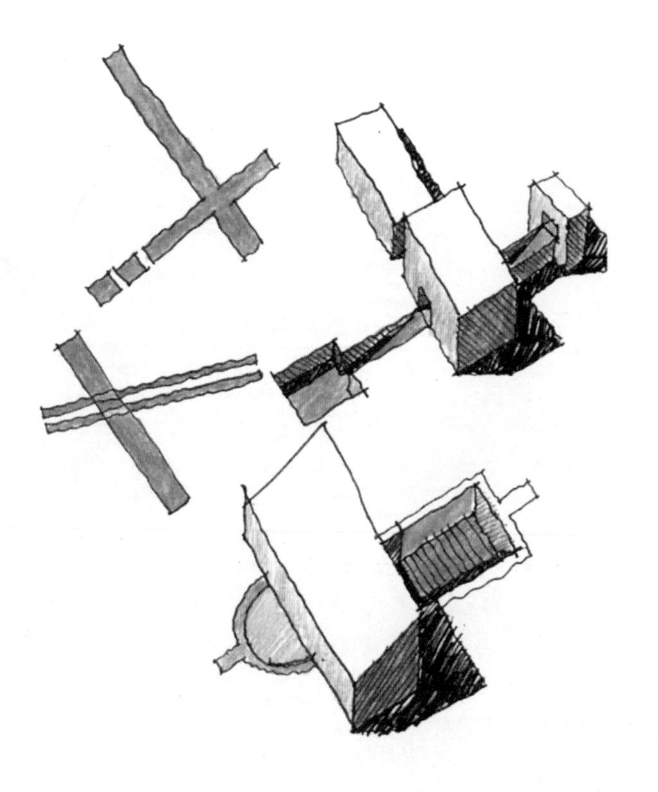

图5.10 构成结构：十字

十字结构由两个（或者更多）交叉的形状或者图形构成。这个交叉可以是垂直的或者倾斜的。从建筑物到开放空间成分，任何一个相交的形状都可能由不同的形状组成。

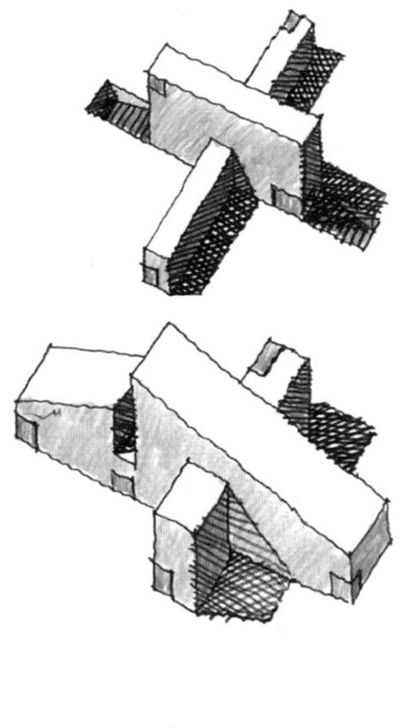

图5.11　十字的例子

包括被既在建筑集群又在地面平面出现的正负形态所特别强调的，有着体积等级变化的单个建筑群。

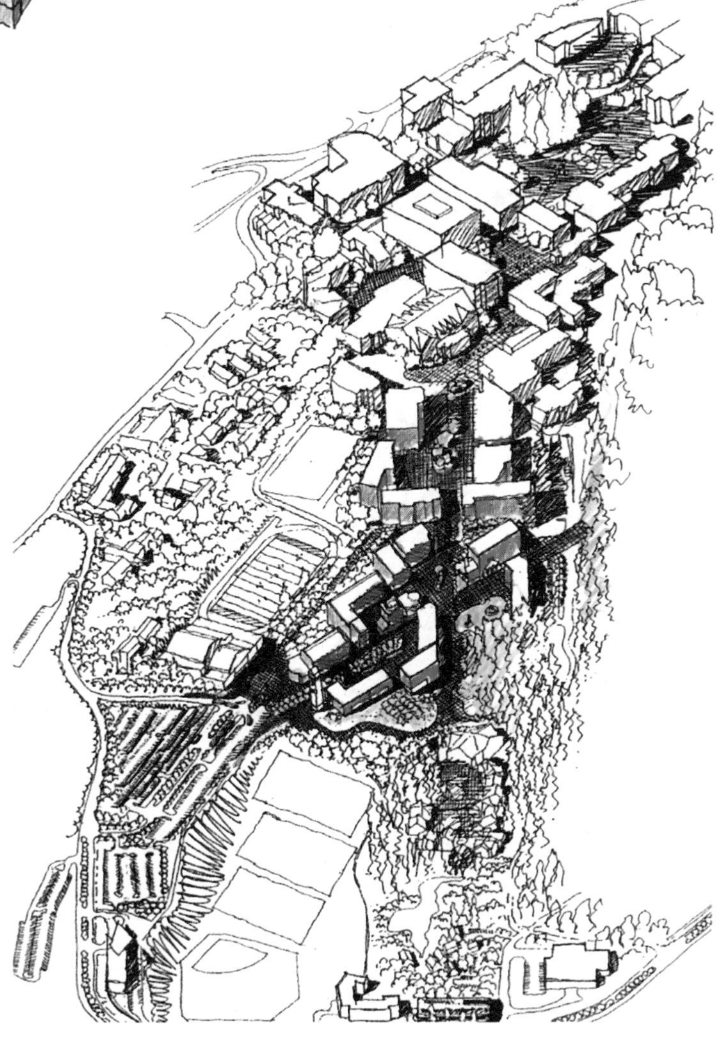

图5.12　十字建筑群

在例如西华盛顿大学拓展选项这样的大规模构成中，一个具有庭院结构的交叉轴线构造，并且把已存在的格局和新的开发项目连接了起来。

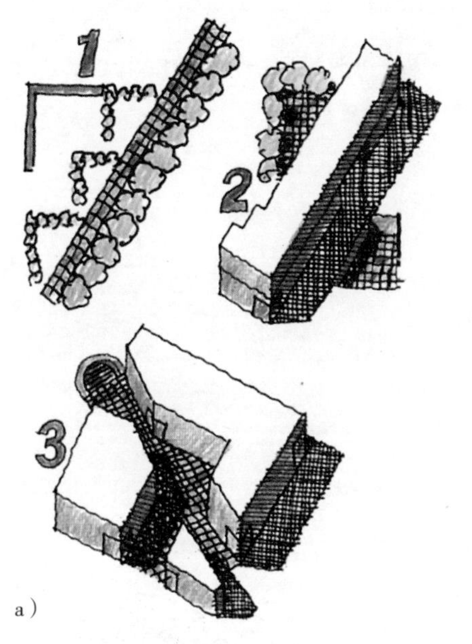

a）

图5.13a　构成结构：对角线

对角线是方形的另一个衍生物，还同时提供了方向感和运动感。正如在示例图中，这个对角线可以是和直角系统有关的一条运动轴线，也可以体现为正向建筑群的一个定位和建筑群内部的一个负向空虚。

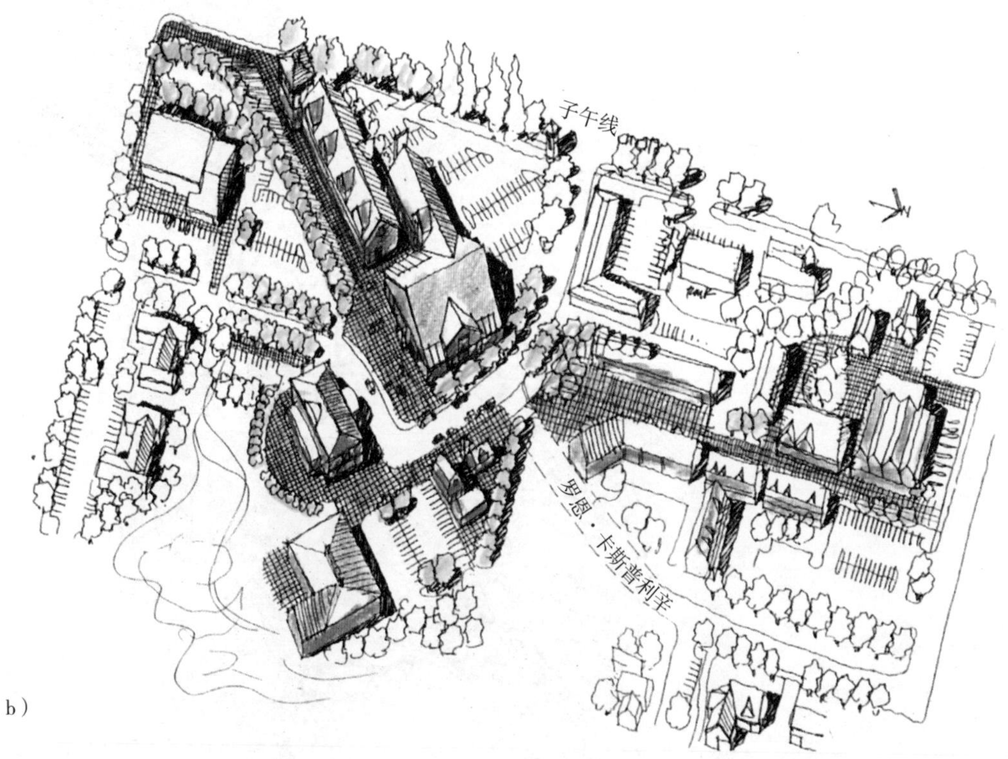

b）

图5.13b　对角线应用：埃奇伍德

埃奇伍德城镇和市民中心是和主要的街道交叉口相连接的，并且通过对角轴线将行人广场和新的市镇中心开发区域连接了起来。市民建筑、新的混合用途商业建筑和一个历史农场建筑群在平行于对角轴线且在对角轴线终结处，在视觉上和物理上聚集了起来。就像在所有的构造中一样，当树木加强和突出了对角结构的时候，树木和景观定义了空间，而不仅仅是出现在了空间中。

圆的特征

1）中心到边缘的距离相等。

2）中心是一个平衡点，并不一定需要有相等的半径。

3）一个物体或一组物体作为集合中心。

4）曲线的、环形的。

5）圆的混合体。

圆的衍生体

两个中心的构造：

1）两个构造互相不触碰或者只有很少的接触，通常有一个占主导地位。

2）不一致于某个节奏或运动。

3）对抗的。

4）引起了紧张或某种程度的冲突（如果是被计划出来的，则可能是积极的）。

5）三个或奇数个中心可能更好操作。

径向爆破结构：

半径的运动和方向超越或压倒了中心的运动和方向的圆形关系；不需要在长度上相等。

曲线的支配地位：

1）弧线和螺旋占优势地位。

2）“S”形、弧形、椭圆形、运动。

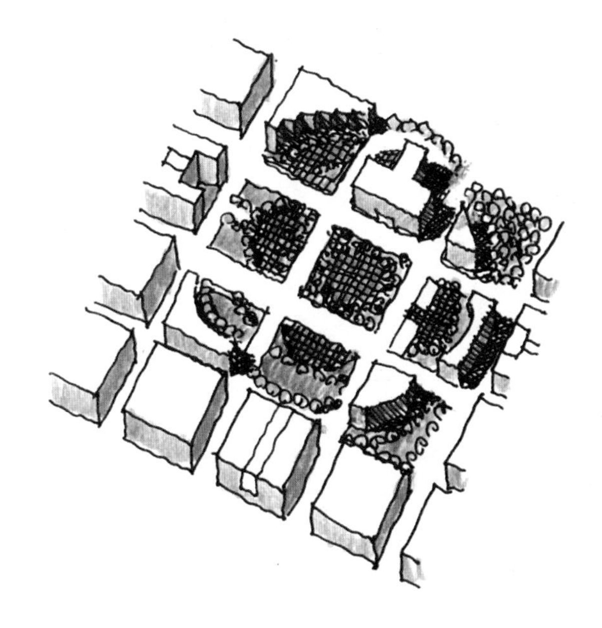

图5.14 构造结构：圆形

圆形是个强有力的构成结构，通常被应用在正式场合的格局中。在城市设计的情境中，当被叠加在坐标方格（方形）上时，圆可以通过建筑和开放空间成分被强调出来；同时，当它被作为原始形状处理时，能为非正式的格局带来灵活性。

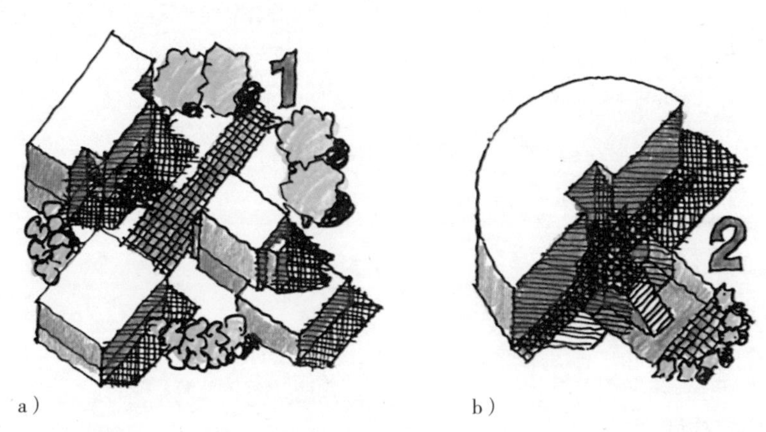

图5.15a和b　圆形的例子

这样的例子包括：一个有着不同大小的重复长方形的办公室区域（1）和（2），一个有着正负级别的圆形和方形结合。圆形为结构构成的很多混合体和衍生体提供了基础，包括从径向爆破到螺旋形。

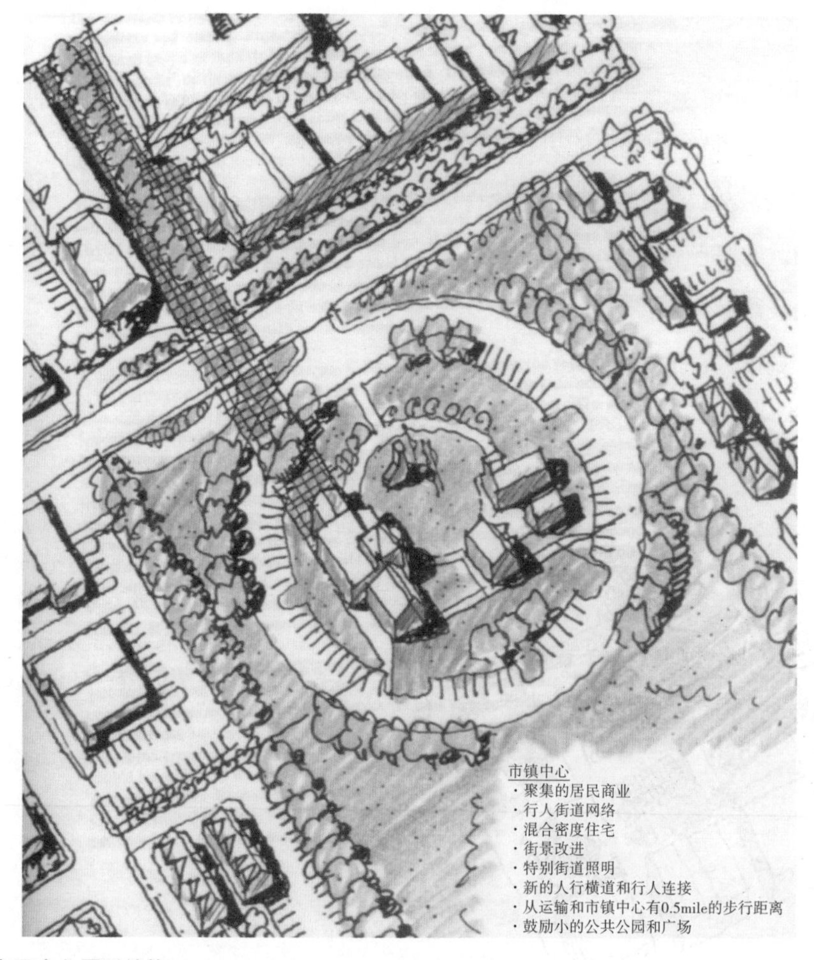

图5.16　市民中心圆形结构

在埃奇伍德市民中心，圆形构造了通过一个人行轴线和与商业中心相连的新市民中心设施。

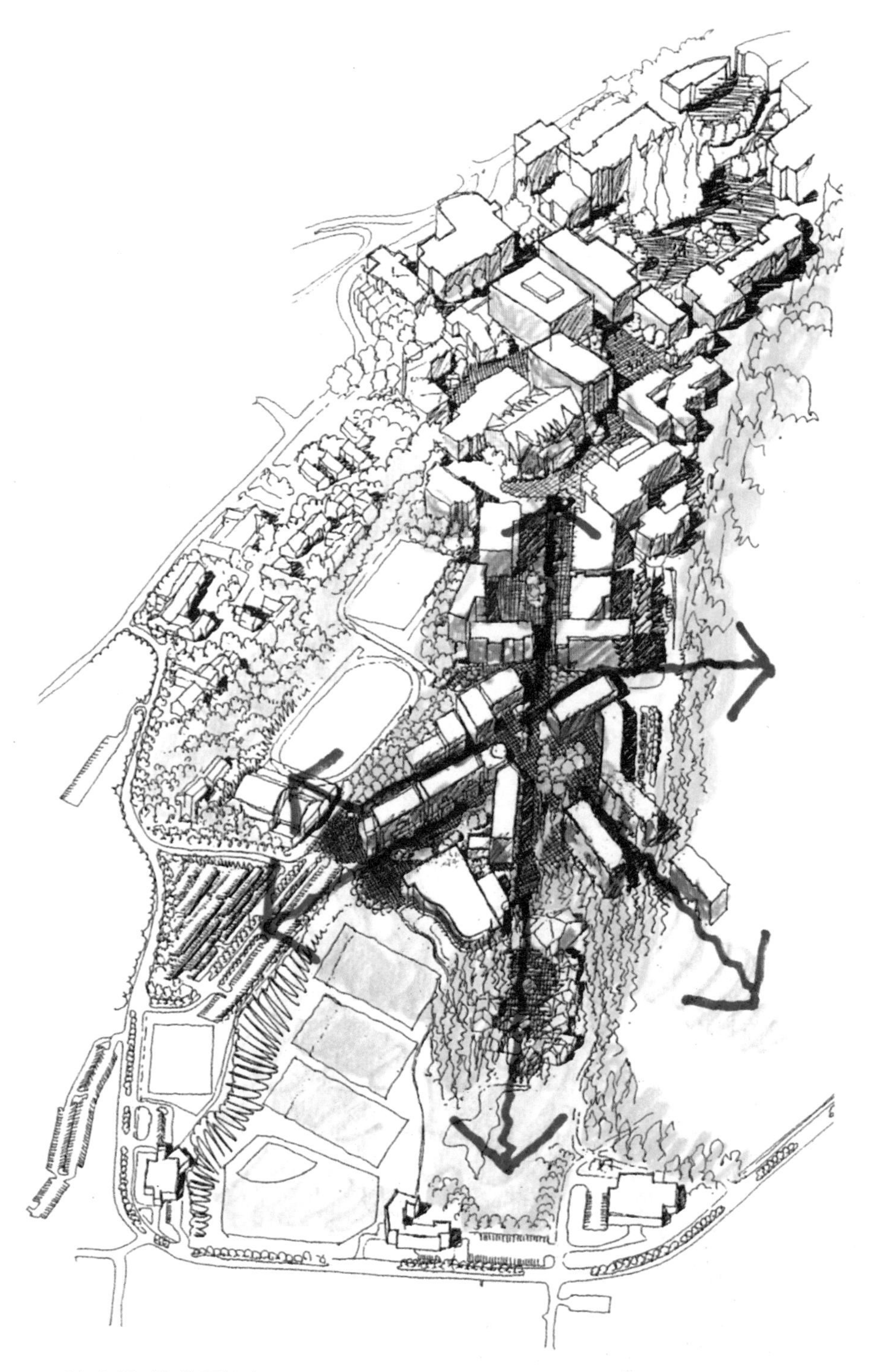

图5.17　“径向爆破”校园概念

西华盛顿大学设计专家研讨会探索了一个径向爆破结构来把校园南部以内的教育群体联系起来，并且把新的和已存在的设施通过径向爆破模式连接了起来。

线的特征

轴线！就像在之前的那些例子中所看到的，轴线是一个强有力的结构方式，特别是当它和其他的构成结构结合在一起的时候。对我们此处的讨论目的来说，我建议把轴线的角度限定为以下范围：

0~180

90

45~45

45~22.5

30~60 or 60~30

当然，其他的角度也是有效的。上面所列出的常规角度提供了形态中切实可行的数学运算，并且不会无必要地把事情变复杂。为了挑战规则，必须要先学点基础知识。

轴线结构是一股强有力的线性力量，它扮演了积极的（作为沿着街道的建筑）或空的（作为开放空间的街道）组织形态。

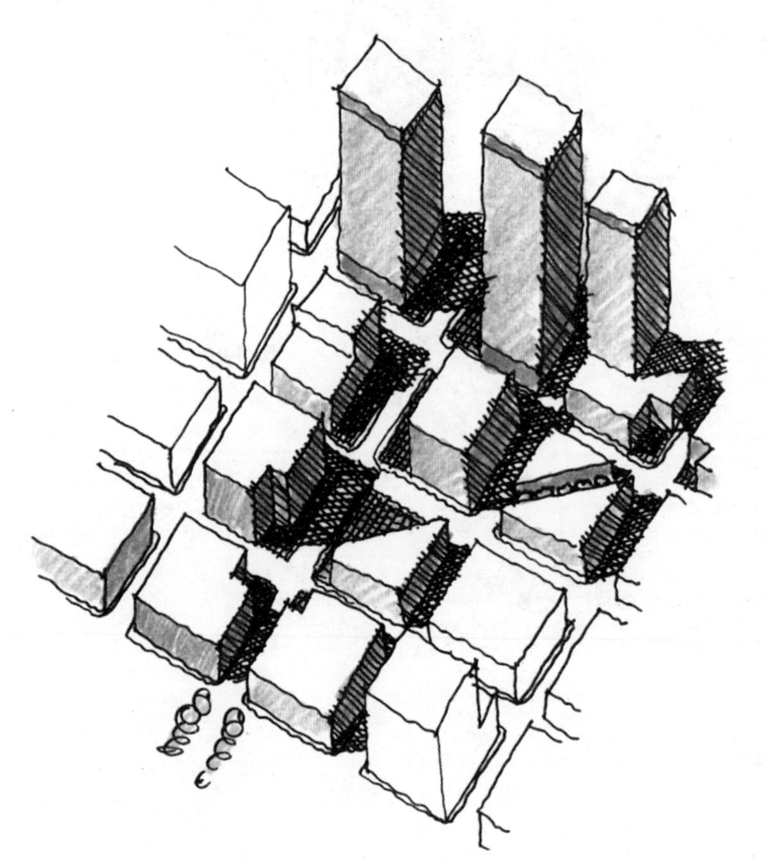

图5.18 构造结构：轴线

如同一条河流或一段高速公路，坐标方格中的街道也是轴线——一个聚合了它的运动和方向之内和沿线功能关系的强大线性力量。在城市情境中，通过密集的建筑群来为定位、参照和变化提供方向和穿透力，并且均要用到网格和网格中的角度。一个向前的或者分级的轴线构造了坐标方格中的主要街道，同时，斜对角的轴线切割了这个坐标方格。

图5.19　城市环境的正式和非正式轴线

在密集的城市区域，轴线提供了秩序和定位。轴线可以是通往一些重要节点的正式路径（例如西华盛顿大学校区），也可以是一个沿途有风景的绿洲，以及和其他轴线结构相交、有弧度且更柔软的轴线。

图5.20 作为行人广场的轴线

在人类层面，轴线提供了穿过城市区域的清晰的运动通道，联结了布局在轴线周边的市民、商业和住宅使用。

其他的构成结构

桥接结构

1）往往有两个或两个以上被一个关联的元素或关系结合起来的中心或焦点。

2）桥接结构可能是升高的、低陷的或在水平参考面的，甚至就像在电梯或缆车中是垂直的；这样的例子包括架高的人行天桥系统，或者气候寒冷的城市的地下购物广场。

3）大部分桥接手段都是物理的，但是可以由与地点相关的文化历史暗示出来，这些内容包括过去的基础设施残余、建筑物和其他历史物理布局。

4）桥接可以通过对立物的放置暗示出来（实/虚、互补颜色、正/负）。

悬臂结构

1）一端被支撑（跳板）或一端伸到了支撑元素之外的水平元素。

2）经常用来支撑其他关系和结构。

图5.21　构造结构：桥接

桥接可能出现在物理特征（水系、高速公路等）的常规交叉点上；就像是明尼苏达州的明尼阿波利斯和华盛顿的斯波坎市（都是冬季城市）的人行天桥中的城市街区和建筑群体（a）；在水平参考面上和水平参考面下的“桥接”（b）；通过有时会出现在传统中心扩展范围之内的建筑（c）；带有文化–空间再生的残余模式（见附录C）。除此之外，“跨越鸿沟”可以简单地被表达为视觉上共享的开放空间，这时，共享空间是私人的和不可进入的，除了视觉上能到达的另一个空间。这种桥接是在保留了区域规则的前提下，进行视觉连接和分享的一种形态，经常出现在城郊社区。

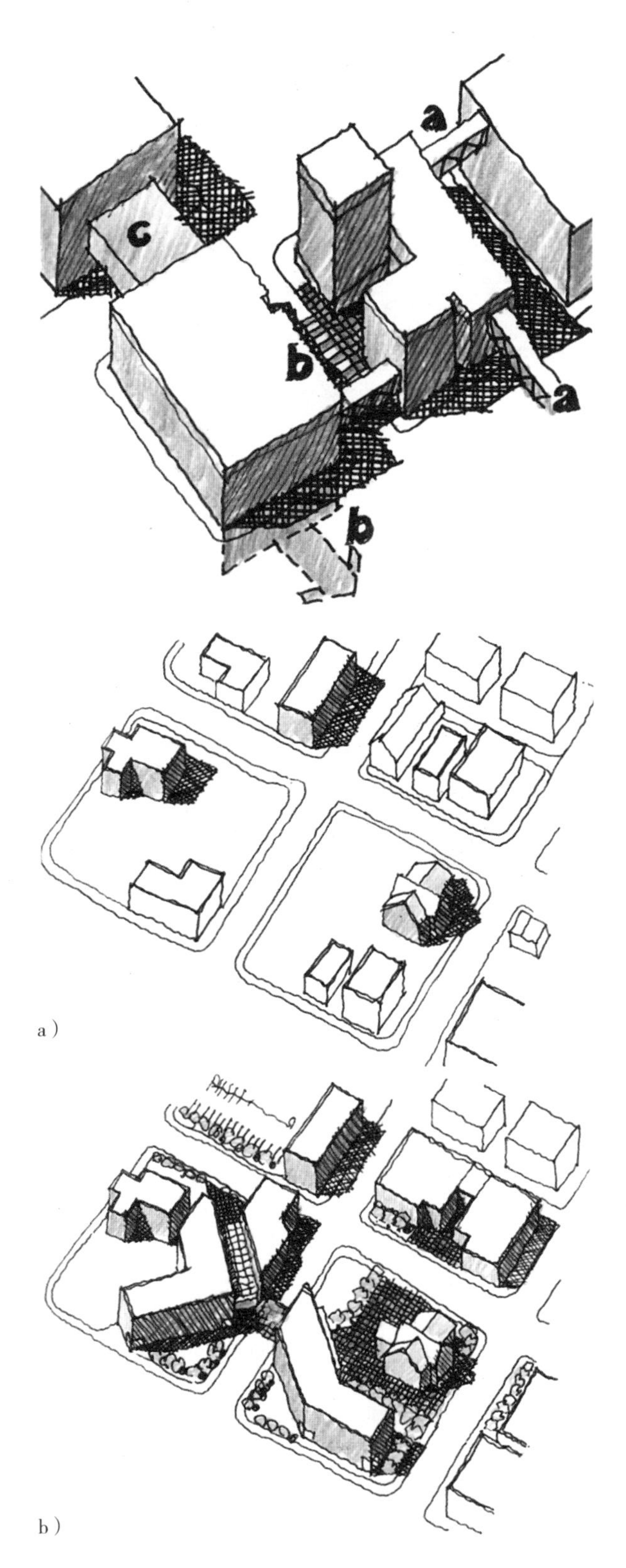

图5.22a和b　桥接作为连接手段

考虑到土地整治和其他情境问题，桥接可以用来连接在城市区域中单独的用途和形态。在这个桥接例子中，已存在的城市形态包括分散的办公建筑物群和一栋历史图书馆大楼。市政办公形态被用来连接相关的用途，并且提供了一个以修复过的图书馆建筑为中心的焦点区域。

a）

b）

图5.23a和b　构造结构：悬臂

悬臂是某个元素的一端在空间中的悬架，它延伸到空间以外和上方。在（城市）设计中，悬臂可能是延伸过一个边缘的建筑物、海滨之上的观景平台（a）；或是进入另一个空间的突出物，例如从生硬街景进入到青翠溪谷，就像莱克城瞭望台（b）。

*叠加：*叠加就是把一个元素或图形覆盖到另一个的上面。这个原则也意味着一个元素或模式对另一个的主导和支配。

1）空间中的空间，例如一个方形结构中的圆形结构，一个立方体中的球体等。

2）两个空间关系被同时放到一个覆盖模式中。

3）两个相互冲突的空间关系被同时放到一个覆盖模式中，以寻求新的结果。

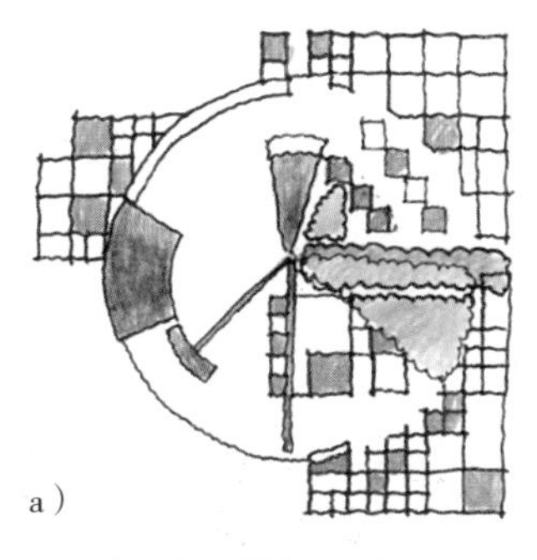

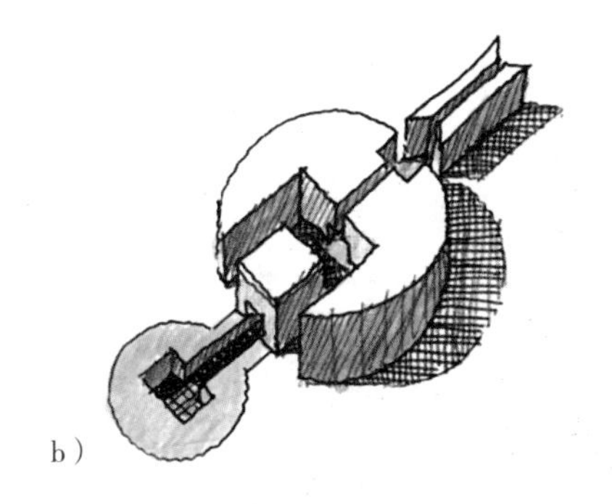

a）　　b）

图5.24a和b　构造结构：叠加

覆盖两个或者更多的空间结构可能会带来新的、未被发现的和有用的构造解决方案，正如图中这些圆和方结构叠加中所示的：（a）代表城市设计布局，（b）代表一个综合建筑体。这里是一个玩乐和探索的机会。

*群簇：*群簇是围绕着一个共同的和共享的元素（公园）或设施（停车场）等等而排列的空间元素组。它们是和一个更大的空间框架联系在一起的，如被开放空间环绕，并且通过私人车道和小路连接到一个集流街道网络的附加住房区群簇。这个群簇可能是圆形的、方形的等，范围从庭院小村舍住宅区跨越到有着中央停车区或驶入道路的建筑群簇。它们可能由同样的建筑类型或者如农庄中的混合的建筑（和密度）构成。

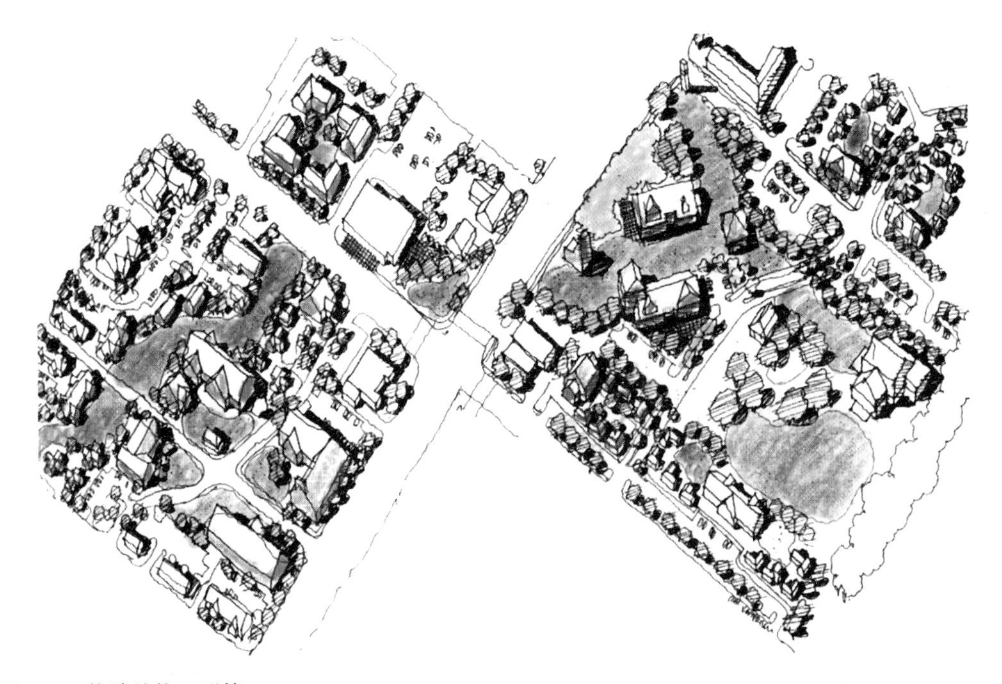

图5.25　构造结构：群簇

范围包括从住宅群到办公商用或校园。在许多模式中，大小各不相同的群簇是围绕着一个开放式草坪来进行排列布局的，这个草坪把一个新的市镇中心和边缘开发区域连接起来。更多群簇的例子可以在第7章中看到。

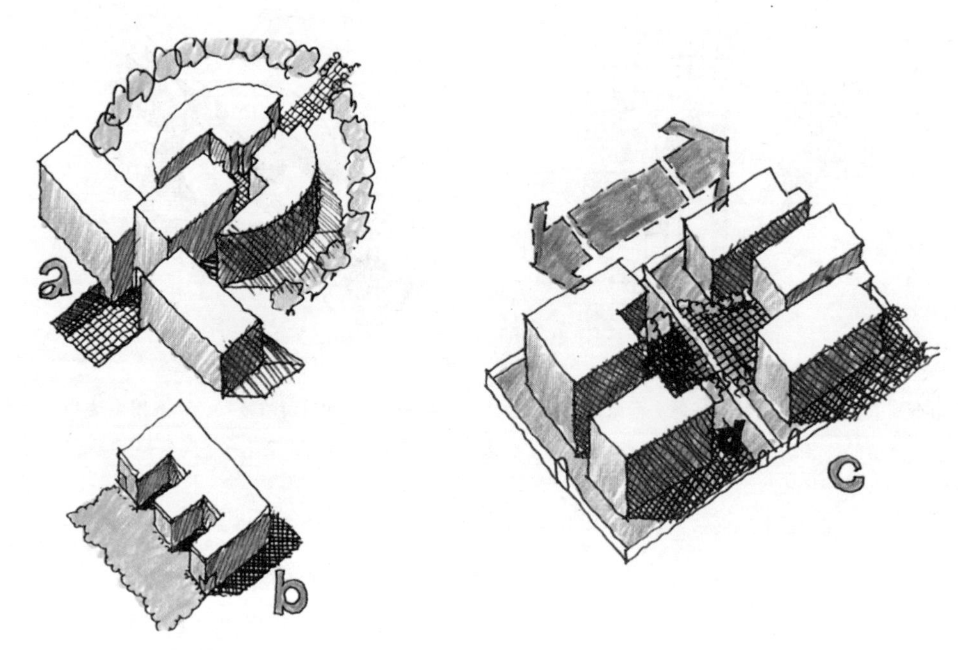

图5.26a,b和c　构造结构：咬合结构

如图所示，咬合结构和正负关系结合得很好。从实心的直角形状到圆形形状（a）；并且使用压低的平面来穿透水平参考面以上的建筑群体；简单的开放空间咬合到建筑群之中（b）；开放空间和周围临近的建筑或社区形态咬合在一起（c）。在城市情境下，咬合可以把许多不同的建筑形态联结在一起，作为一个镜像或者正/负的连接手段；通过一个垂直透明庭院，完成从一个形态到另一个的转折；或把一个地面平面咬合到路基平面上。

*咬合结构：*咬合是两个或者以上的形状或模式的相互融合，通常是沿着它们的边缘，例如拿出每只手的手指，把它们放到一起，并且“锁”起来。这些边缘都是生硬的，并且每一个形状或图形都会穿透到另一个之中，就好像在一个锯齿图形中那样。

对于构成结构的探索

我为学生们创造了以下的这个例子来描绘对一个建筑群体构造结构的探索性调查。当我选择这些元素、地点、重复原则和变化性重复的时候，在这个特例中是个三角形的这个结构，开始出现了。

我们来做一些假设。这个虚构的建筑群体有着可以转换的组织关系，即可以朝向西北，沿湖径向重复，这和一个机构设施没有什么不同。就像在初始设计概念（a）中，第一阶段是一个假定。这个结构关系表现为半径向第一设计概念，并且被认为适合于建筑中所包含的组织需求的功能。

在这第一设计概念的基础上，为了一个初始点，初步的结构构成和地点情境相互作用。这点对于学生很重要：当你把组织和结构关系与地点环境结合在一起的时候，不要试图做到“完美”和不可更改。第二设计概念（图5.27b和图5.27c）是用来保护结构关系（a）的，并且把这个概念拓展到了呼应沿湖的西北和西南定位的更大地点上的游戏性尝试。要记住，这是虚构的，所以发挥一些想象力吧。

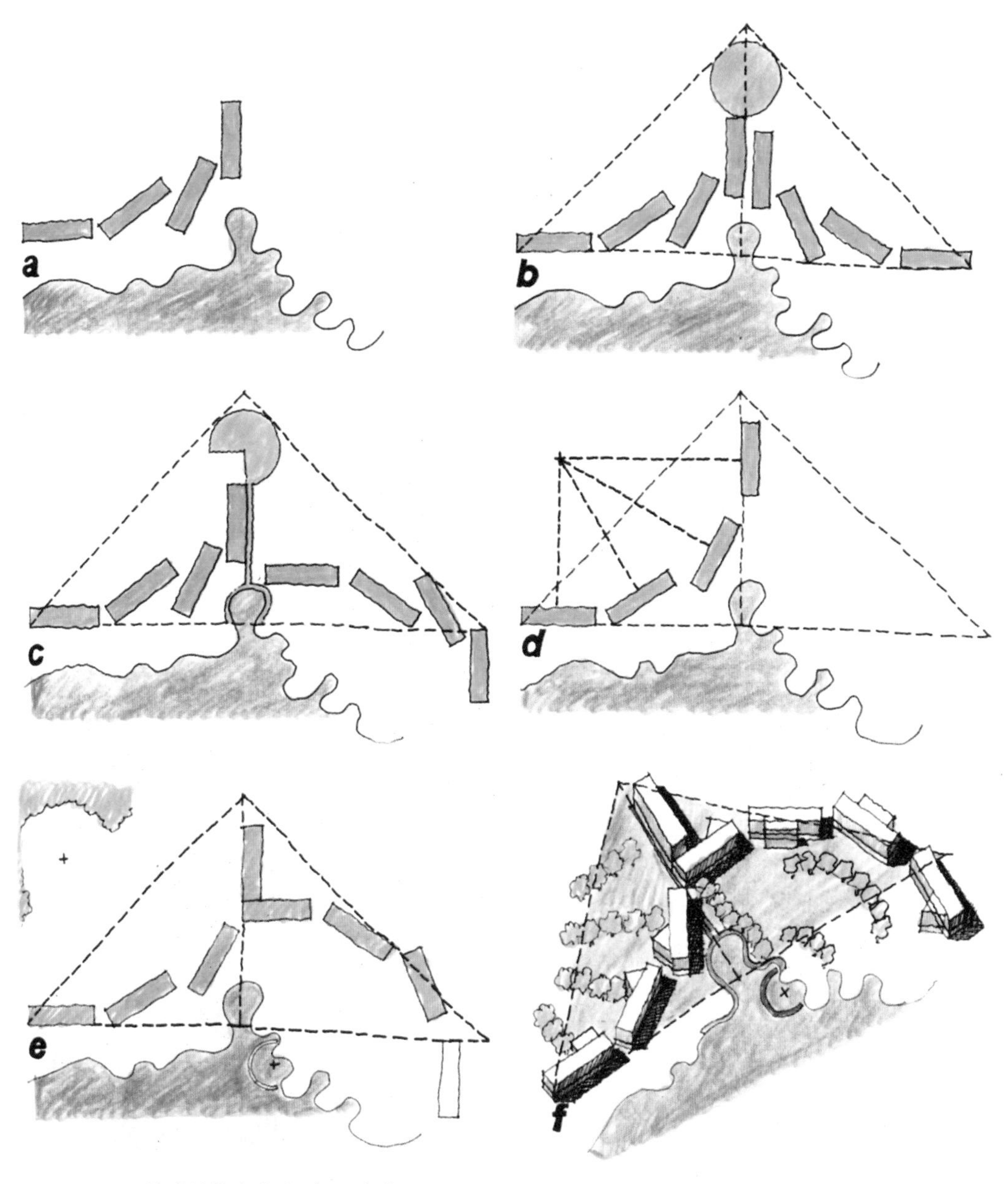

图5.27 a～f　构成结构次序（a）～（f）
为学生准备的三角形构成结构次序的例子。

当概念（b）和（c）通过不同的方式和这个地点互动的时候，它们也提供了新的设计机会。了解到在持续的时间阶段之内，很多设计师会参与实现总体规划，我便开始搜寻一个更大的结构构成，它有潜力为未来的发展提供一个框架。

三角形作为结构构成。基于水边缘形态和概念（a）的最初半放射状结构，我在地点上测试了一个三角形构成结构，努力让建筑物的边缘和三角形的边缘相协调。在一些补充的游戏的基础上，我决定把一个更直接的几何形状应用于最初的半径向结构中，保持放射性原则，并且通过使用一个共同中心点来巩固这个构成，这个中心点有半径放射到每个建筑物的中心点，并且使其垂直于半径。见设计概念（d）。然后我继续用这个新的径向结构做游戏，把它颠倒过来，并且用同样的形态使复杂性加倍，以带有定向变化的形式重复它们，这就是设计概念（e）。这两项努力都融入了三角形的构成结构中，并且为地点开发带来了新的机会，就像在设计概念（f）中所体现的——随着新阶段适应了不断变化的程序，建筑形态也能不断改变，而这个结构构成仍然保持完整。

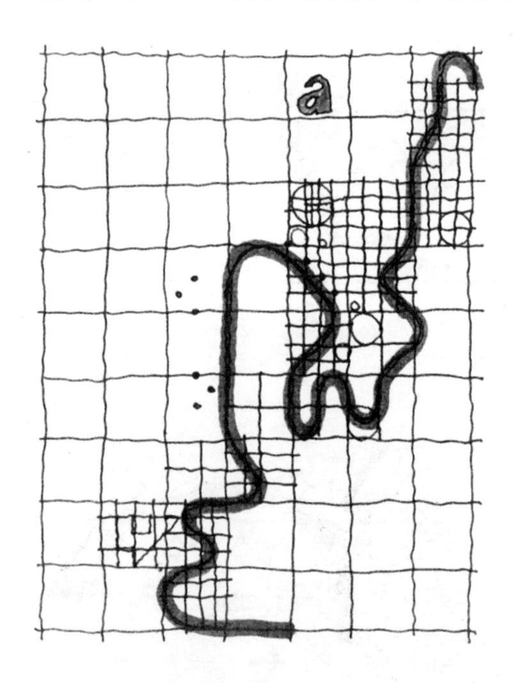

图5.28a和b　透明或者幻影结构

这张充满趣味的图描绘了一个曲线状有机构造（b），它有着一个隐含的幻影结构（a）——一个坐标方格。在（a）中，一个概念化的曲线形态被叠加在了一个有着不同尺寸方块的坐标方格上，以取得更多的灵活性。在（b）中，一个三维形态被添加到了底图上。

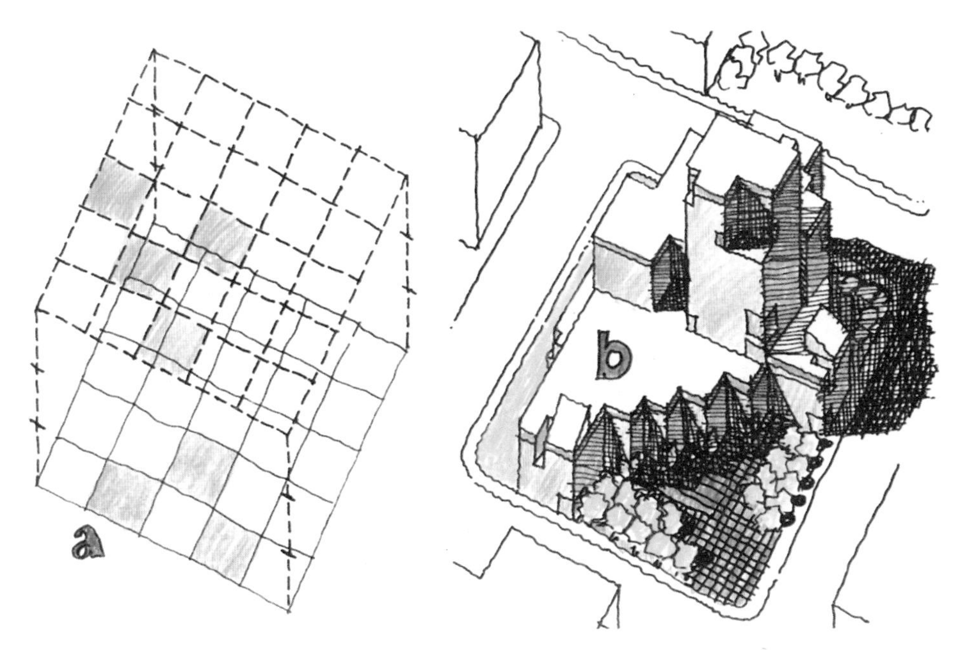

图5.29a和b　三维所标方格框架

三维坐标方格框架（a）对于在城市环境中划分出具有回应性的形态是有作用的。这个坐标方格框架在成果中体现得很明显，并且为增加或减少形态以适应地点和项目需求提供了指导。

空间参照框架

把构成结构作为潜在的组织框架来使用

空间参照框架是把更大的复杂构成聚集起来的结构，为设计和实施提供了数学的或可计量的基础，而且在最终的构成中不一定能明显体现出来或者是直观的，因此是独立于之前的对于构成结构的讨论的。在大多数城市中，街区网格是一个视觉空间结构，它为许多不同的形态提供了基础，并且在建筑环境中是可以被肉眼觉察到的。一个曲线的形态可能会用潜在的方格作为自己的框架结构。在这个方格中，半罗经点、四分之一罗经点和中心等为弧线形态提供了交叉的参照点或者锚点，使可控制的实施和聚集过程成为可能——在视觉上，它却不（容易）在结果出现的形态中被感知到。相反地，类似于巨石阵这样的径向结构被认为是圆形形态。

这些框架对于新兴设计师来说是有用的，因为它们提供了创造复杂形态的一个定量办法，这个办法是可行的、不太复杂的和能够测量的。我把它们称作“透明的”或“幻影构造”——它们是肉眼看不见的。这些结构根据其隐蔽的聚合角色来与其他结构进行区分。

结构的体量图：以形态为基础的实施

体量分体图

构造体量分析图是在城市（和地区）情境中被建议的设计范围的外部边缘。它们规定用途（什么）、数量（多少）、地点（哪里）、设计舒适度和/或与现场情况及非现场关系相关联的特征。构造体量分析具有功能依赖性，这是因为土地和建筑物用途会影响到建筑类型学。在缺乏对潜在用途了解的情况下，合成一个以形态为基础的设计体积分析图，可能会在设计范围内带来对于合理利用开发过于简单或者带有问题的实施。

通过探索发展可能引发的结果，而且让它们变得视觉化，城市设计往往会发挥土地使用、分区和政策决策测试程序的作用。这个测试开始于批准的分区，继而进入到和地点相关的体量探索，形成设计引导（相对于传统的经济分区范围）的形态，再为了比例、风格和细节而增强建筑范例。

在20世纪50年代和60年代早期，戈登·卡伦使用了构成体量，并把它作为在已有的以及往往是历史的情境中视觉化建筑形态的一个工具。为了参照和定位而把历史建筑突出出来，他出色的透视图既描绘了现有的具体建筑形态，又体现了更大的体量范围。在以形态为基础的分区中，它们并不是新出现的，但是宝贵的工具。

设计实施

构造体量在设计实施，尤其是设计标准和设计准则中，起到了关键作用。解读设计准则对于城市设计师来说是持续存在的挑战，因为模糊可能会带来平庸，或更坏的是，带来了妥协；极度详细的细节可能会阻止高质量的设计。在设计准则项目中，我使用以下步骤来提供清晰的意图；在解释准则时使有设计灵活性的能力以及详细的构成示意图。它们包括：

- 设计意图：有关环境敏感性以及对于某个特定地点和（或）地方的设计手段的设计准则的定向和重要意愿。
- 设计原则：意图所隐含的行为指导规则，特别地和设计提案的元素而构成如何对现的和/或正在兴起中的环境做出反应并融入其中相关联。
- 设计行为：和高度、建筑缩进、道路、定向、连接性、阶段等细节有关。
- 设计示例：对于保持了原则隐含的意图和方针的设计，阐释了建筑和城市设计方面的设想。它们能够描述规模、风格和材料。

这个构造图示提供了这四个具体层面的支柱。这些例子在测试阶段使用了构造图释，在这个阶段中，在特定地点和地方探索了提议和政策，并且体现了最终的设计方针。这些例子包括“西彻尔的未来设想（大不列颠哥伦比亚）”“码头街以形态为基础的设计规范（华盛顿州兰里）”“市中心设计手册（华盛顿银谷）”的作品。

“西彻尔的未来设想（大不列颠哥伦比亚）”：沿着西彻尔市中心水边的开发区导致了四层高度、一个街区长度的，坐落在长（和水边平行）且窄的城市街区上的混合使用建筑，有效地形成了一个挡住了从市中心到乔治亚海峡和温哥华岛视线的四层堤坝。在已有的分区制范围内，不能保证在乔治亚海峡附近的每个人都能看到风景。于是，有居民和商务人士抗议过这么巨大且碍事的建筑形态。作为结果，这个设想过程探索了在开发商和社区之间能达成共识的城市设计选择。

“码头街以形态为基础的设计规范”：华盛顿州兰里是个有1100人居住的村庄，在东北太平洋沿岸的华盛顿州，处在西雅图西南部沿着皮吉特海湾的萨拉托加航道上，距离大不列颠哥伦比亚的温哥华有三个小时车程。这条码头街由三个小艇船坞，有限的水间高地和一个供停车和游客使用的陡峭断崖（200ft，即60.96m）组成。在陡峭的斜坡之上和沿着坡脚进行建造的开发压力是详细设计测试阶段的一款催化剂，这个催化剂是和开发类型及影响、到水边的行人道路、停车以及斜坡使用有关的。在土地所有者、开发商、市民和城市工作人员之中举行过公共研讨会，来达成一个有限妥协的共识，这个共识是和具体、以形态为基础设计条例相关联的。

以下的构造概念图图释是为研讨会讨论准备的二十多个研究中的几个。在土地所有者们几乎达成了一致的共识的基础上，兰里城通过并且采纳了结果，把它作为码头街高地新的、以形态为基础的分区制法令。

“市中心设计手册”：华盛顿银谷是一个较偏僻的地方购物中心，坐落在华盛顿布雷默顿以北的皮吉特海湾凯特萨普半岛。这个“市中心”包括一个地方购物商场，许多更小的购物广场及公路旁的小型购物中心。一个超级街区动脉道路网服务于这里，而这个道路网有着非常少的行人便利设施，几乎没有安全的街道和十字路口。停车场占据了整个环境，并且购物者的车辆在有着一点或者完全没有衔接性的不同地方之间往来。这次的挑战就是为这个购物中心建立一个城市设计愿景或者意图，把这个郊区的碎片化格局转化成一个能充分发挥功能和意义的市中心社区。

银谷图释代表了华盛顿凯特萨普县监事会通过和实施的最终构造概念图图释。这些图释包含了分配给商业中心内不同设计区域的设计意图和原则。这些设计区域从鲑鱼溪流分水岭和湿地区域，跨越到了戴尔斯湾旁的传统市中心核心区，再到周围的郊区商店和广场建筑群以及位于边缘的商务花园。由于竞争的原因和消费者需求，旧购物广场在再次发展时，当地的一个街道网络被合并和吸纳到了准则中。这个构造概念图图释也是有建筑方面的例子补充的。

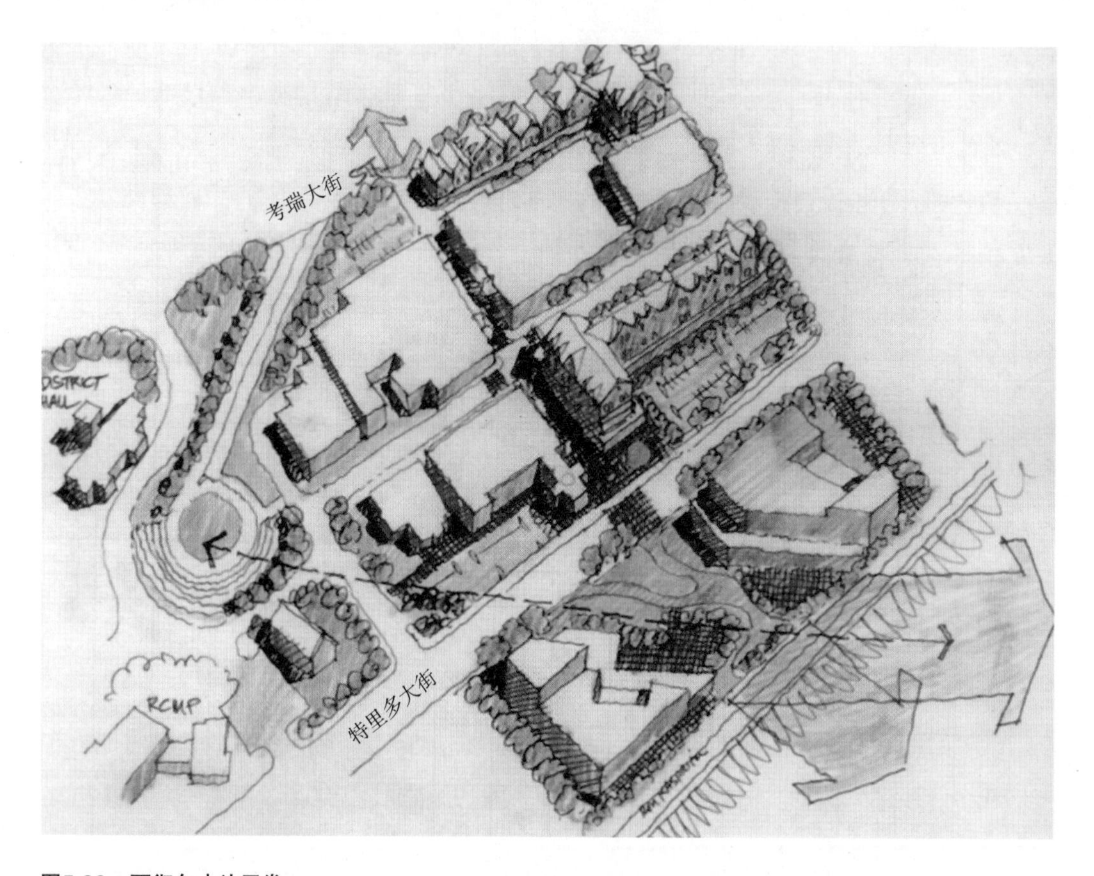

图5.30　西彻尔水边开发

作为公共信息成就的一部分和设计实施的测试机制，结构概念图图释通过开发群组探索了观景走廊，独特的建筑缩进和不断变化的高度贯穿了整个群组，以补偿开发商的利益和解决其他问题，如停车场地和行人空间。这个例子是用来探索不同概念图选择的一系列轴测图释中的一个。在这个探索的过程中，这个从现有的市政大厅和图书馆到乔治亚海峡的观景通道被赋予了特别的重要性。在稍后的设计阶段，新的中心公园将让所有的民用建筑和停车需求协调起来，并且会把焦点放在到达海峡的观景走廊上。

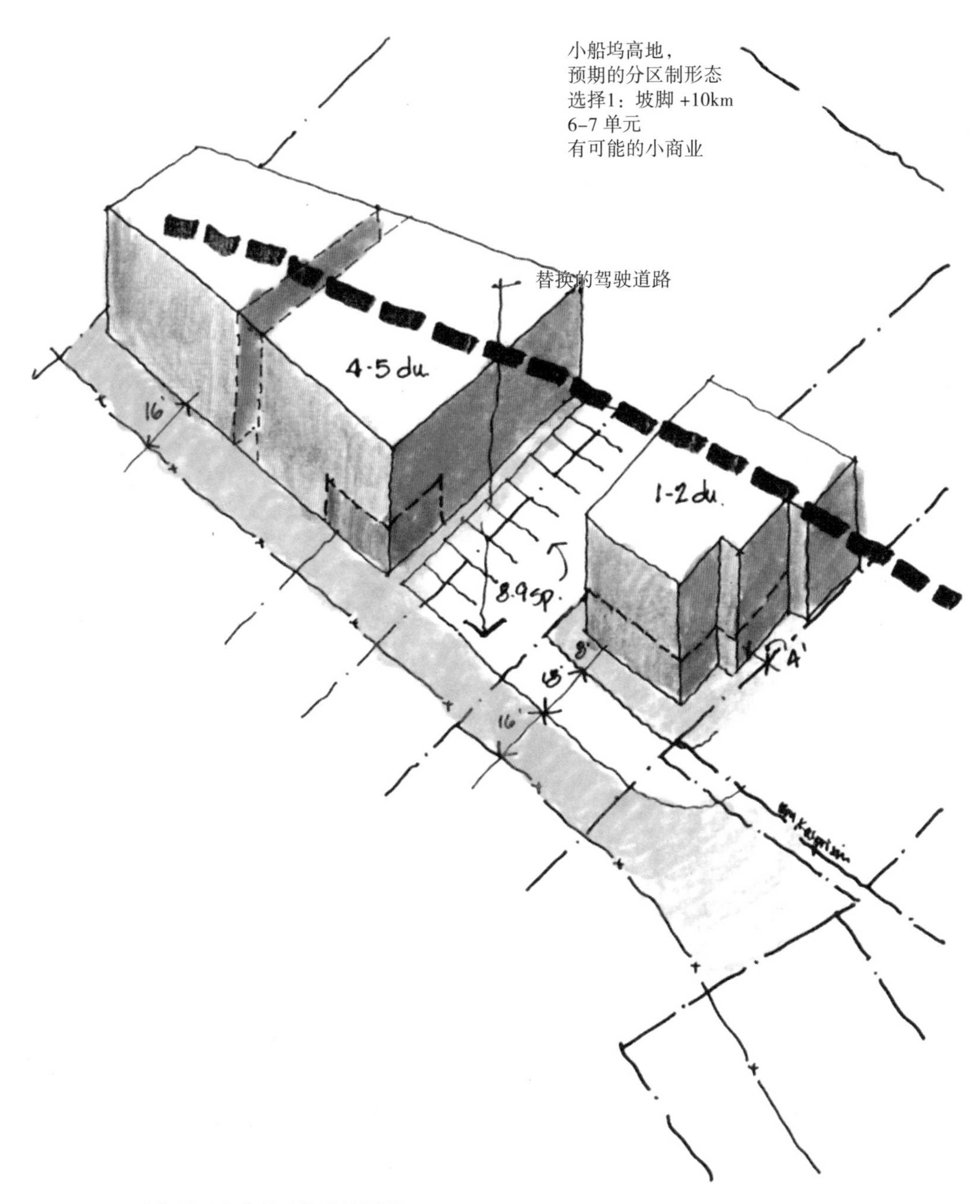

图5.31　码头街以形态为基础的设计测试

概念图测试探索了建筑物、道路以及人行走廊和码头街高地之内的聚集空间的恰当性和具体地点。每次测试都伴随着建筑诠释例子来阐述建筑的规模和特征。

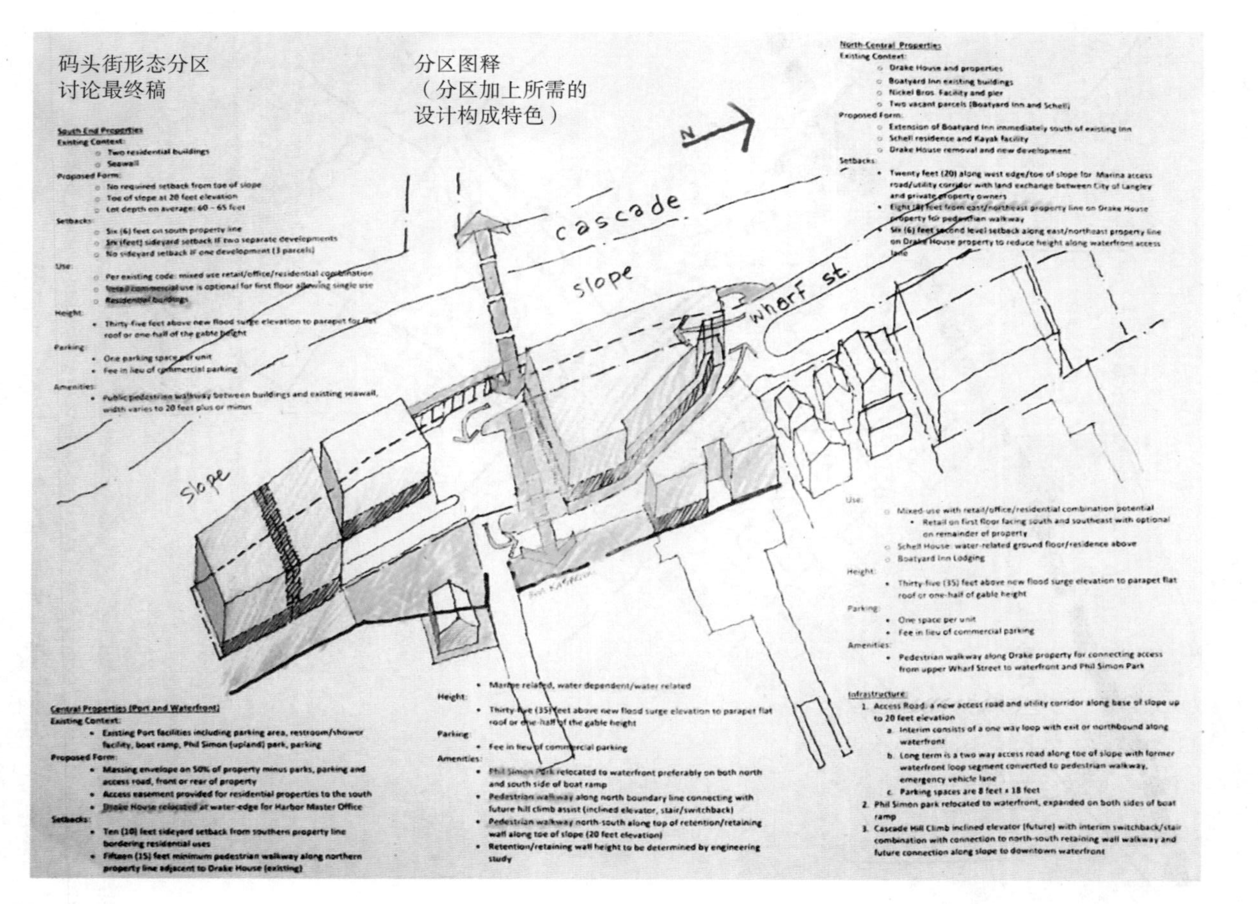

图5.32　码头街以形态为基础的设计图释

最后以形态为基础的构图描绘了新的（高速公路的）交流道、建筑围层、建筑后退、行人区域、斜坡登山设施和其他特征。这个图释是新分区制法令的基础。这种设计场景想象为扩建提供了范例。

银谷村构成图释

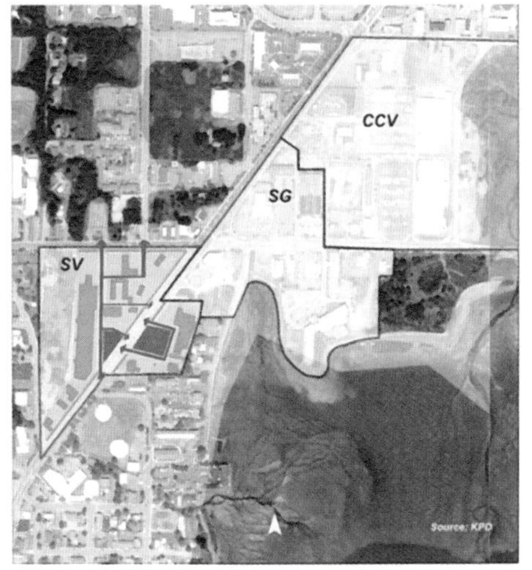

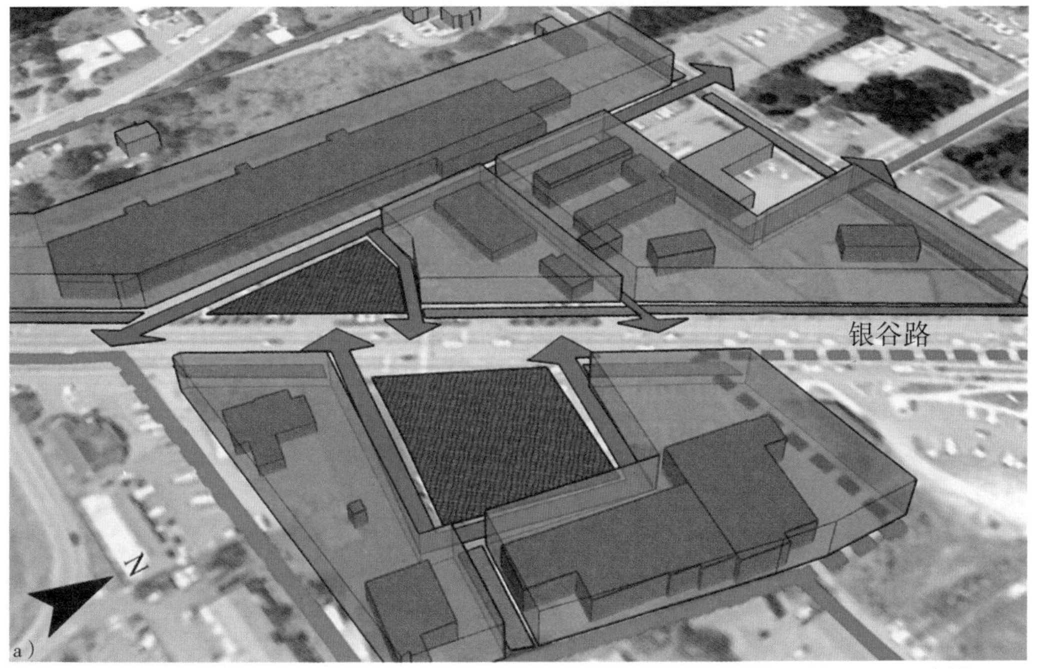

来源：KPD

图5.33　a—d银谷构造图释

银谷构造图释和附带的设计范例描绘了从陈旧的购物广场变为新的城镇中心的再开发过程。在（a）和（b）中，构成图释同时强调了内部形态的改进，以及隔着主要道路的一个和另一个购物广场的关系，它们共同建立了一个市中心通道。在（c）和（d）中，办公空间被设计为门户花园式它包含新的办公室空间、湿地和溪流的保护区，并有行人和开放空间联结的南边新开发区。

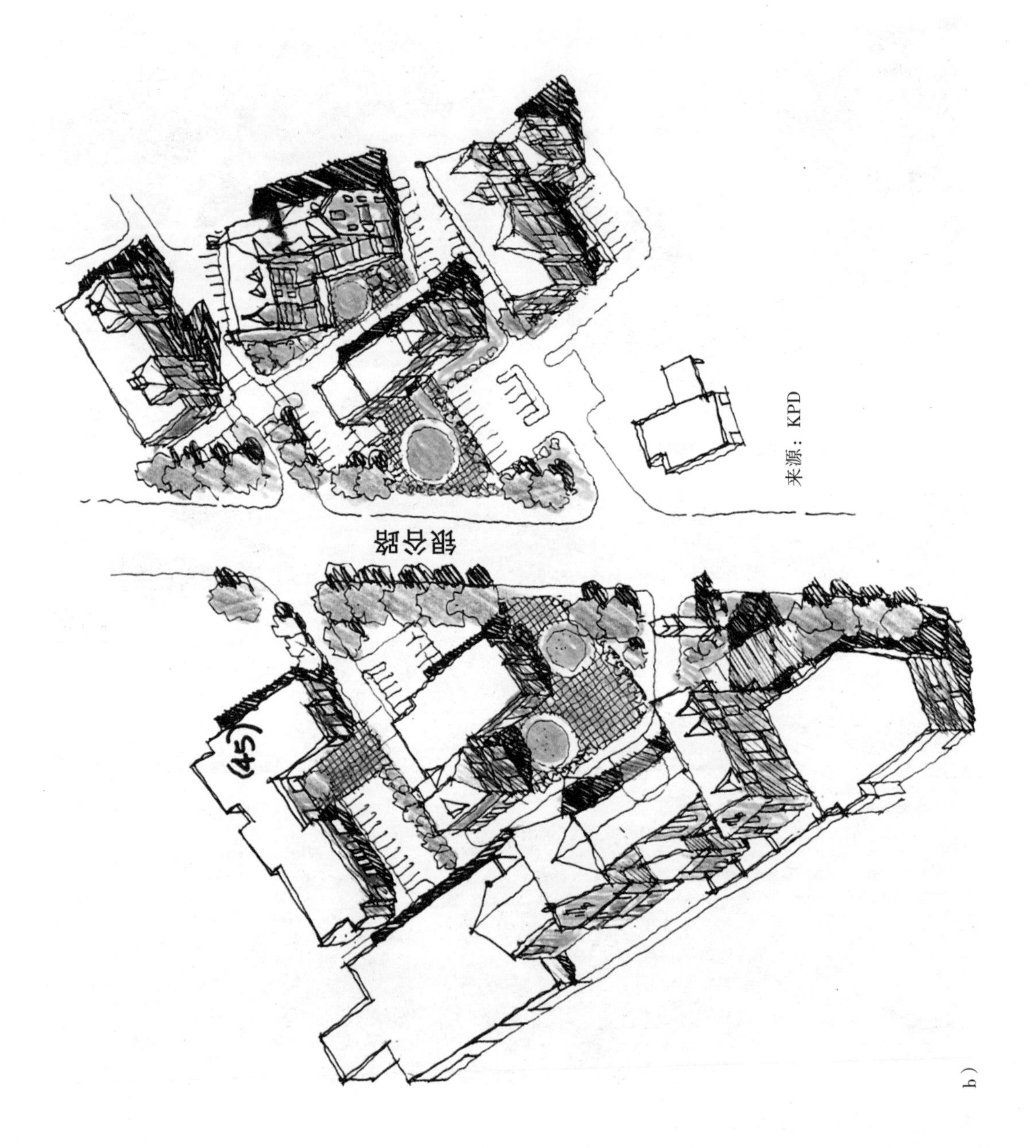

来源：KPD

b）

银谷村构成图释

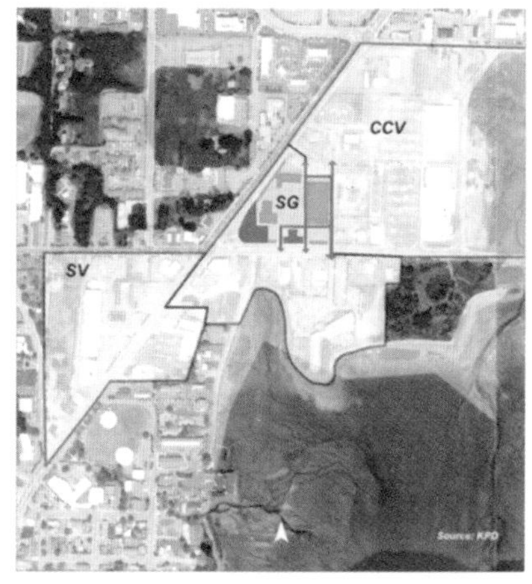

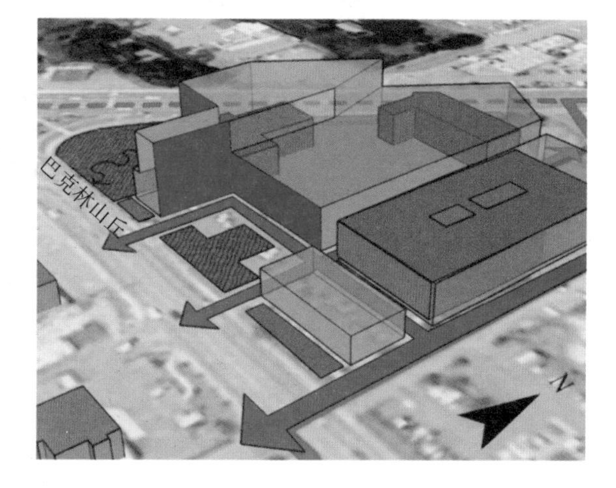

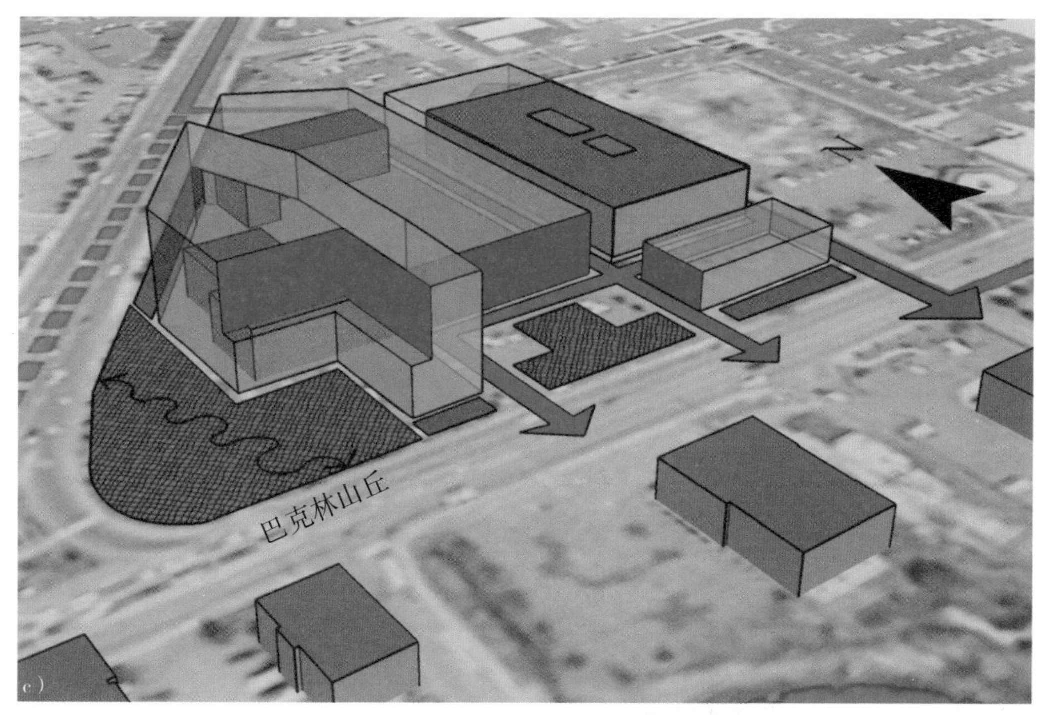

来源：KPD

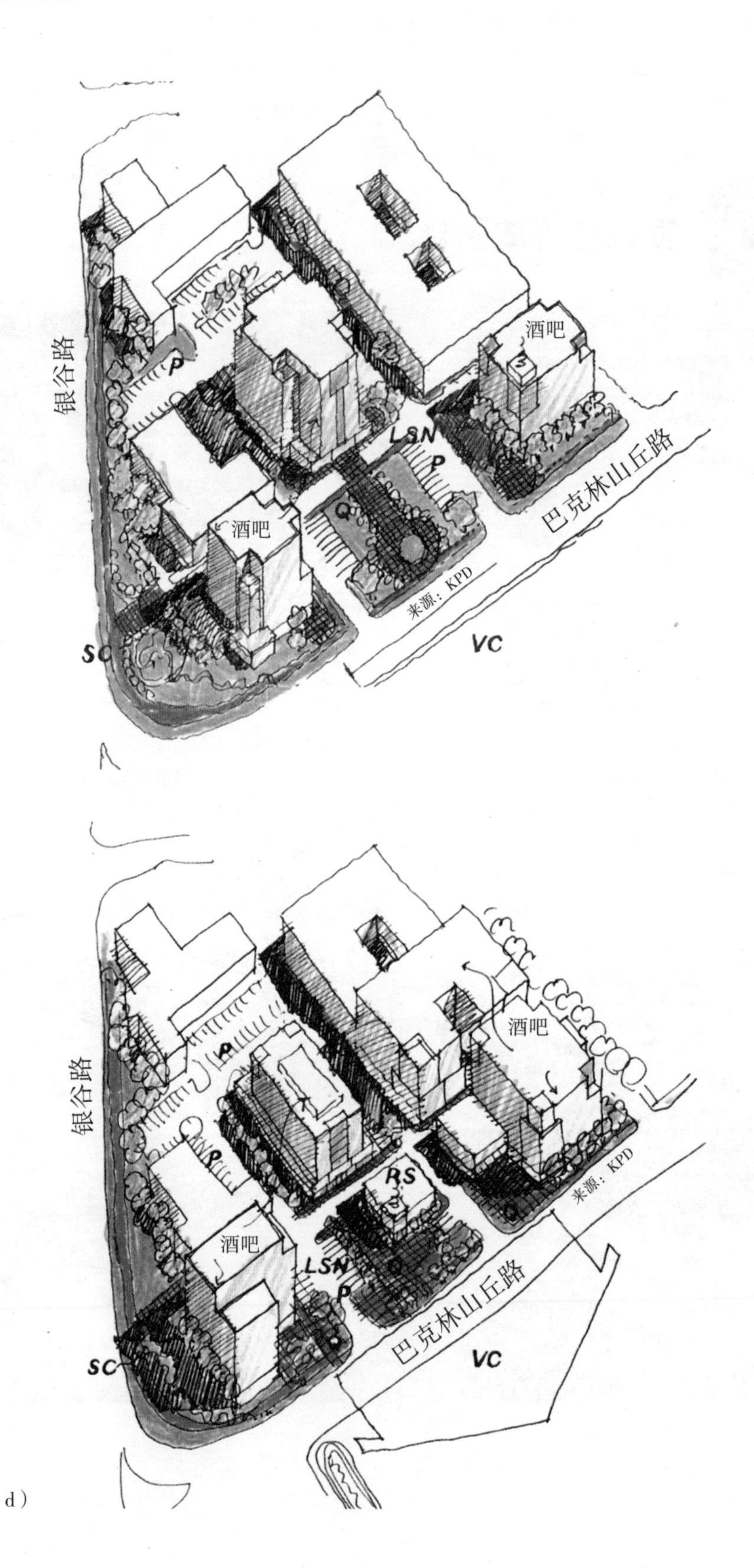
银谷路
酒吧
P
LSN
P
Q
酒吧
巴克林山丘路
来源：KPD
SC
VC
银谷路
P
酒吧
P
RS
来源：KPD
Q
酒吧
LSN
Q
P
巴克林山丘路
SC
VC

d）

附加的构成空间特征

部分

部分通过比例（两个类似的事物之间的固定关系）的平等性来建立秩序感；部分和整体之间一组协调一致的视觉关系：

自然材料特性

结构的

制造的

调整线

秩序

秩序是事物的固定或确定的安排，经常用于在建筑中来确定经典的和（或）传统的物体布置，就像是一个模型。

（1）建筑的

1）一个经典的柱子：底座有4个部分、柱身有12个部分、柱顶有3个部分

2）有2层基座、6层主体、1层顶和1层飞檐的建筑

（2）景观建筑

1）一个12ft宽，在任何一个方向都可以让四个人并排行走的人行区域

2）一条供两人并排行走的6ft宽的人行道

（3）人居的

1）平均5ft6in，等等

2）能允许前后浮动3ft

比例

比例对于人类对空间的使用来说很重要，这是因为人类和环境之间的关系要么是和人类比例呼应的或者是对它敏感的，要么就是互相压制和割裂的。纪念碑式的建筑可以描绘力量和象征正义。它们一般被用来和“人类”区别开，以代表更高层次的意义、力量或威胁。

（1）普适比例一般地来说是一个建筑相对于（已存在）环境中其他形态的大小

（2）人类比例是和人体相关联的建筑环境，并且包含了具体环境中的所有方面

1）窗户

2）门

3）高度超过深度和宽度（教堂）

4）边界表面的形状、颜色和图形

5）开口的形状和地点

6）大自然和存在在空间中的元素比例

7）街道和路径：在视觉比例上，街坊、街道及人行道和宏伟的林荫大道相比较

8）公园和开放空间：小的休憩设施与用于社区活动的大的公共用地相比较

（3）基础设施或功能比例是社区工业化所需的比例，并且不一定是对人类敏感的，例如：

1）机动车的空间（停车场、车库、高速路）

2）设施和扶手走廊

3）飞机场、体育场、体育馆等

参考文献

Arnheim, Rudolph, 1969: *Visual Thinking*: University of California Press, Berkeley, CA.

Bettisworth, Charles and Kasprisin, Ron, 1982: "Tanana Valley Community College Master Plan": University of Alaska, Fairbanks, AK.

Ching, Francis D.K., 1979: *Architecture: Form, Space and Order*: Van Nostrand Reinhold, New York.

Cullen, Gordon, 1961: *Townscape*: Reinhold Publishing, New York.

Edgewood, City of, 1999: "Town Center Plan: Community Character and Land Use Study": Kasprisin Pettinari Design and Dennis Tate Associates, Langley, WA.

Goldstein, Nathan, 1989: *Design and Composition*: Prentice Hall Inc., Englewood Cliffs, NJ.

Johnston, Charles MD, 1984/1986: *The Creative Imperative*: Celestial Arts, Berkeley, CA.

Johnston, Charles MD, 1991: *Necessary Wisdom*: Celestial Arts, Berkeley, CA.

Kitsap County Department of Community Development/Kasprisin Pettinari Design (Langley, WA), 2006: "Downtown Design Handbook": Silverdale, WA.

Langley, City of, 2009: "Wharf Street Form-based Design Code": Langley, WA (design team: Ron Kasprisin AIA/APA; Dr Larry Cort, Planning Director; Fred Evander, Planner).

Sechelt BC, District of, 2007: "Visions for Sechelt": John Talbot & Associates (Burnaby, BC) and Kasprisin Pettinari Design (Langley, WA).

第6章

形态转化：元素和构成

结构构成把元素和原则集合到一个有内涵的形态中。在环境复杂性的基础上，控制形态来应对复杂的状况也是设计中不可分割的一个部分。由于现有城市形态的复杂性和文化/时间/空间三元辩证体（CST）［索雅（Soja），1996］的需求，最基本的形状、体积和构成结构很少会以其单纯形态而被用在城市设计中。当没有显著限制的时候，会有像房子一样的立方体可以被放置在一个景观中，或者一个坐标方格社区可以被放置在格林菲尔德的情况出现。在大多数城市或社区情境中，物理上的简单或者清晰不是不可能实现的。对城市设计来说，构成结构等需要带有有趣的改变、想象、结合和操控来“适应”现有的和即将出现的情境，并对它们做出回应，还要在一个完整的状态里保持了“故事”意图所表达的内涵和功能。转化原则是城市复杂性的关键设计工具，并且在本章讨论和预想了。它们建立于在专业设计领域使用的传统转换行为。

如果在脑海中有了城市设计的应用，那就温习并实验一下这些方法，来改变或者控制形态：

1）尺寸的

2）减少的

3）增加的

4）综合的或合并的

5）桥接

前三个（尺寸的、减少的和增加的）是设计中现存的传统；见钦（1979）。合并和桥接的极性转换来自于笔者个人的实验，创造性系统理论的相关应用（卡普拉、爱德华·索雅、查尔斯·约翰逊等）和艺术。另外还有些其他的杂交变化，包括重叠、边缘变化和颠倒正负。

尺寸变化

尺寸变化由改变一个或多个测量尺寸构成。广场可能变成一个更大的或更小的广场，或者变成一个长方形的。如果这个本体要保留下来，那么所有相关的成分都要变得更大或者更小。

尺寸变化的方法：

1）压缩或者拉长一个轴线

2）改变一个底座（如在三角形中）的尺寸

3）移动一个三角形顶点，让它偏离中心

4）改变一个立方体或者长方体的高度、宽度和长度

5）延展或者压缩一个半径

减少转换

减少就是拿走一个元素或者去掉体积的一部分的行为。在某个特定的点，减少可以为了形态的原有本体而停止，或者继续而把它变成其他的本体。例如，当一个立方体变得很接近一个棱锥体的时候，它可以被减为一个点。

通过减少进行转换的办法

1）如果想要保持母体形态的本体，如一个立方体，那对如何破坏棱角、边缘和整个轮廓就要谨慎。

2）作为一个起点和仅仅是一个指导，除了要从更大的一个立方体中除去其他的立方体以外，还要尝试减少其他体积，如棱锥体和球体，并仍然保持本源体积。用它们建立结合体可能是有乐趣的和有创造力的，并且仍能让组装变得合理。这可用于庭院、入口、室内/室外房间等。

增加转换

增加转换由通过增加一个现有的形状来改变形状，并保持原本的本体或者最初的本体的总体特征（如等边）。保持原始形态的原本本体是关键原则。

通过减少进行转换的办法

1）在原有的基础上增加相同的形态。

2）沿着相邻的表面以不同的尺寸来复制原来的形态。

图6.1　尺寸转换：十字和轴线

在这些相交的构成结构中，每一个相交的体积都是一个潜在的轴线。改变轴心形状的尺寸提供了能同时对地点情况和CST项目需求做出反应的广泛的形体可能性，并仍然保持相交结构。这个轴线建立或构造了在城市构成中的运动和方向。这个十字可以被用于展示城市区域中的关键空间，并让它们变得更加激动人心。这些可能通过增加相交面的轴线尺寸和开放空间区域或对关键建筑形态进行定位而被强调。

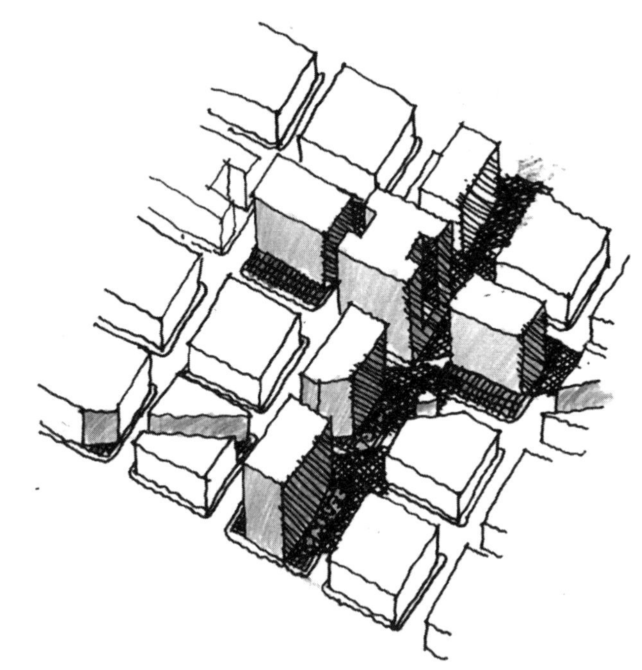

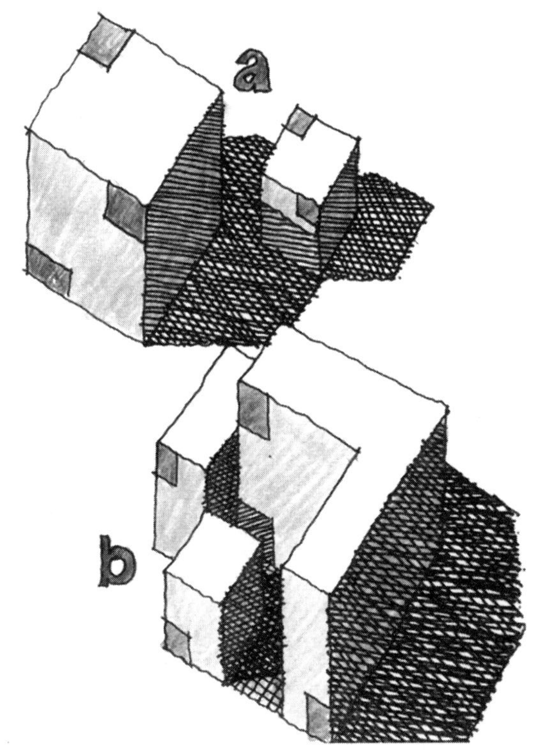

图6.2　a和b尺寸转换：立方体

在使用立方体时，我通过一项基本的操纵，即改变尺寸，来把更大的立方体转换成一个更小的立方体（a）；在（b）中，我把更大的立方体叠加在更小的上面，将更大的立方体放入围绕更小的立方体的空隙中，从而增加了这个转化的复杂性。

图6.3　城市布局中的立方体

这个图示拥有带有尺寸变化的、多种多样的城市立方体转换，包括在由四个塔构成一个的立方体情况下，使用上文讨论过的减法转换，把正的立方体变化为一个更大的正/负立方体。即使是一座更矮的塔，母体也被保留了下来。

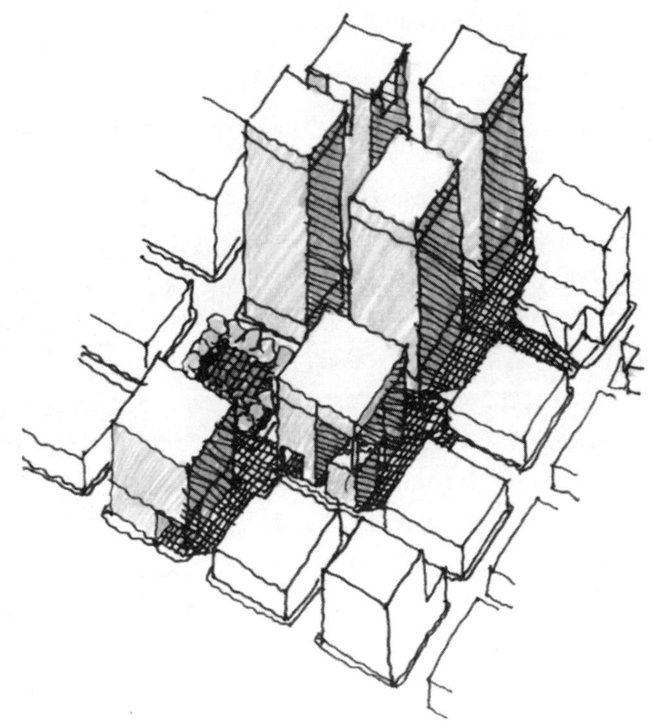

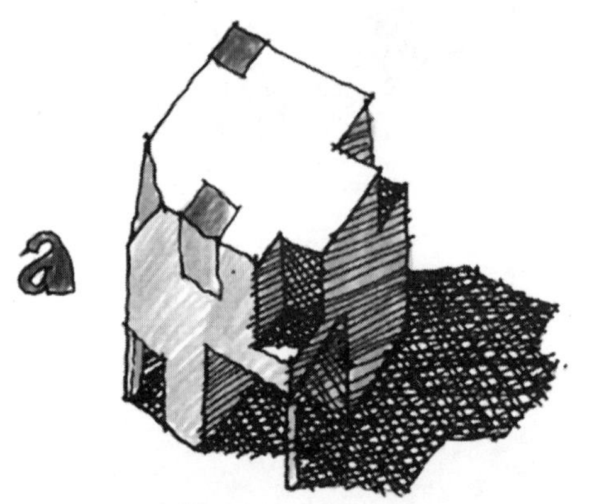

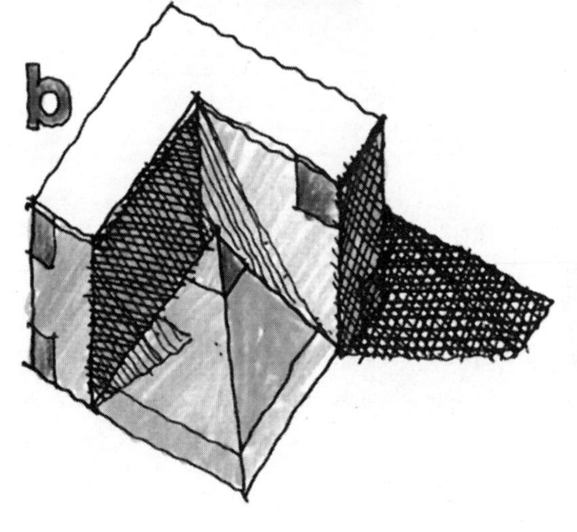

图6.4　a和b减法转换

我的规划专业的学生喜欢这个立方体的初步练习，因为减法转换让他们能够第一次用“建筑形态”（a）来进行游戏；这个立方体成了一个有阳台和嵌入空间的两层楼房，并且拥有许多的变化。在（b）中，一个棱锥体从立方体中出现，并且这个立方体被一个空虚的边界所定义。

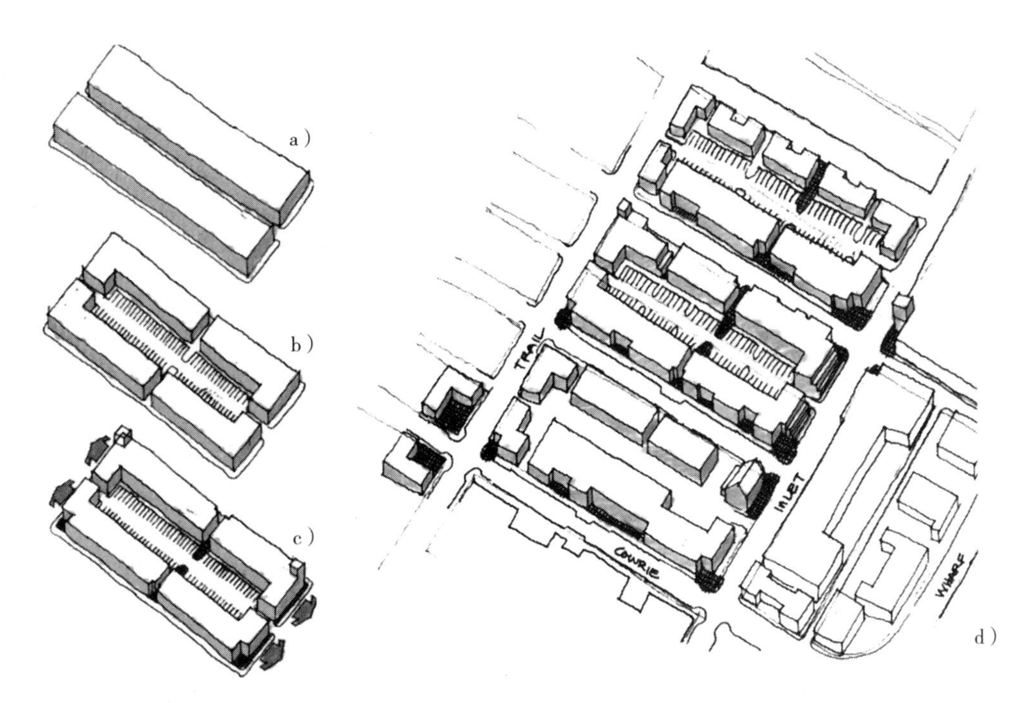

图6.5　减法分区应用秩序

作为在“西彻尔的未来设想”（2007）的公共教育活动，这个市中心街区的主体（a）；利用主体的一部分来建设内部停车区域（b）；行人使用区域（c）；直到原来的地块通过城市设计而变成了一个与环境相和谐的、设施便利的街区（d）。

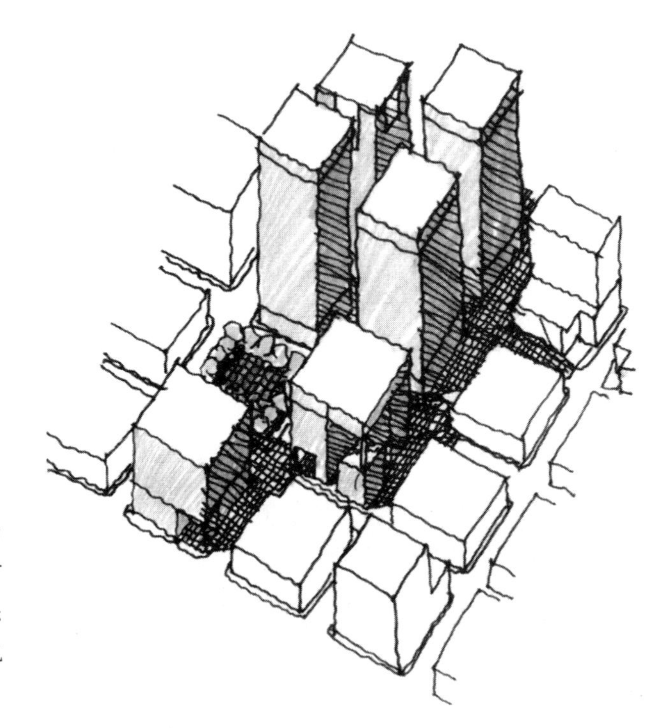

图6.6　减法城市街区概念图

在更大的市中心，重点街道、开放的空间资源、有重大意义的建筑等，有可能被以形态为基础的设计策略所强调和支持。在这个例子中，办公建筑物少了，人行通道有所增加。

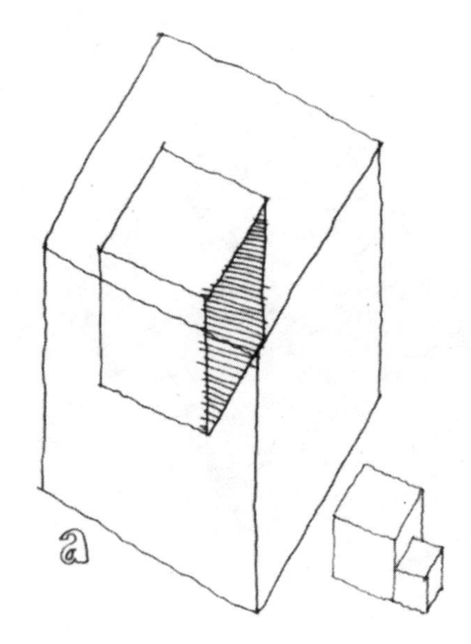

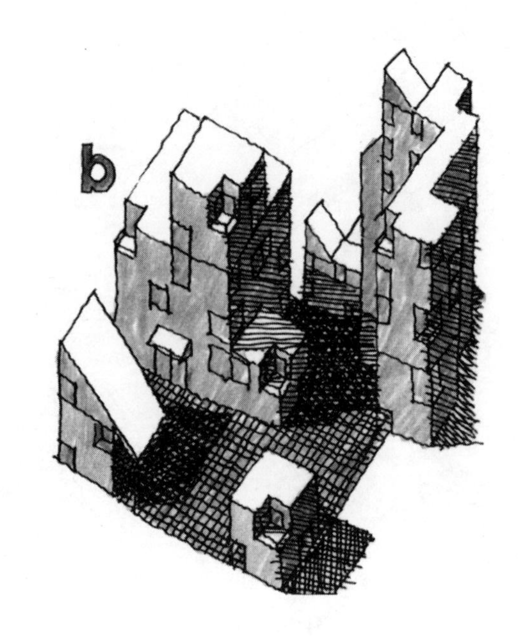

图6.7　a和b加法转换

图示（a）展现了一个从一个小的立方体到一个更大立方体的简单地增加转换。图示（b）把许多不同的立方体加到原来的立方体上，并且把一个更大的立方体定义为虚无，通过沿着周界增加立方体的方式来在平面上以小坐标方格图形进行表达。使用带有变化的重复，其他的立方体也被增加进来，以形成一个既具有尺寸变化，又有同样的形态互相相邻的更复杂的构成。

这些转换行为也适用于更大和更复杂的结构构成。在特定情境中，一个更大的建筑群体的结构关系通过之前使用过的形态延伸，或将相同的形态附加到根本的结构上，来保证增加转换的实现。一如既往地，地点情况和总体环境需要更具响应性的形态。

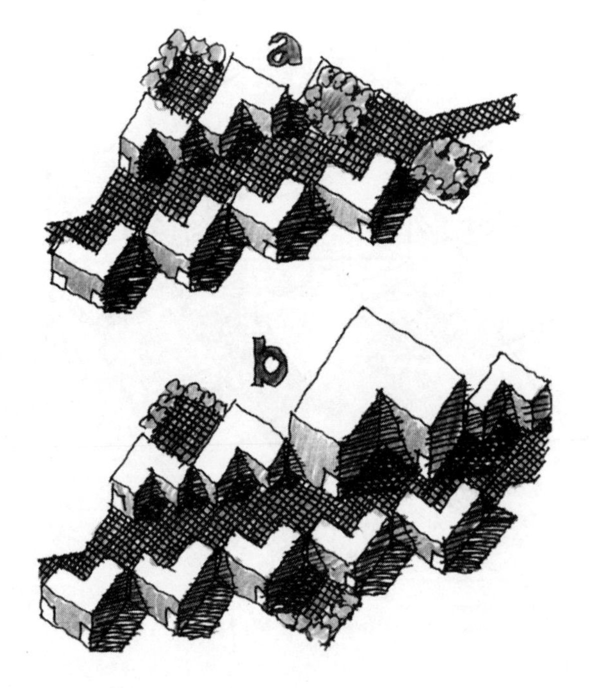

图6.8　a和b结构构成的加法转换

在这个图示中，（a）代表一个包含了建筑物和由轴线和坐标集合的二层庭院的对角轴线的坐标方格结构构成。在图示（b）中，结构构成通过一个基本建筑形态的尺寸变化和沿着轴线增加的基本形态而被转换了。

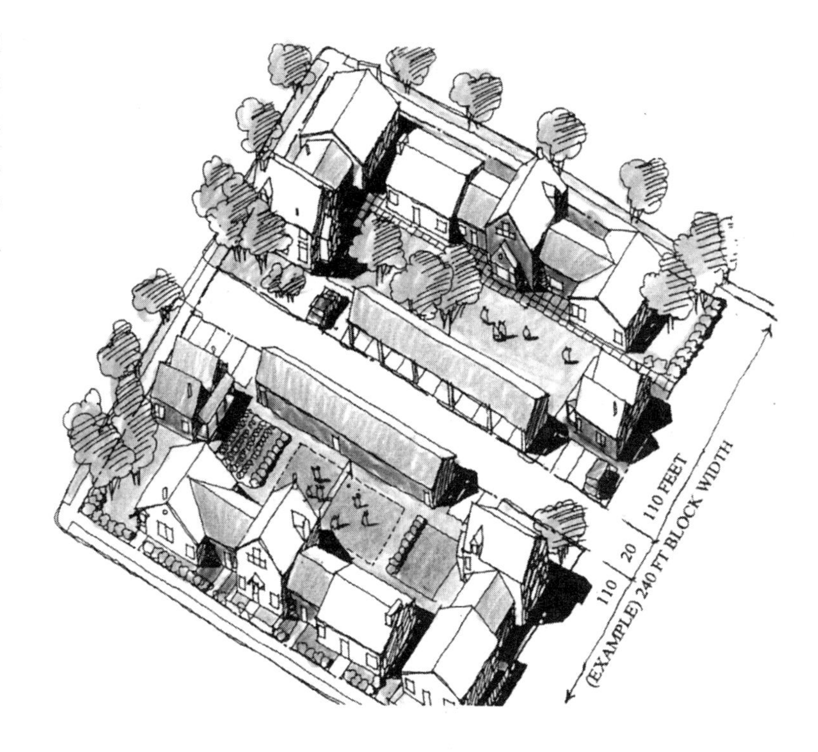

图6.9　增加的居住群组
增加的居住群体图释描绘了增加附属平房的住房类型的填充开发。通过兼容的建筑元素增加建筑量，这一块土地从10单元每英亩进化到了20单元每英亩。

合并转换

合并是把两个或者更多的元素、体积或者空间关系放在一起（相接触的和在边缘或外围之内的）。在这种情况下，新的特征会在这些边缘之中形成，同时每一个原本（母体）的主要方面都被保留下来。通过沿着母体引进来自它们的结合体，合并可以增加一个构成的复杂性。想象拿到一个红色和黄色，并且混合它们来形成橘黄色；随着两者的完全混合，一个一致的或者单色的橘黄色就形成了。如果红色和黄色被混合在一起，在它们的边缘区碰撞或者散开，那么一个红色、黄色和橘色的混合体就成了 “橘黄色”的效果，并且实际的混合物是一个橘黄色和它的母原色的丰富混合。

让我们用形状和构成结构来对此进行尝试。接下来的图释通过一个抽象的方式探索了合并这一方法，然后是更加直接的应用。

通过合并来进行变换的方法

在有充分的穿透、混合和叠加情况下碰撞，融合和散开两种或者更多的元素、体积或者空间关系，实现在边缘区域的共同混合（只要部分原色元素依然存在，这个区域在大小上就是相关联的）。

图6.10 使用水彩的合并变换行为

在我们用形状和构成进行实验之前，让我们从合并作为一种水彩技巧开始。众多的颜色在边缘被放在一起，形成一个丰富的和复杂的颜色合成物。在“贪婪无度”（来源：作者）当中，大乌鸦是黑的，但在通过把不同的颜色放在一起，而不是混合或均匀分布来实现的色度中，又有着一种丰富性——来尝试一种未曾有过的新鲜颜色。

a）

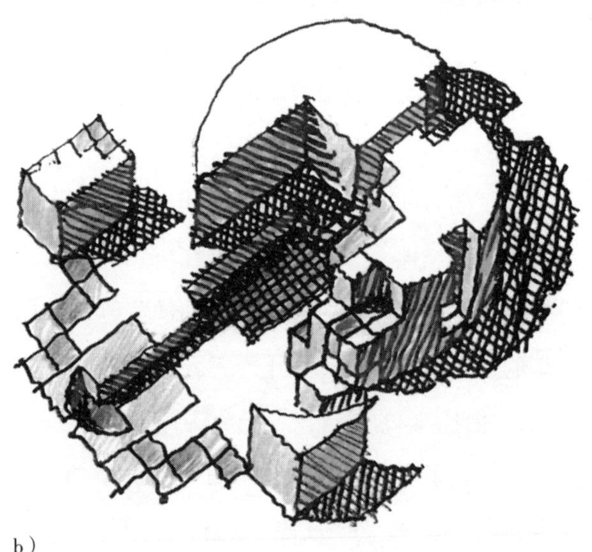

b）

图6.11 a和b合并转换行为：抽象的平面和体积

我通过简单的坐标方格中的黑和白方块来开始实验这个概念（a）。当两者在它们的边缘共同混合或合并时候会发生什么呢？在第二张抽象图（b）中，我用了一个圆和坐标方格，并且试着把两者混合起来，保持其原有的母体特征，并且建立一个转换性的共同混合构成。这个圆圈从实边到虚边各不相同。这个坐标方格分解到了更小的尺寸来表达这个虚边。

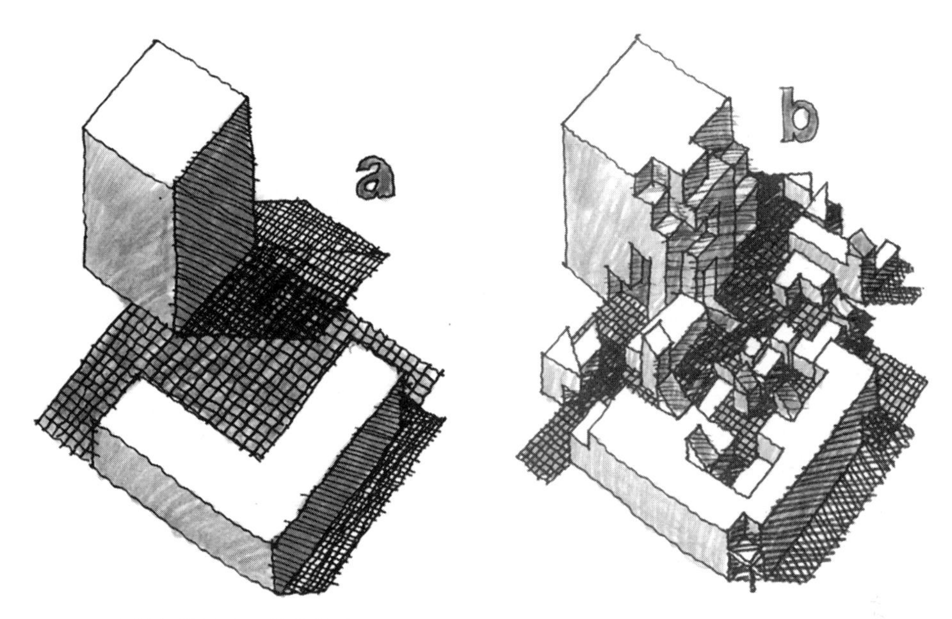

图6.12　a和b合并转换行为：抽象构成

在这里，一个强烈的CST（文化、时间、空间）项目能够为那个融合区域引导响应性形态。我把这个联系告诉了我的学生并且让他们预想合并两种截然不同的住房类型（a）（大而高的主体和矮而细长的主体）。两种住房类型有着支持作用，例如社区中心、健康诊所，并支持零售用途。当两者在它们的边缘共同混合或合并时会发生什么呢？这个联系可以通过允许在整个主体中的零变化而变得更加丰富，这时，合并区域把两个更大主体中的减法转换当作加法转换吸收。

合并作为混合使用转换

由于更加贴近现实，所以两种设计情况保证了对于合并转换的探索——混合使用和混合密度开发。混合使用一般被应用为在商务使用直垂上方的居住和/或办公室使用；或者居住使用位于商用街区的水平后方。

其他应用可能在两个或者更多不同用途的街区，例如，在住宅用途和商务用途以及住宅用途和工业用途之间，有一个转折区域或者缝隙时发生。生活/工作使用往往是可兼容的转折机制。在美国和加拿大，这样的缝隙通常是一个轮廓鲜明的边线或主干道，并且没有转折。

合并作为混合密度

混合密度可以在从欧洲小村庄、北美农庄到许多西方国家的住宅区的新应用例子中找到。作为一个合并转换（城市）设计应用，混合密度把一个使用了许多不同建筑类型的相同用途的群放置在了一起。这个应用可以为已建立的带有不同物理特征的居住区域和在农村群中的不同建筑类型群提供了一个转折，把开放的农村空间保护和可以容忍的发展密度与市场密度合并在一起。

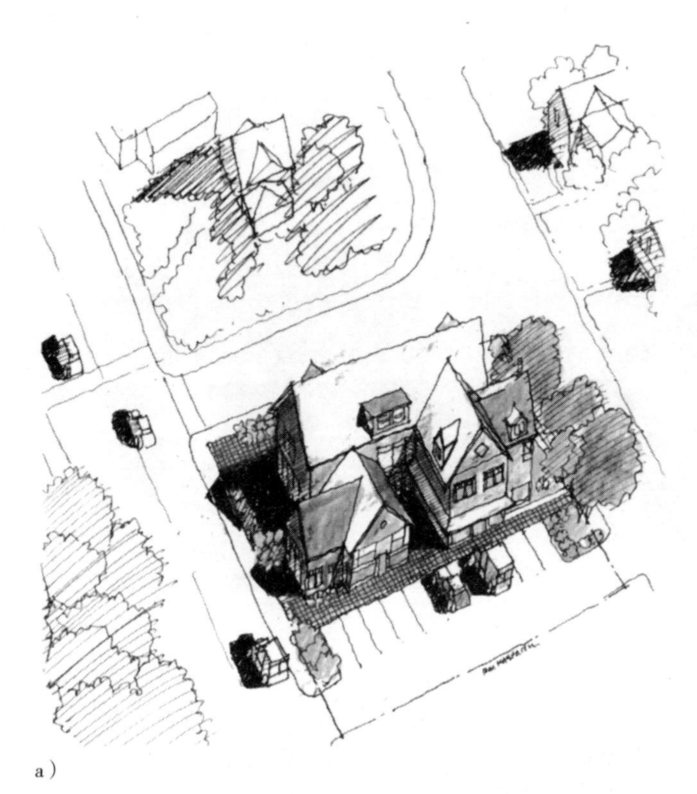

a）

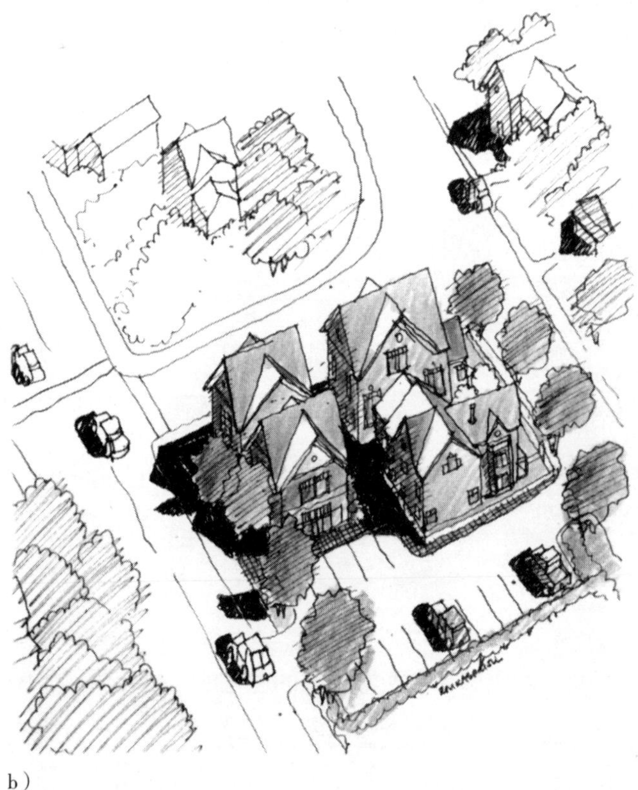

b）

图6.13　a和b合并转换行为：相近地区混合使用应用

混合使用图示描绘了一个在住宅的邻里和零售商业街之间的过渡区域。这个街区沿着一个小镇中心的入口主路。这个临近的建筑形式是传统的安妮女王风格/维多利亚风格住房区域（两层至两层半，有着海湾窗户扩建部分的陡斜的三角墙房顶，带有风景的前院边缘情况）。这些概念图特点被包含到了一个新的邻近零售建筑群里。居住单元建在零售使用之上，面对商业主干道，并且同时在参考水平面或地面水平上面对着已建立的居住街道。在一个可兼容的规模之内，使用和形态被合并到了一个截然不同的转折构成中。

图6.14　a和b合并转换行为：混合使用转折

本图描绘了一个通过联结混合用途的（和混合密度的，见以下）城市街区，包括临近街区和零售/住宅和单一住宅用途的，居住和轻工业生活/工作使用区域的融合。街区（a）包含了有着带栅栏的前院和后停车场的传统单独家庭的不相连居住区。街区（b）包含了有着“婆婆或岳母”所住的后院小屋的分离式单独家庭，以及有着和主要房屋相连的“婆婆或岳母”所住小屋的单独家庭不相连居住区。在角落地带有多元的和多样的单独入口房子。街区（c）包含了更大的单独家庭不相连居住区。街区（d）描绘了有着共同的内部停车场地和街前商店的居住/轻工业/一般商业居住/工作建筑。街区（e）描绘了包括附加的更大建筑群（第二层是居住区的），加上更小一点的独立生活/工作用住房的不同建筑类型和更广泛的生活/工作街区。最后，街区（f）描绘了一个有着零售商业和住宅的，同时是垂直和水平构成的中心。

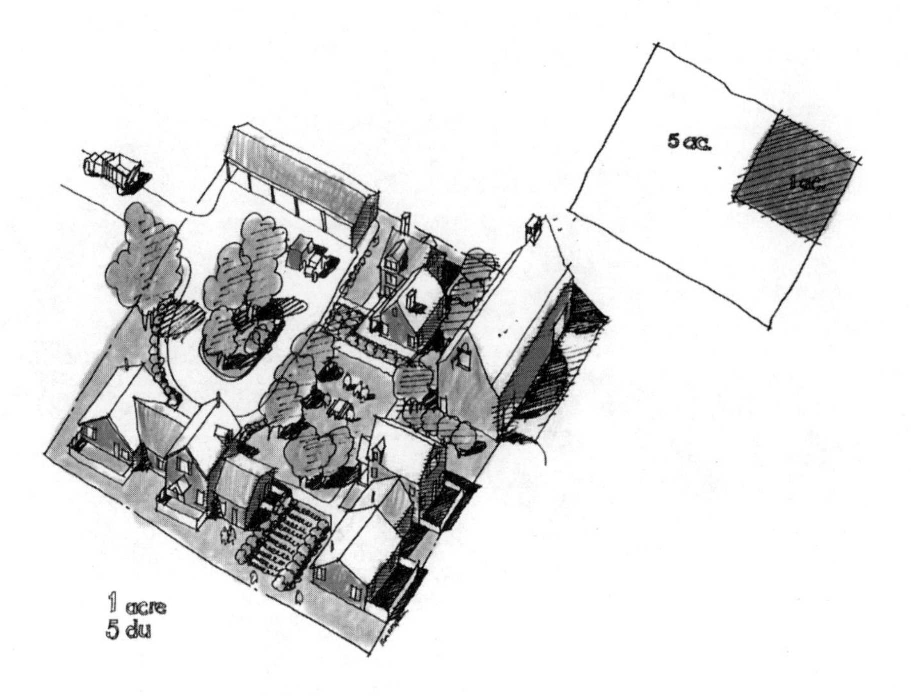

图6.15　合并转换行为：混合密度农舍和城市群体

这个例子可能具有更高的社区密度，它跨越了从有着共享附属建筑的5～20个居住单元的范围。所有的单元都有私人的院子，还有共同的开放空间、花园区域和其他的娱乐空间。它们的应用可能是为了城市—农村或建有城乡结合特点的边缘地区的，或者在不同住宅社区类型之间转换的区域。

在前一个混合使用图中，混合密度也被利用来分散主导的或大规模的住房和用于居住/轻工业/一般商业生活/工作的建筑物。

桥接转换

桥接是一个连接两个或更多元素、体积或空间关系，通常在本质上是相对的或有冲突的，但是又保留了每个关系中的主要原则的行为。

进行桥接转换的方法

1）在当前两个不同的或相冲突的构成之间，每个桥接在它们的内涵和意义上都是单独的，并且非常靠近。

2）在现在的和期待出现的布局之间。在这里会出现邻近性、功能和内涵的不同。

3）在历史布局（残余的）和新的布局之间，在这里激活残余布置或让它们重新具有活力可以提供一条回到过去的桥梁。

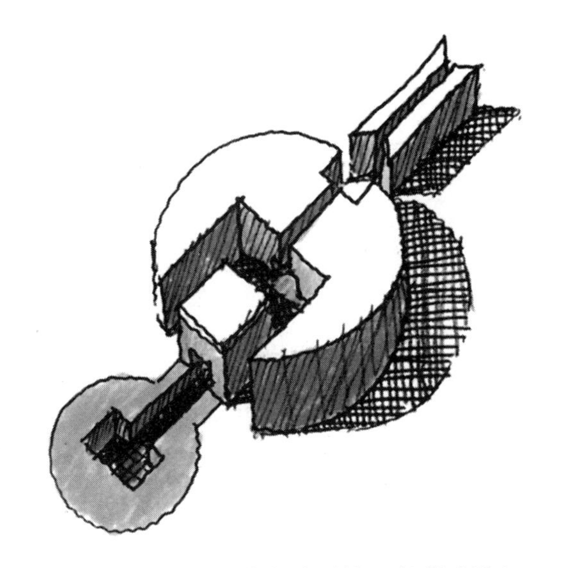

图6.16　桥接转换行为：进行连接

对于桥接显现出明显差异的或者相互冲突的构成，可以应用许多不同的技巧，如在之前章节中所提到的合并和咬合。我在这个图示中使用了“叠加”——对于桥接也适用。这个图示使用了圆形和坐标方格图形作为不同的或对照的元素进行实验。这个挑战是为了连接它们，并同时保留它们的物理特质的关键方面。在这个图示中，这个坐标方格协助形成了圆，并且圆和中间凹陷的长方形（坐标方格的一个部分）互相咬合。这个轴线提供了变化、方向，同时更加巩固了整体组合。

这个桥接的行为需要一个一致的努力来将妥协最小化。设计中的妥协可能带来陈词滥调、主题和其他内涵。妥协可能在混合50/50的情况下发生（每个实体放弃50%的原则），并努力通过一种形态来解决挑战，或者仅仅是把构成区明显不融合的部分分隔出来。在一个构成中，希望得以统一，并且用一种形态寻求一致就可能是妥协。50/50中，通过消除每个实体50%的明暗度来达成一个设计的共识实现了设计的妥协。美国的规划在区分建筑形态的使用这个方面很有经验——用过于强势的功能主义来实现妥协。

桥接：未来的连接

桥接能够把当前的发展和不确定的未来构成融合在一起的一个转换行为，它可以通过以下几种方式来实现：

1）期待能够桥接不同的连接行为，并把它们保留在关系中。

2）放置能够使现存的开发布局变得更加活跃或激活它的催化剂。

期待桥接可能就像是提供一个为未来发展的街道连接、人行道连接或一个视觉上和/或物理上共享的开放空间一样简单。

放置催化剂可以产生一个涟漪效应或者为未来的发展活动吸引能量（奥图和洛干，1989）。多过于连接；催化剂可以由一个市场力量和设计力量来把它们的质量内涵和功能扩展到其他发展。

现在，为连接性的和催化剂手段做决定，就是为未来的和不确定的结果设定了参量。

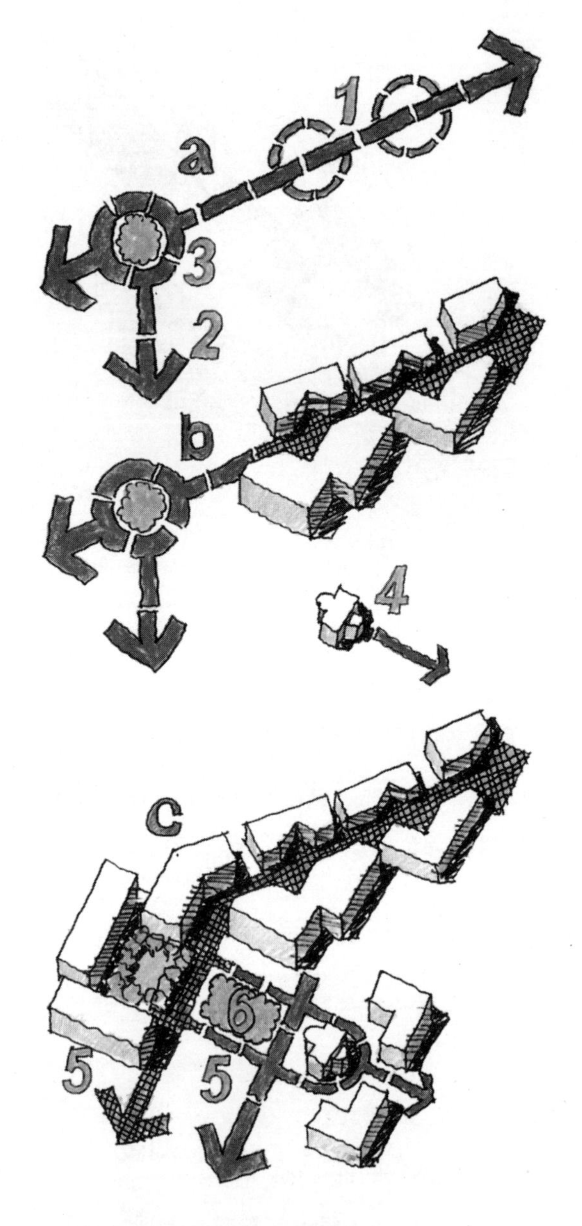

图6.17　a、b和c桥接转换行为：未来连接

走廊为与未来的桥接和连接提供了绝佳的例子。财富谷社区学院，阿拉斯加州的一个有20年建设跨度的社区大学，是由环绕着一个两翼与更大的建筑物群结合体相连接的半封闭式的行人走廊（1）构成的。这个走廊是结构构成，并且作为设计政策声明，预估了围绕着交叉的开放空间（3）在可能方向（2）上的未来扩展。随后的决定标记了一个作为更大设施一部分的，而不是在原来项目中预估的、适应性使用的更旧的建筑物（4）。随着新的建筑群因添加项目（5）而转换，这个建筑的地点和定位影响到了完整建筑群的规划定位。因为方向、运动和在切点的开放空间的原则被保留了下来，所以仅仅是一句新出现的环境发生了改变，这个轴线便作为了一个桥接手段。这个开放空间切点被拓展了（6），而且这个根据特定情况而调整再利用的（历史性）建筑在更大的构成中获得了显著性。这个桥接的原则结合了起来，并且适应了变化的情况。这个例子是从一个已部分实现的阿拉斯加州费尔班克斯的真实情况中提取和总结出来的［贝蒂斯沃斯和卡斯普利辛（Bettisworth和Kasp insin），1982］。

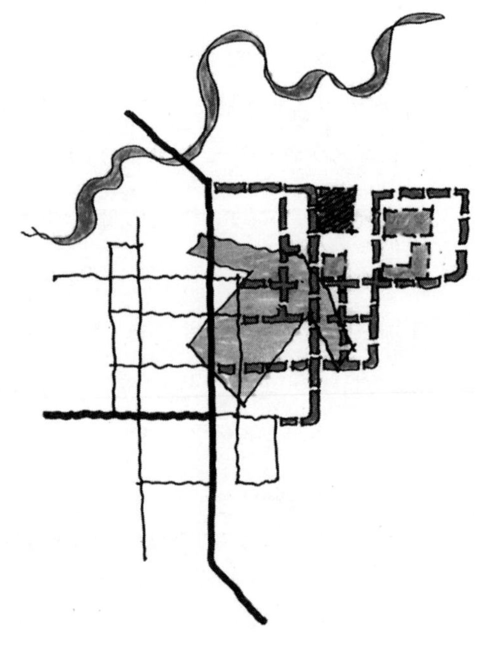

图6.18　桥接转换行为：催化连接

这是华盛顿州雷德蒙德市新的市政厅和市政建筑群所在地的一个混合型概念图释。这一建筑群建造了超过十年，改变了市中心的方向，并且使旧的中心和新的市政和混合使用区域桥接了起来，改良了到萨马密什河的定向。最初的市政厅是由有限的基础设施组成的，期待着聚集在市政厅周围的边缘区域的发展。随着时间的推移，当复杂和邻近的发展变得更成熟时，一个新的市政厅被建了起来，巩固了雷德蒙德市的新中心。

桥接：残余的连接

这个残余概念在附录C中进行了讨论。基本上，残余是留在现代建筑形态中的历史物理构成。这个母图形是过时的，并且残余已经进入了功能不良的状态，或者因为其他附属的或者不相关的使用而正在经历特殊处理。

这些使用残余的原则包括：

1）保存残余的人工制造品。

2）认识到这个作为设计创意源泉的母图形原有的范围和特征。

3）把残余从人造物品恢复到和重新振兴到配合新发展的、正在发挥功能的当代用途和图形，例如通过残余把过去和现在桥接起来，形成一个新的和明显不同的建筑环境。

选择包括：

1）残余模式现存部分的恢复和复兴。

2）带有现代用途的原有模式的重建。

3）作为新发展中的一个空间比喻的原本的母模式的重建。例如，一个牧场可能是一个更大的森林水源补给区域的残余，现在因被人类发展格局所包围而妥协了。这个残余可能作为开放空间设计的一部分而被包含到新的发展格局中；在无法恢复的时候，更大的母模式的占地空间可能被在一个更大开放空间网络中定义为小径、景观美化的模块，等等。

桥接：历史的连接

威廉·亨利·西华德要塞是一个和残余模式进行历史桥接的例子。这个要塞在1902～1910年由美国陆军建造在了阿拉斯加州的海恩斯。这个要塞现在是一个旅游景点，没有住宿和餐饮设施、剧场（由一个罐头食品厂改造的）、阿拉斯加州土著艺术中心（面具和图腾柱）、居住使用区域和辅助的商业和旅客用设施。这个要塞是一个按照特定要求调整的再使用设施。更重要的是，这个要塞作为这个地区的军事历史和阿拉斯加一育空领地文化和经济的桥接而伫立。这个基本的母格局和残余格局提供了一个桥接过去、现在和未来发展的手段。

许多有关残余的案例都隐藏于现代建筑形态之中，等待着人们去发掘。许多年前，当在监控蜿蜒进入阿拉斯加州凯奇坎的工业水域的鲑鱼溪流时，我观察到一座有小溪从楼房底层流出的建筑。通过进一步的调查，一栋在20世纪20年代早期建造的、位于鲑鱼溪流之上楼房出现了，这个建筑现在作为教堂使用，被货船、层层堆积的钢质容器所包围。这条鲑鱼溪和其中的鲑鱼目前仍然存在。能够再开发那个水边区域、保护鲑鱼溪流，同时让建筑和倾泻而下的溪流作为未来发展的桥接手段，会是多么难得的一个机遇啊！

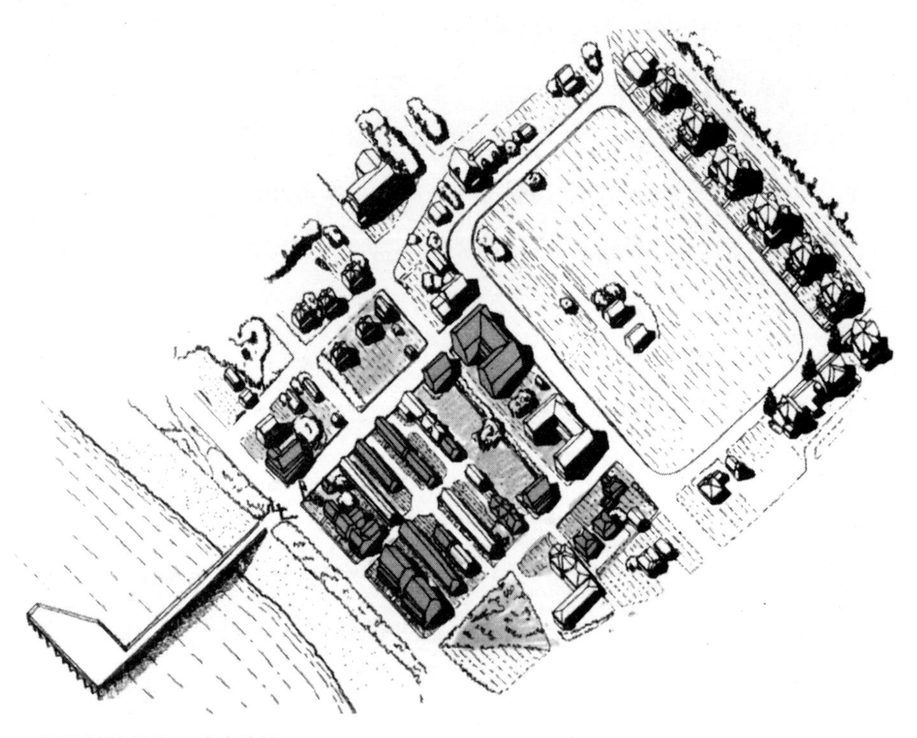

图6.19　桥接转换行为：残余连接

威廉·亨利·西华德古堡是历史时代（20世纪早期的阿拉斯加州）的残余。今天，这个位于海恩斯的要塞建筑群是一个积极和发展变化着的社区，它有一个更大的、完整无缺的构成结构来作为未来附加的基础。华盛顿大学（西雅图）规划专业研究生阶段的学生准备了一个历史区域准则和发展策略，来协助古堡的拥有者改进要塞中的活动，并同时维持传统的布局。

其他转换手段

其他用来转换元素、体积和空间关系的手段还包括这些形态是如何按照相互之间的关系进行布局的。以下是一些例子：

1）形态之间相对接近，往往共享一个，如颜色、质地、形状、材料的共同的视觉特点。

2）边角对边角——共享一个共同的边缘或者点。

3）面对面，一种也叫作毗邻的边角对边角的转换，适用于相互平行的、平坦的、二维的平面。

4）通过相互穿插咬合，这时两个形态都不需要具有共享其他共同的特征；咬合被同时被放在了构成结构和转换行为中进行描述。

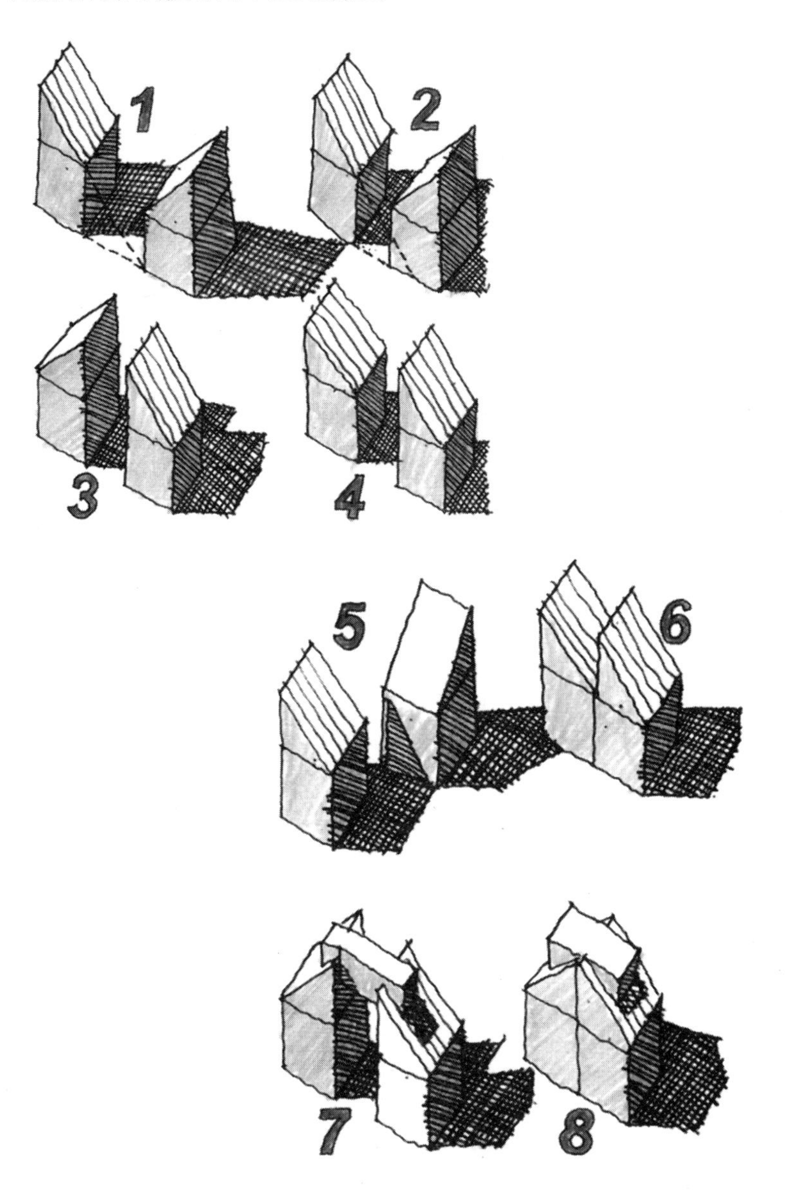

图6.20　通过分离产生紧张关系

紧张关系处于两个或者更多元素之间，其有着负面的言外之意。当两个或者更多元素之间的空间变得紧凑时，紧张关系就会加重。我有把斜对角的形态增加到立方体中，通过对角线的不同面来给予它定向的运动。这个影响到了立方体地点中的紧张关系的程度。高度和间距相等的两个立方体的空间张力为中立的或轻微的（1），当它们之间的距离缩小时张力变紧（2），到对角线朝向外时（3）张力更紧或减弱；或者当对角线朝着同一方向（4）时减弱；或者到距离很靠近，甚至是边缘相接触，但是并不互相面对时，张力变小（5）。面对面和相接触的立方体消除了张力，但这些立方体仍很明显，且共同作用（6~8）。

形态局限中的设计机会

设计机会在形态被认知的许多方法中存在。形态的特点和局限性经常被新锐设计师所忽视，但这些特点和局限性却也提供了让构成变得更加戏剧化、连接和提升构成的机会。

形态的局限性和它们的机会和动态

边角

在设计中，边角在定义形状和把一个形状融合到另一个中扮演了重要的角色。边角包含了所代表的形状和内容，把一个形状同另一个以及一个内容或内涵同另一个分开，以及通过尺寸、明暗度和密度的对比和把不同形状相互合并来融合形状。

在城市设计中，边角定义了开放空间、庭院和广场。就像在一个主干道和居住区之间的商业建筑带中，边角把一个区域用途和另一个分开；还能够通过建筑物和（或）开放空间在一个土地使用密度和另一个之间进行转换。

边角可以包含形态，或者把一个和另一个分开，并且是每一个邻近的和附近形态的一部分。边角的类型包括：

1）硬的（墙、防浪堤、大坝、不透明物）。

2）软的（有绒毛的、质地转换、有机的、透明的或半透明的）。

3）丢失和找到的，或硬的和软的组合（一个有门或树篱的庭院墙、树篱上的开口、通过建筑群体外墙的一条小道、有窗户的建筑物墙）。

4）咬合（通过咬合而不是合并，两个不同的形状合到一起，在边缘上相连接——当它们锁在了一起并保留了各自原本的特征）。

5）合并（在边缘内混杂，在这种情况下，再创造在每个个体的原本特征都在边缘之外保留时发生了）。

记住在你居住区域中的边缘的消防钩梯。我住在一个从阿拉斯加州西北部到加拿大大不列颠哥伦比亚再到加利福尼亚州的边缘。我家在惠德贝岛上，沿着普吉特湾的边角且在它之内，这个普吉特海湾是从加拿大大不列颠哥伦比亚省的鲁珀特王子港延伸到温哥华，是从华盛顿州的埃弗雷特、西雅图、塔科马城直到奥林匹亚的一个沿海海域的一部分。以海湾、峡湾、海峡为边角提供了沿途密布的社区，从以打鱼和伐木为主业的小镇到旅游景点和大都市中心。沿着海岸，这个区域有着三个最具有活力和令人惊奇的与众不同的城市：大不列颠哥伦比亚省的温哥华、华盛顿的西雅图—塔科马和俄勒冈州的波特兰，它们和邻近城市都只有不到三个小时车程。三座城市大部分都是由边缘区位形成的，夹在沿海山脉和太平洋之间。它们都是泛太平洋居住区的一部分。

在我们对构成的讨论中，对于所有对作为构成基础的（城市）内涵起到促进作用的陆地形态、气候和天气、文化和相关产业的贡献来说，这个区域边角的复杂性是很关键的。从阿拉斯加州西南部向下，通过大不列颠哥伦比亚省、华盛顿州和俄勒冈州到加利福尼亚州，这个沿海边缘的天气是温和的，与加拿大和美国的中西部和东部相比，有着小小的温度变化。这点激发了设计构成去利用光和太阳的优势，去利用冬季温和的气候，去庆祝沿海森林的常绿本色——一个影响设计的关键的地区特点。

这个分布着从小镇到更大城市的滨水区有很强的依赖水的工业传统——从锯木坊、罐头厂、渔船队到采矿和轮船转运中心，再到旅游业和豪华客船。从陆地上延伸出来的工作码头、罐头工厂平台和现代豪华游轮码头把这块土地和水连在了一起。从大都市到潮汐河小镇，公共道路再次在货栈、仓库和货物集装箱储存中竞争空间。这些边缘在它们聚集在一起的关系中是复杂和充满活力的。学生被鼓励进行调查、观察和探索边缘在人类居住区中扮演的不同的版本和角色。

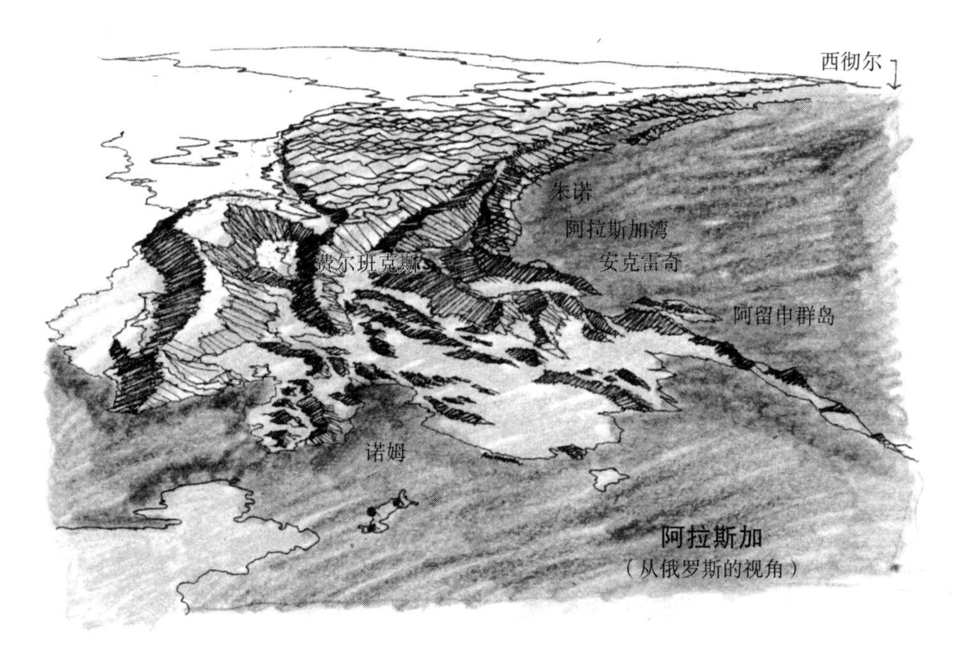

图6.21　边缘机会：俄罗斯的视角

美国和俄罗斯之间的一个主要的分界岭，同时也是沿着北极圈生活的土著人的文化转折区。这是一个孕育了巨大人类居住构成多样性的特别边界的开始。

线性边缘可能由走道、街道和在同一水平面上的其他轴线元素组成，由有着两者交换的能量（海浪、潮汐和腐蚀等）的洼地边缘组成，就像建筑外观甚至是居住房屋街区（线性破碎边缘）一样常见——由建筑物和其他形成一个一致边缘的固体群体组成。

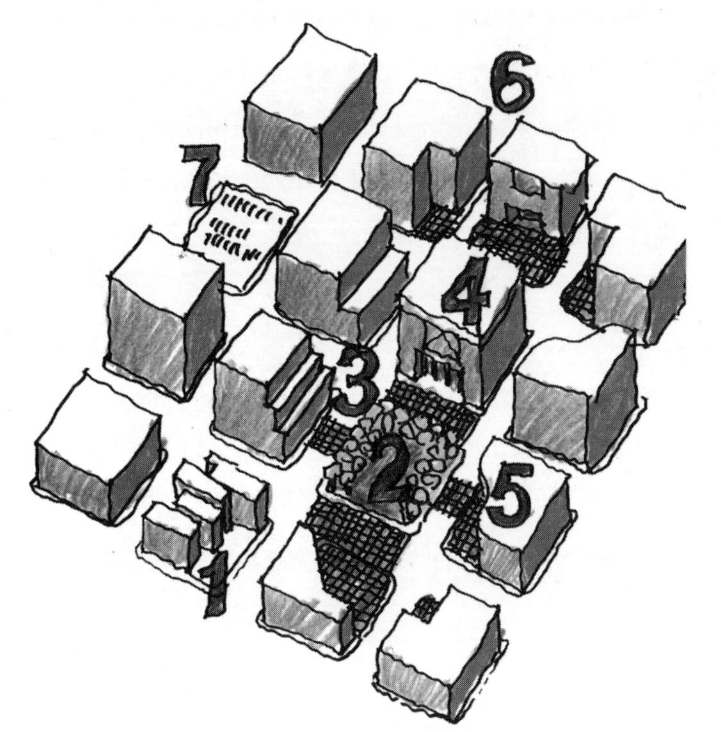

图6.22 城市边缘

边缘在稠密的城市中的设定非常强大，对于把大的形态组合聚集在一起也是不可或缺的。它们可以是破碎而随机的（1）；透明且有机的（2）；就像在地面平面一样是明显的、具有特定结构的、台阶式的（3）；像在建筑拱廊里一样是多孔的（4）；弯曲的、可移动的且有方向的（5）；凹陷的（6）；有缺失且（或）开放而不明确的（7）。边缘是整体的一部分，而不是独立的，它的强度受到多方面的影响（高度、开口、不透明性等）。

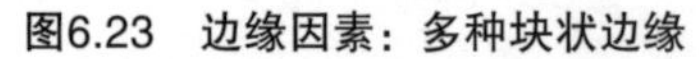

图6.23 边缘因素：多种块状边缘

多种块状边缘描绘了以下几个例子：有多孔地平面的高且硬的边缘（1）；用活动引导和通过的偏转边缘（2）；条纹状边缘（3）；已调整的边缘（4）；柔软而基本的边缘（5）；柔软而偏转的边缘（6）。

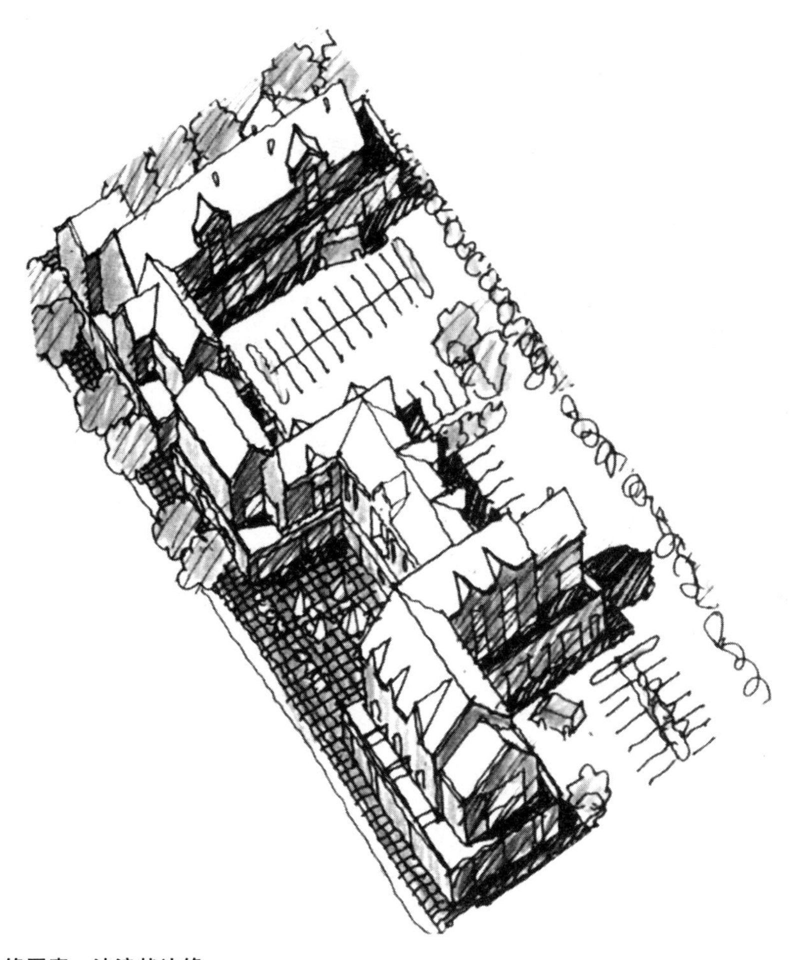

图6.24 边缘因素：波浪状边缘

波浪状的边缘可以是连续的、线性的或破碎的，由直角或曲线元素组成。一条关键的原则是对于人行走廊和不同退让建筑的一致性定位，退让建筑的边缘在功能上和视觉上很丰富。这张图描绘了一个混合用途的二至三层建筑综合体，它有周边同一水平线上的零售配套和一个关键的缩进广场。

当然，我不可能不提可移动的或临时的边缘。说到视野堵塞，这个水边社区的问题就全球范围来看其实是非常严重的。在滨海旅游区，现代游轮在旅游业中越来越常见，这些在吃水线以上有8～13层船舱的轮船高耸于那些小镇形态之旁。这些轮船经常是在夜里或者清早开进来，“吐出”数千名乘客，然后消失在夜晚的余晖中。从1976 年起，我开始在阿拉斯加州的凯奇坎工作。这座城市坐落于海边，在经过4～8个城市街区之后便延伸到了山麓上。从市区滨海区向西，到汤加斯峡谷、克拉伦斯海峡和内线航道诸岛一线，景观都很优美。滨海边缘被码头、防洪堤和建筑固定住了，并且从5月份早期到10月份晚期，每天都会被由现代游轮所代表的13层高、3个街区长的可活动临时边缘所改变。

水道

湿地景观道路

图6.25　边缘机会：水作为感官边缘

水–城市和水–自然边缘情况有许多不同规模和层次的复杂性，范围从工业地区的观景台跨越到市中心区的对公众开放的码头和海滩。这个水边缘可能是所有边缘情况中最强有力的和最复杂的。这个边缘是多面的，包括水、转折区（沙、岩石、结构）和土地边缘（乱石、建筑物、码头等）。水的能量被吸收在了转折区中，往往有着强大的力量或轻轻地接触。城市的文化经济力量从传统的依赖于水的工业到更加现代的旅游用途，已经变得较稳定了，并且让城市的水边界变得不太清晰。在水边界，一边允许进入，并可以通过与水接触而进行勘测。在水边界，一个边缘通过视觉感官被欣赏，从而直接从接触中分离出来，就像是在水边观景台中一样［西彻尔（Sechelf），2007］。

边缘定义了空间，空间反过来影响了边缘——特别是那个包含的空间之内产生的作用和人类活动。正式的边界能包含、管理或指导人群的运动，如露天体育场、通向和面对每天有上千人流进、进行集会和流出的梵蒂冈圣彼得大教堂的广场。这些大空间的物理特性往往是边缘的缓冲——阴凉和各种服务设施——或者是硬件的和流畅的、提供便利的、以实现人群从一个空间转移到另一个空间的快速通道，就像体育场一样。其他活动可能更倾向于一个更有趣的边角策略，人们在这里聚集、逗留、聚会和玩耍，就好像沿着罗马鲜花广场四周——活动会受到沿着这些边缘的太阳、荫凉和日暮的影响。边角的特征直接对应CST（文化、时间、空间）矩阵。

边角可以是一个“捕捉空间”的不可分割的一部分。在这种情况下，它们被设计用于鼓励逗留、暂停和即兴的行为——一个完整的、拥有大型或小型娱乐项目的现代购物中心。大部分购物中心都是有着把商场的中廊和外部的商店作为目的景观核心原则的正式结构；还会将高度视觉化和开放式景观边角的走廊面对着来往的顾客，以达到妙趣横生和充满吸引力的目的；有限的通向外界的通道；娱乐和饮食服务；最重要的是——娱乐。大部分的传统购物中心都拥有不透明的外部景观边缘和穿透坚固边角的入口——强调进入，并且吸引购物者到有着透明和易穿透的商业边角的内部娱乐空间。

角落

除了圆和线或轴线以外，大部分的形状都有角落，除非是破碎或者弯曲了的。它们结束了一个平面，并且可能作为另一个平面的开始，或者因一个开口或通道而破开。角落可能是活泼的、充满生气的或者枯燥无味的，引人入胜或者令人失望。

我可以把角落变为一个宁静怡人的前庭或者面对着一个停车场。如何对待角落是构成方法学的一部分，因为角落是沿着垂直平面“旅行”的一个结束点或暂停点。例如，角落能够引起戏剧性效果——悬念、意外、安全或是危险和期待。因为它们代表一个构成中的变化，角落是城市设计的一个关键特征。

不同类型的角落包括：

封闭的

开放的

夸张的或闪亮的（通常是一个垂直分界形状，来自于艺术、雕塑和不同的形状等的变化）

开口角

弧形的

透明/半透明的

不透明的

连接的（如在高架公路上或者物理邻近）

软的或者硬的（更冷的）

天然的和人工的

偏斜的

期待的

表面

表面作为构成特点在城市设计中经常被忽视。戈登·卡伦（Gorden Cullen）（1961）鉴赏并且歌颂了墙壁和走道的质地和装饰——从鹅卵石的粗糙感到不同颜色和绘图的墙壁。表面通过颜色而让垂直平面活跃了起来，并且激发了图形。在罗马中部，不仅是墙的泥土颜色增添了步行体验——给这座城市的垂直和水平平面带来了个性添加物的质地、维修，以及几个世纪以来人们的心血来潮或一时兴起让这些垂直平面充满了生气，还为人类暗示了故事——从涂鸦到沿着一面墙壁或在一个有着漫步的牛群的农场中的突出景点雕刻［苏拉（Sutra），意大利］。

现代表面可能是平淡无奇的、冰冷的和刻板的，对行人或者过路者留下了极少的放松感和趣味感。表面特征可以超越装饰——提供透光性、方向和定位，在拥有有机材料的坚硬的城市环境中的柔软，与艺术和手工一起的乐趣和刺激，社区信息和识别标志。

表面的特征包括：

浅或深的明暗度

质地

颜色

渗透性到坚固

有机的：柔软的和透明或半透明的

制造的：坚硬的

反射的

提供信息的

活动的：水景、信息屏等

听得见的：水流倾斜、音乐播放

对温度敏感的：从暖到冷

不确定的

颜色是另一个被城市构成所忽视的方面，并且被简化到了自然灰和单色应用。《城市景观的色彩》［达特曼等人（Duttmann et al.），1981］研究了在城市景观中的颜色类型学，从传统的使用到活泼的街道，再到对来自全世界的案例学习。颜色能够通过颜色温度（暖或冷）和夸张程度（柔和的或明亮和强烈的）来表现心情。

颜色的一个重要成分就是明暗度——浅和深的关系，颜色在表面被察觉的方式和通过对比和性情能够产生的戏剧化——都要通过明暗度实现。明暗度更多的是在艺术中而不是（城市）设计中，被讨论为在颜色使用中的一个必要方面。把浅放在深的旁边能引起强烈的反差，浅和中浅引起被驱散的浅效果，中浅到深能够产生一个更加柔和的环境。几本主要的和受欢迎的关于颜色和明暗度的参考书包括，上面提到过的《城市景观的色彩》［达特曼等人（Duttmann et al.），1981］和《水彩光影画》［劳伦斯（Lawrence），1994］。

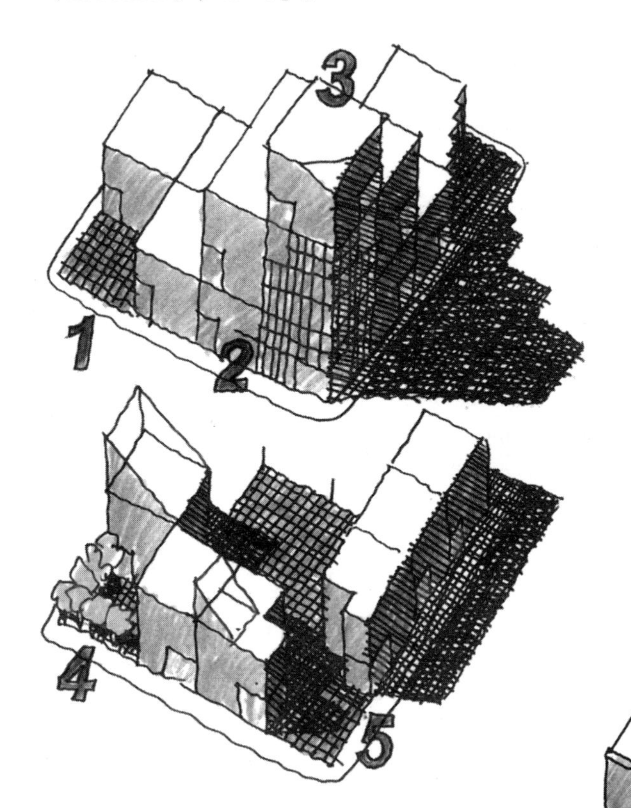

图6.26　角落机会

角落机会用插图阐明了角落的许多物理特性中的一些，从封闭的到期待的。角落可能是开放的和有魅力的，有着合适的气候定向（1）；和透明的（2）；被强调的或夸张的（3）；透明的和柔软的（4）；开放的和穿透的（5）；当然还有封闭的。

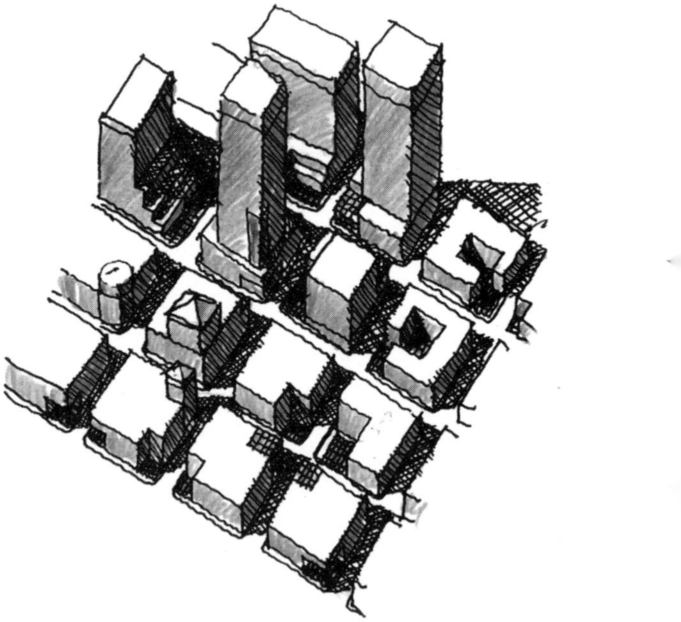

图6.27　城市角落

城市角落总结了在城市情境下角落特征的许多不同形态，从开放的和透明的，到弯曲的、夸张的和不透明的。角落呼应了行人的需求，从户外座位区到安全的和清晰的和受保护的区域，如有着透明外围的室内咖啡厅，沿着一个提供变化和方向的弧线角落，也提供视觉或物理运动的偏离角落。

参考文献

Attoe, Wayne and Logan, Donn, 1989: *American Urban Architecture, Catalysts in the Design of Cities*: University of California Press, Berkley, CA.

Bettisworth, Charles and Kasprisin, Ron, 1982: "Tanana Valley Community College Master Plan": University of Alaska, Fairbanks, AK.

Capra, Fritjof, 1982: *The Turning Point*: Simon & Schuster, New York.

Ching, Francis D.K., 1979: *Architecture: Form, Space and Order*: Van Nostrand Reinhold, New York.

Cullen, Gordon, 1961: *Townscapes*: Reinhold Publishing, New York.

Duttmann, Martina, Schmuck, Friedrich, and Uhl, Johannes, 1981: *Color in Townscape*: W.H. Freeman & Company, San Francisco, CA.

Edgewood, City of, 1999: "Town Center Plan: Community Character and Land Use Study": Kasprisin Pettinari Design and Dennis Tate Associates, Langley, WA.

Kasprisin, Ron, 1999: *Design Media*: John Wiley & Sons, Inc., New York.

Kasprisin, Ron and Pettinari, James, 1995: *Visual Thinking for Architects and Designers*: John Wiley & Sons, Inc., New York.

Kenmore, City of, 2010: "City of Kenmore Open Space Opportunities: Making Connections": Kasprisin Pettinari Design, Langley, WA.

Ketchikan, City of, 1984: "Creek Street Historic District: Public Facilities Improvement Project": Kasprisin Hutnik Partnership with J.L. Pensiero and Associates/URS Engineers.

Lawrence, William B., 1994: *Painting Light and Shadow in Watercolor*: North Light Books, Cincinnati, OH.

Sechelt BC, District of, 2007: "Visions for Sechelt": John Talbot & Associates (Burnaby, BC) and Kasprisin Pettinari Design (Langley, WA).

Soja, Edward W., 1996: *Thirdspace*: Blackwell Publishers, Cambridge, MA.

第7章

情境、项目和地形学

情境：现实的空间容器

大多数字典只把情境定义为“背景”或者“环境”，但是情境不仅仅是这样的。不同于戏剧舞台上的背景幕布，情境是戏剧本身，也是演员和观众，就像是日本的歌舞伎剧院一样［艾森斯坦（Eisenstein，1949）］。情境是现实（空间、文化，并且随着时间不断改变）的社区——容器。这个词在城市设计中被使用和滥用得很多，而它仍然是设计分析最重要的方面之一。为了达到分析的目的，情境被描述为容器的五个维度，每一个维度都有空间的表现形式：

1）生物物理学（当地的和地区的）

2）司法的

3）文化的

4）使用者：实质性的和行政的

5）时间/历史/事件阶段

生物物理学（当地的和地区的）

生物物理学是下列要素的生物基础：地质学、土壤、地形学、水和土地特征、植物群、动物群、人类和其他动物（栖息地）的建筑形态、气候和朝阳方位以及影响这些的季节。每一个设计分析中的基本建设模块，都提供了设计过程面临的情况和参数的关键线索。这个基本信息对于任何设计过程来说都是至关重要的，并且通过地区决定因素定义了地方身份。

在20世纪70年代，在数字化图像信息系统（GIS）广泛使用以前，我在阿拉斯加州的中部地区（大安克雷奇地区和周边）和费尔班克斯地区工作（阿拉斯加州的内陆地区）。设计过程的数据被以平面形态记录在了好多层的聚酯薄膜上，并有好多小孔被打在上层边界。“渗碳细钢丝”是一个有着凸起的、和聚酯薄膜上的小孔相协调的金属夹缝钉金属细条，而这些小孔和“渗碳细钢丝”相匹配。不同层的组合被渗碳细钢丝所混合，并调整整合，然后被打印出来，用来分析有关比较中的共同性特征和冲突——非数字版本的GIS（图像信息系统）。这些层为设计团队提供了最基本的“强手棋（地产大亨）棋盘”：从大角麋和熊的迁徙路线，到地震危险地带，到森林类型和覆盖范围，再到人类定居模式。

不管是哪种分析方法，生物物理学—空间信息为设计和物理环境互动确定了情境和情况。重要地区、栖息地、森林补给区和其他许多空间被标示为保护区；为了进行进一步的分析，易于被设计所干涉或调整的地区被明显地表现出来了——这就是游戏棋盘。

司法的

就像“地产大亨”这样的游戏中（帕克兄弟/瓦丁特，Parker Brothers/Waddingtons；1935），你可能会抵达到一个方格上，却发现别人已经拥有了它。这个城市内涵的司法层面是设计决策中的关键力量。例如，在北美任何一个指定的小城镇中指定的一块地上，设计师可能会发现以下方面：

1）当地个人所有者

2）受托基金机构所持有的土地

3）公司和房地产商的土地（投资驱动，和上面相类似）

4）州以外的拥有者

5）公共所有权（州、省、国家、自治市镇、城市、城镇、村庄）

6）非营利（住屋公司、历史受托基金机构、本地公司）

7）短期或长期租赁（食品商店和百货公司）

8）更多形式的“所有权”或控制方式

例如，在阿拉斯加州，“公共所有权”并不足以描述土地持有，因为美国的联邦和州机构、市政当局、自治市镇政府和当地公司拥有和控制着数量相当大的土地使用权。

这个完全所有权相对短期和长期租赁交易直接和CST（文化、时间、空间）三位辩证体的时间方面相关。在制定市中心20年再开发战略时，一个有五年租期的主要零售使用空间相对于一个有25年租期的，更易于接受重新安置、再开发和不确定性。

作为开始，一个基本的和有帮助的任务，就是为这个地产大亨（Monopoly）游戏的棋盘建立一个平面图释，这个图释标记了所有权类型（公共/私人，当地/州以外）、所有权的百分比和保有条件（租赁/拥有，保有条款等等）。在很多方面，它都是这个CST矩阵的基本层。

文化的

文化层面由城市内涵的社会、经济、政治和历史方面构成。我们可以用文化因素的例子把书页填满，并且每个例子都可以用一个图释来代表，这个图释体现了这些层面的空间冲击和影响。例如，在民族多元化的社区中，不但是按民族划分城市区域的地点可以被用图释表示出来，它们的聚会场所也可以被绘出，例如教堂、俱乐部、组织和特种化生意，以及社会交往场所和家的空间关系。这个模式开始构建一个地点的空间格局，并且（暗示）开始运行。当民族吸收和再定义它们自己时，这些方面也总是在不停地变化。

我布置给学生的一项作业可以被转换到更大的规模和更复杂的社区中，就像以下一样：

1）用性别和年龄标识你的室友。

2）如果可能的话，采访你的室友并建立一个个性模式矩阵（约翰逊，Johnson；1984 /1986，1991）。

3）记录下晚饭后你室友的活动（如学习、看电视、听音乐、玩电脑游戏）。

4）观察和记录他们在房屋内对空间和地点的选择（一个室友关上了自己卧室的门，一个在厨房的桌子旁，一个在客厅的一角）。

5）描述这些空间的物理—感官方面。

6）观察和记录每一个人是如何对待他们所占有的空间的（一个室友是与外界隔绝的，并且在别人的视觉和听觉范围之外；一个人单独待在厨房里，但是在家庭活动的听觉范围之内；那个在客厅角落享用糖果、音乐、枕头和书籍的人——和他人分享了空间）。

7）编制一个组织图释，这是关于他们如何在一个给定的时间—事件阶段内运转的，如晚上7点到10点。

8）观察和记录他们和他们的空间以及室友和室友的空间的互动。

9）编制一个房子的结构图释，把主要的活动通过一个时间—事件阶段的地点、运动和互动定位出来。

这个练习为新兴的设计师实现了许多不同的目标，把空间设计、行为模式以及CST因素的视觉描绘（视觉思维）连接了起来。这个练习点就是要把文化—个性模式和对于空间和它内容的占有和控制联系起来。现在，学生们需要带着这个作业，把原则应用到一个邻里社区或者村镇中。它们都是可以转化的，但在仅仅使用数字化的方法和工具时候要小心。

设计师当然不是心理学家，也不是参与到环境行为分析中的精神病专家，而是需要一个对于文化模式和空间环境连接的基本理解——这样就有了复杂工程对于跨学科队伍的需求。

使用者

人们和其他物种以不同的方式使用物理环境，有时候是在和谐的状态下，不过经常也是在冲突中或至少是在对峙的情况中。大量的使用者实际住在物理环境中和它互动并且依赖它来生存（生活的所有方面）；行政使用者是管理这个环境的。而上述这两者可能会在意图和实施上存在巨大的分歧。理解每一方的议事日程和影响是设计分析的必要起点，因为每一个都以不同的方式来对建筑形态发生冲击。把它们放到一起是最主要的一项设计教育任务。附录B探讨了设计的政治与人们互动并共同工作。

时间/历史/事件阶段

时间是一个永恒的且和重力同步的维度，它记录了CST维度中的其他变化；并让现在的事件很快变成了历史性的，未来的期待很快变成了现实，然后又是历史。这个在时间阶段的改变留下了空间印记，特别是从人类活动中散发出来的改变。这些改变对于人类居住区的设计以及自然环境的再融合来说，是重要的决定因素和影响要素。

活动发生在时间—事件的阶段和周期（约翰逊，1999）中，它们可能是短暂的，或是随着时间而延续，皆取决于在更大的社区环境中的互动。它们帮助设计师标记和评估事件影响力，最后消散和改变，转折到一个新的阶段，让CST连接起来。

项目的重要性：什么、如何、多少和何时。

程序（需求和机会）

一个程序是一组活动的编码指令，是以想要和需要为基础的特别设定，按照应用的类型和方法来编码。而为电视和DVD进行编程有特定的编码符号。在城市设计中，程序编码包括特定的物理元素及与建筑形态相关联的具体关系，它们被形态的类型（如建筑和地点构造）和潜在原则所编码。

这些原则来自文明的哲学和文化方面，同时又在这些文明的空间体现或结果上留下了印记。程序在规划设计、初始设计和实施中处于核心地位，并且总是在城市设计课程中不被重视或者被轻描淡写了。在“形态规范分区”中，土地使用在形态基本框架的决定中并不是一个关键因素［形态规范研究所（Form Based Code Instifade，2009）］，而甚至像在这样的新流行术语中，概念图也将会包含建筑物和开放空间。建筑物的类型将由使用、密度和定向决定——基本对于衍生一个现实的分区形态规范很关键。任何对于使用，以及相应在程序中体现的建筑类型学的轻视都是可笑的。因此，编码基于社区投入而确定社区需要什么、需要多少和何时需要，从而为设计搭建了舞台。

设计是一个更多是半抽象的规划策略和即将兴起的建筑形式之间的桥接过程。作为设计过程的一个部分，这个表述的需要和缺乏或者说社区的渴望（从一个城市内涵和功能的分析中散发出的具体指令）被转化为具体的使用、建筑类型、设施和（或）能够用来容纳这些用途的开放空间元素，它们是如何被放置或展现的，以及每个需要多少才能够实现这个表述的需求。如果没有一个有内涵的程序，这个设计过程就会变成一个更困难的猜测游戏（就像经常发生的那样）。

就像在第9章讨论的那样，这个编码的过程规定了一系列的需求和期待，而这些需求和期待实际上为设计师定义了一个“容器”，一个正不断地再定义和改变的“容器”。这个范围以在使用者希望许多方面之中的两个极端或者极性，以及许多的亚极性为特征，而这个愿望就是与社区相反的和互补的颜色的色轮。在这里，设计过程开始了它真正的进化路线，这就是对“第三空间”的寻找（索雅，1996），那个仅仅能够来自一个动态过程的、独特且妥协最少的结果。连接不同的极性帮助设计师精巧地制作空间比喻，这些比喻能够包含极性的精华且不会分开、统一或者混合（后面会更多地讲到这些）。编程随后就变成了内容的起点（就好像在故事中）；然后，那个内容被放到有情境的关系中；形态选择开始出现。

和城市设计有关的形态类型学

当我开始切入设计类型话题领域时，这个部分让我陷入了一个进退两难的境地。所有设计中的使用形态类型、景观建筑和有关于并且拥有城市设计的工程；在哪里结束？在深度上能走多远？因信息太少而只是触及了表面，只能进行肤浅的讨论；若信息太多则会变成一个技术手册。

我和规划与城市设计的学生讨论这个话题。许多人，包括实际工作中的规划者在内，对类型学的理解并不足以使其能够参与到设计构成中来，或是对设计构成进行批判。甚至是在设计评论的过程中，这种对于理解的缺乏也会导致有经验的规划师把精力集中在的肤浅话题、装点门面的内容和与设计决策不相关的细节上面。每个学生都有调查和熟悉设计中大量不同建筑使用类型的责任，出于对这点的理解，我决定要提供一个与城市设计有关的不同类型学的基本了解。

本章阐述了建筑、开放空间和城市设计中的基本类型，而这些类型有着显著的城市设计构成应用。另外，这个不是一个简单的任务。作为一个结果，并不是所有的类型学都是因为时间和空间而出现在本章的。我极力主张学生把这一章当作一个开始的资源——随着时间的推移再加强并升级。就像我在本章节中讨论到的，类型是基于使用—形态的操作和功能原则的；这些原则不断地随着CST矩阵的变化而变化。购物中心的特点本质是一个最基本的例子：它们在形态和功能上不断进化，而且它们的类型学特点随着其对消费者的要求和同业竞争做出回应而变化——从商场到市镇中心，到未来的混合类型。

类型代表了使用—形态原则的一致性，并且能够在任何一个给定时间因呼应社区情境需求而进行变化。当它们的功能完整性让步或者减少时，它们就无法为一个连贯的发展模式做出贡献。

设计中的使用—形态关系

在设计中，类型代表了组织和结构原则，或者是那些在应用中相似，但在风格或外表上并不完全一样的规则。类型并不能被认为是模型——定义了一个基本按照现在的样子复制现存物品。类型是空间编程内在拥有的，它代表了一个空间关系的组织，这些空间关系体现了住房、商业和工业用途、市民设施、停车场地、环境和其他需求因素。类型是对取决于CST情境的挑战开放的。这意味着，类型在其他原则上可行的内容和可能会在一个新应用中令人满意的内容之间，提供了一致性。同时，在没有显著的妥协的时候，类型可能不能发挥作用，因为它被改变或者再定义了。类型不是普遍适用的。这样一来，挑战类型可能会带来一个常规原则的混合，寻求以情境的需求为依据的全新的和创新的应用。

例如，把一个土地使用区标记为“中等密度社区”，这就是一个政策和程序的声明——规定了使用和数量范围。并且这一政策暗示了一系列的建筑物和地点放置类型。许多规划者并不明白这些数字以外的含义。如果“中等”指的是每英亩（1acre=4046.856m^2）8～16个居住单元，那么基于大部分社区规范，就是在每英亩中都有停车和开放空间情况下可能容纳的居民的数量——但涉及建筑类型时，这一定义仍然是含糊的。有些特定的建筑类型能够完成范围之内这个密度，并且这些特定的建筑类型是不同的：附属的或混合密度的建筑物，例如联立式住宅、联排别墅、叠层公寓、附属的小平房；以及在大多数情况下，共同的停车场地和共同的开放空间的某些方面。村舍住房，往往是被一个固定市场喜好所固定的“独立单元”，沿着一个拥有共同停车的、侧院建筑物之间被留下的限制指定距离最小达到5ft（约1.5m）的小院子，最多能够达到每英亩8个单元。建筑和开发类型影响着一个指定区域内的单元数量，但并不附属于规划过程。为了达到最多每英亩16个单元这种更密集应用的需求，其他满足停车场地和开放空间需求的建筑类型是能被找到的。使用、密度、情境和类型学是内在关联的。

城市设计能够测试在一个给定情形下的类型范围，这样可以决定对于市场、场地“恰当”和对更大情境响应性最合适的。接受类型不是解决方案，而仅仅是一个开始。

这些建筑、地点安置和开放空间的类型学都有一个潜在的人文尺度，以及一组操作原则和特点。

原则：类型学是一个传统，一个可行性的持续一致，一组有着隐藏结构集合的组织规则，而这一结构定义了这些原则的物理容器。类型是一个起点和引导，总是容易遭到挑战，尤其是当其连贯性被打破或是情境一致性缺失的时候。

建筑物类型学

用于调查和评估不同用途和强度的建筑类型的参考资料，并作为规划者和设计者的基本阅读材料，是可以找到的。这些参考资料充分描绘和阐述了这些类型以及它们的物理特点和需要。在本章中讨论的建筑类型，是和城市设计的情境相关联的。所描述的不少类型学都方便在更小的城市和城镇中使用，而这些地方是本书的关注焦点。

	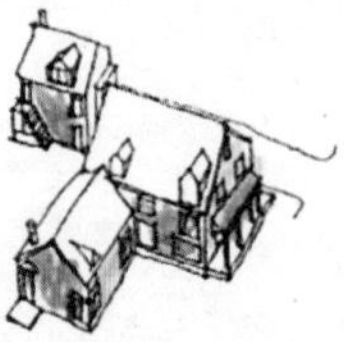	大房型	郊区密度住房	村舍			园林式住房	可建于城市的郊区位置	附属住宅单元——附属于主住宅的半独立二级房屋，其面积只占总面积的一半或更少；又或者是附属于一栋独立建筑或并入一栋附属建筑，例如花园、阳光房等。每一个附属住宅单元都有一片相连的私人开放空间，大约是6m²（64ft²）。	独立房屋
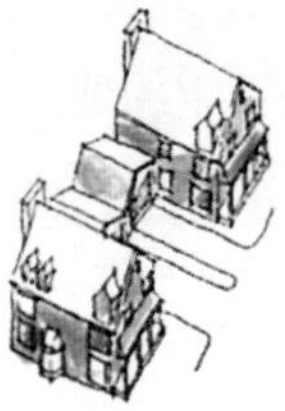		大房型	郊区密度住房	村舍			园林式住房	可建于城市的郊区位置	村舍——房屋总面积小于55m²（600ft²），仅仅作为附属房屋，或在一个群簇或复合建筑中。每一个村舍都配有一个封闭入口（走廊、顶棚或封闭的前厅）和一片相连的四人开放空间，大约是6m²（64ft²）。	
	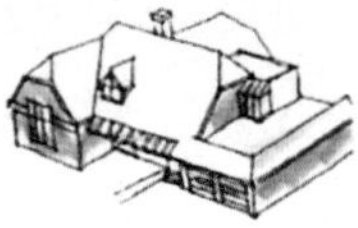		郊区密度住房	村舍					群簇联排房屋——上下层公寓外加上叠半层的家庭住房，带有车库和车棚。	联排房屋
	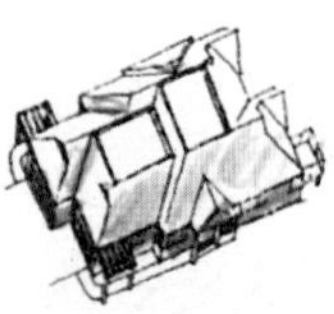			村舍					内院式住宅——地基水平或倾斜的并排房屋，设计为一家入住，有一到两层。	

图7.1　坎贝尔河矩阵

这个矩阵被建立起来，以帮助建设者和市民理解不同建筑类型被插入到已有居住社区后，在规模、范围和物理方面的影响。这个例子就是总结了情境类型的许多海报中的一张。

帮助人们理解设计类型学对情境敏感的天性，能提高建筑形态——就好比是反对仅仅因为一个类型在别的地方有效就使用它。

在“坎贝尔河填充房屋研究”（Campbell River Infill Housing Study）（1996）中，依据已有的和即将出现的建筑形态、物理情境和环境、规模和设计特点，建筑类型被认为在城市内对特定社区合适。这些合适的类型体现在一个物理矩阵上，用以提供公共信息，为居民和建设者提供指导和恰当的类型应用的选择，而这样的努力是为了提高邻里社区内的城市设计协调性。但人们并不被认为建筑特征对这个矩阵非常关键。

居住类型学

以下是居住建筑类型按照密度和应用划分的例子。它们的物理特性决定了它们本身和地点以及情境的关系。例如，一个内廊式住宅建筑拥有沿着中央走廊的公寓或者单元，并能够通过这些公寓或单元进入走廊；而外部景观来自延伸墙。基于这些特点，每个外部延伸建筑的外部都需要邻近建筑物的某种形态的开放空间（光、景观、空气），通常还需要建筑和（或）地界线，以及建筑物和邻近楼宇之间保持最小退让。把这种类型建筑放在让它的一面墙朝向陡峭的建筑物，而另一面朝向距离很近的建筑物的地方是行不通的。类型学的特点中包含了即将出现的和蕴含的情境关系。这听起来过于简单，但是我见过了太多本意很好的规划学生，却由于对这些内嵌关系缺乏了解，而不恰当地使用了建筑类型。

后面的示意图总结了在城市设计构成中，从城市填充应用到简洁布局的许多种有效的住宅建筑类型。它们只是代表了一个样本，并不是在任何情形下都普遍适用的。对每一个应用情境做出反应需要进行控制和混合。

居住建筑在城市设计中的应用

住房可以独立建造在大块土地上，在沿着河道和海滩的地方，或者隐藏在茂密的树林中。大部分住房是连片出现的，它们的安放位置形成了不同层次的关系。这些组合在从街道内廊、联排房屋和城镇房屋的线性排列和群组，直到更密集的花园和高层建筑群的范围之内。以下列出的是适合城市设计的应用。

许多更小的和微型的房子适合被用来作为已有的社区和（或）紧凑或成簇的住房群的填充物。莱斯特·沃克（Lester Walker）的《微型房子》（Tiny House）（1987）给出了历史性小房子的迷人范围。我发现，这其中的许多小房子以及它们的混合体都适用于紧凑现代布局，特别是混合密度应用的开始。

（1）单户独立住宅（一层或两层的独栋住宅，一层平房）

1）附属车库（前面、侧面、后面）

2）独立车库（侧面、后面）

3）简陋的车库

（2）单户附加住宅

1）依附在车库墙上

2）有灌木丛

3）通常一侧依附在居室墙上（地界零线）

（3）村舍

1）小的一层楼，有可选的阁楼

2）独立的和附加的

3）通常有共享的停车区

（4）排房

1）一层长方形结构，只有一个房间宽

2）通常为12ft（4m）或者15ft（5m）宽

3）三个或四个房间深

4）有一个贯穿所有房间的直线中心开口

5）有一个在厨房之上的卧室

（5）小木屋

一间有着能当卧室的阁楼的房子

（6）预制房屋

从木架建造的到回收的船运集装箱等多种式样

（7）宾馆或附属建筑物

1）一个有工作区域（工作室）的房间

2）半封闭的可选择延伸

（8）附加的/“为丈母娘或婆婆准备的”单元

1）在车库之上

2）通过一个共同的墙和主要建筑连在一起

3）单独的村舍、木屋或者旅社

（9）有着独立入口和私人开放空间的多户住宅体

1）一层和两层

2）附加的车库或者共同的停车库或简易车库

3）两户住宅

4）三户到八户住宅

（10）多户住宅体

1）两到三层

2）三到五个单元

3）单独的入口和门厅

4）共同的开放空间（走廊、院子）

5）共用停车空间（车库、简易车库）

6）共享的开放空间（走廊、院子）

（11）排房

1）有着共同墙壁的一层或两层

2）单独的入口和开放空间

（12）城镇住宅/城镇家庭

1）有着共同墙壁的两层单元

2）在地面之上的两层单元房/公寓

3）在地面之上的单元零售/商业的（工作和生活）

（13）有着“为丈母娘或婆婆准备的”单元的城镇住房

一个附加在城镇住宅结束墙之上的村舍

（14）叠层公寓：花园家庭

1）垂直叠起来的一层单元

2）单独的外部入口及前厅

3）共用的停车场地

4）共同的开放空间

5）可选的院子布局

（15）叠层公寓：走廊建筑

1）外廊，一排公寓

2）从走廊进入公寓的前面或后面

3）内廊，在走廊的一侧各有一排公寓

4）电梯建筑，通常是四层以上或更高

（16）工作、生活混合使用建筑

1）办公室的上面或者后面是住宅

2）满足开放空间需求的更大的上层空间

3）附加的联排房屋类型或叠层公寓

4）中央停车和车辆通行/停放很常见

5）前院的景观

6）融入住宅和非住宅之间的转折区域

7）融入非住宅区域，如轻工业、普通商用住宅

（17）混合密度房屋院落

1）在农村地区的农舍（保留开放空间）

2）城市院落

3）在一个组群中的不同房屋类型（附加的和独立的）

4）共享开放空间

5）每个单元单独开放空间

6）共用停车场地

7）共同的装饰性楼房：工作室、园艺、温室、社区使用

（18）高层中央核心

1）方形、交叉、圆形地面平面

2）中央电梯核心

3）因地区/国家规范形态而各不相同

（19）高层连接核心

在第一楼层上连接的中央核心建筑［通道树形（冈本和威廉姆斯，Okamoto和Williams）1969］。

不少这样的类型——从低密度到高密度，都是和院子或集中式开放空间应用相兼容的。这些变化形式或者混合式有很多，上面的列表只是为设计师提供了一个开始。如何控制这些类型来应对情境是一个挑战。

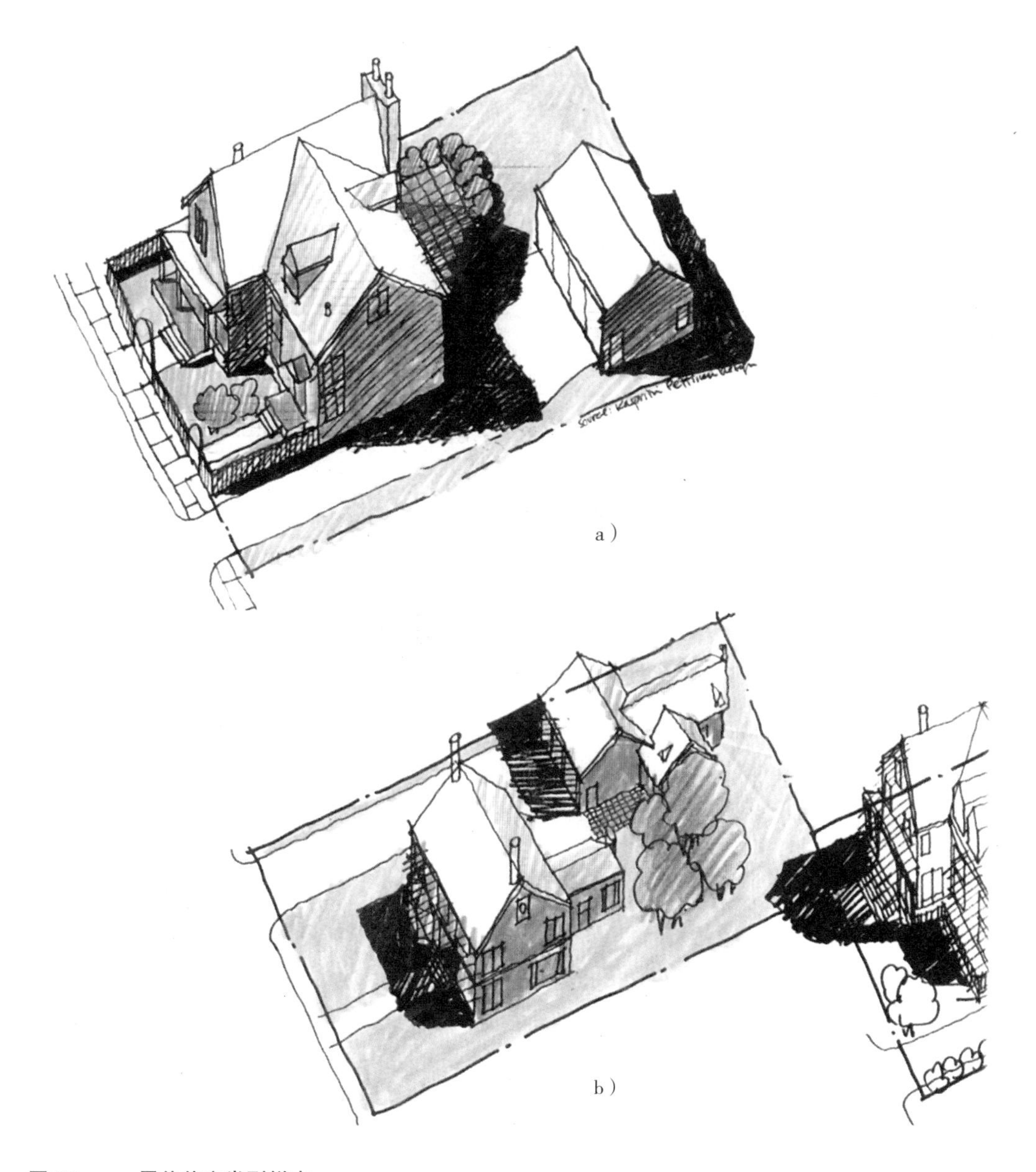

a）

b）

图7.2　a–u居住住宅类型样本

以下的几个图释提供了可用于对低密度或中等密度情境敏感的应用的住房类型和布置的许多变化形式。这些类型的组织和结构的原则是很重要的——和周边情境和建筑到开放空间和停车关系相连接。第一组，填充、混合密度，适合填充和更小地块的开发。混合密度指的是一组由不同建筑类型构成的住宅建筑（独栋住宅、村舍和城镇住宅等）。第二组，保存设计，适合有着显著开放空间特色，并且是中性密度（随着增加的开放空间需求没有失去密度）的更大的土地地块。第三组，中到高密度，阐释了作为独立的和（或）成群组的或庭院组合的基本建筑类型。

填充混合密度类型:

（a）有独立入口的双户住宅，其中有一个单元空间更广阔，并且（或）后移第二个建筑。

（b）“姻亲”所住的附属建筑，在拥有私人院子的附加建筑之上或附属于附加建筑。

c）

d）

（c）小村庄地块（三个单元），混合了有共享驾车道、单独入口和私人院子的独立和附加单元。

（d）多户住宅体（单独入口或前厅，有三到五个单元——两个加两个加一个），适合有着两片屋前空地、共享的停车场和车库以及共用开放空间的角落地块。可以被开发为现代公寓。

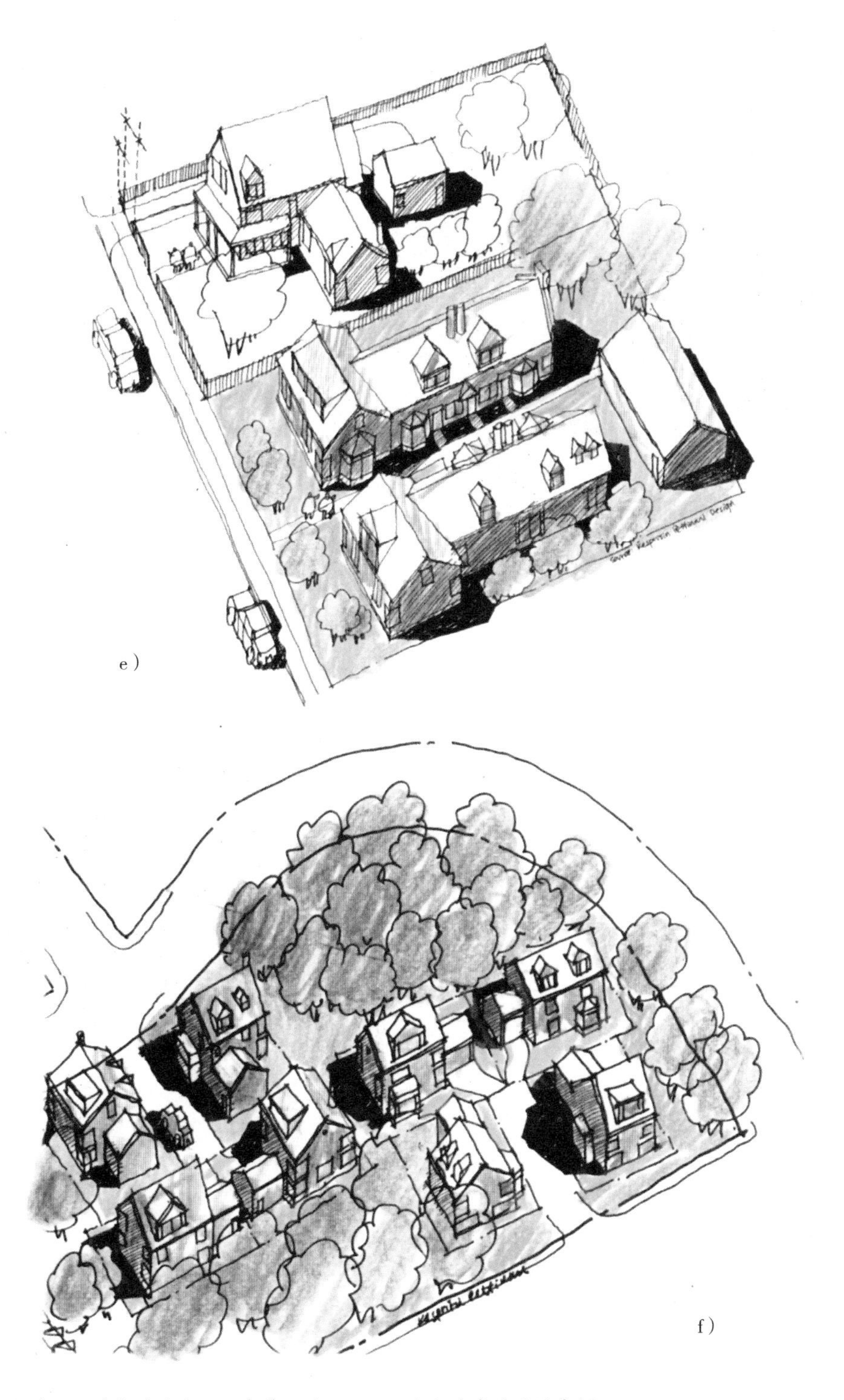

(e) 主要单元沿着街道的庭院，有单独的入口、私人和共享的开放空间。
(f) 有共同的车道和小地块的狭长地带群组。

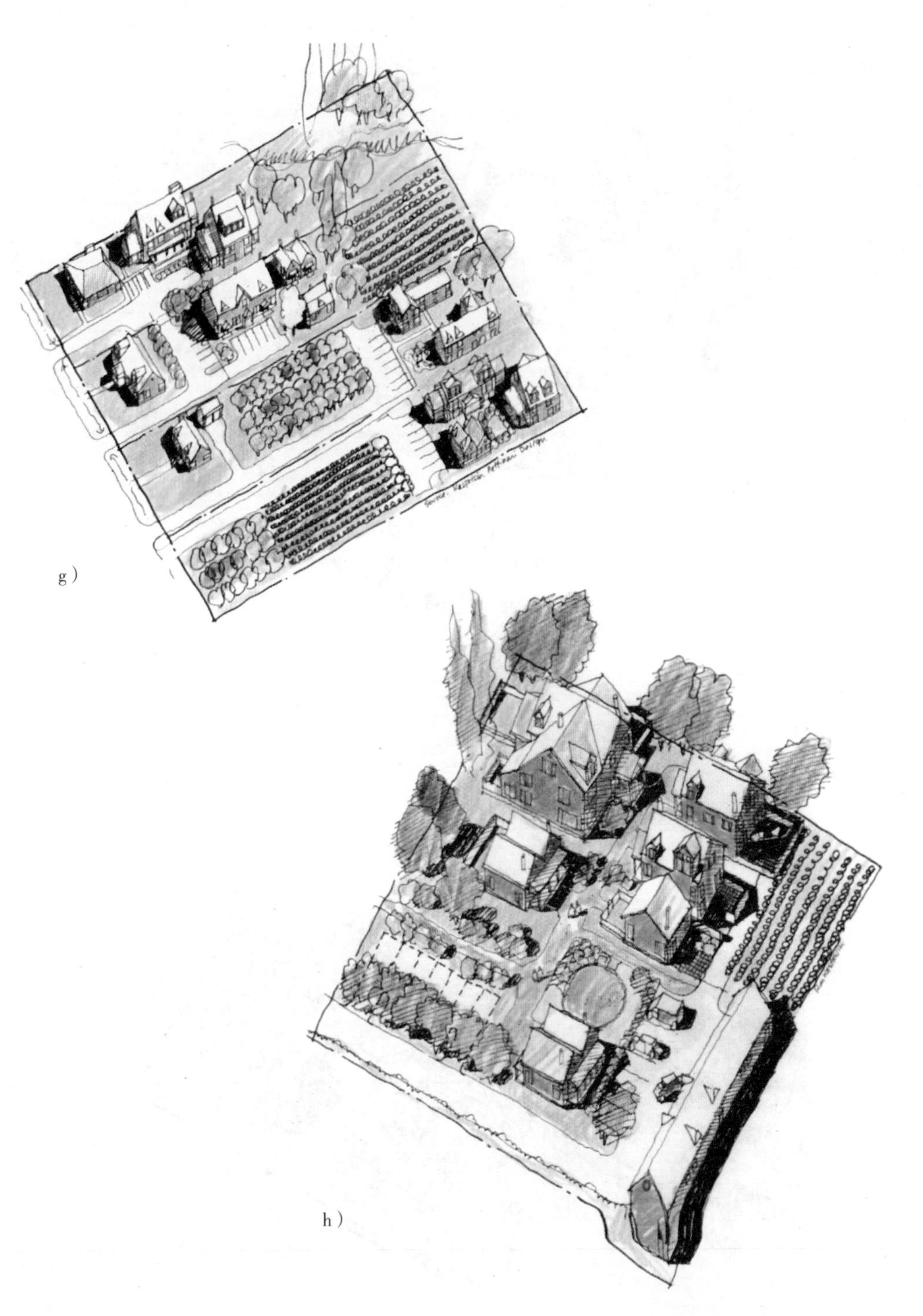

g）

h）

（g）混合密度线性群组（又长又窄的地块），拥有私人和共享开放空间的附属的屋舍、独栋住宅、多户体家庭住宅。
（h）混合密度的农舍，有着独栋住宅、附加和独立的小屋、两户住宅体、共享的附加建筑以及私人的和共享的院子。

保护设计：

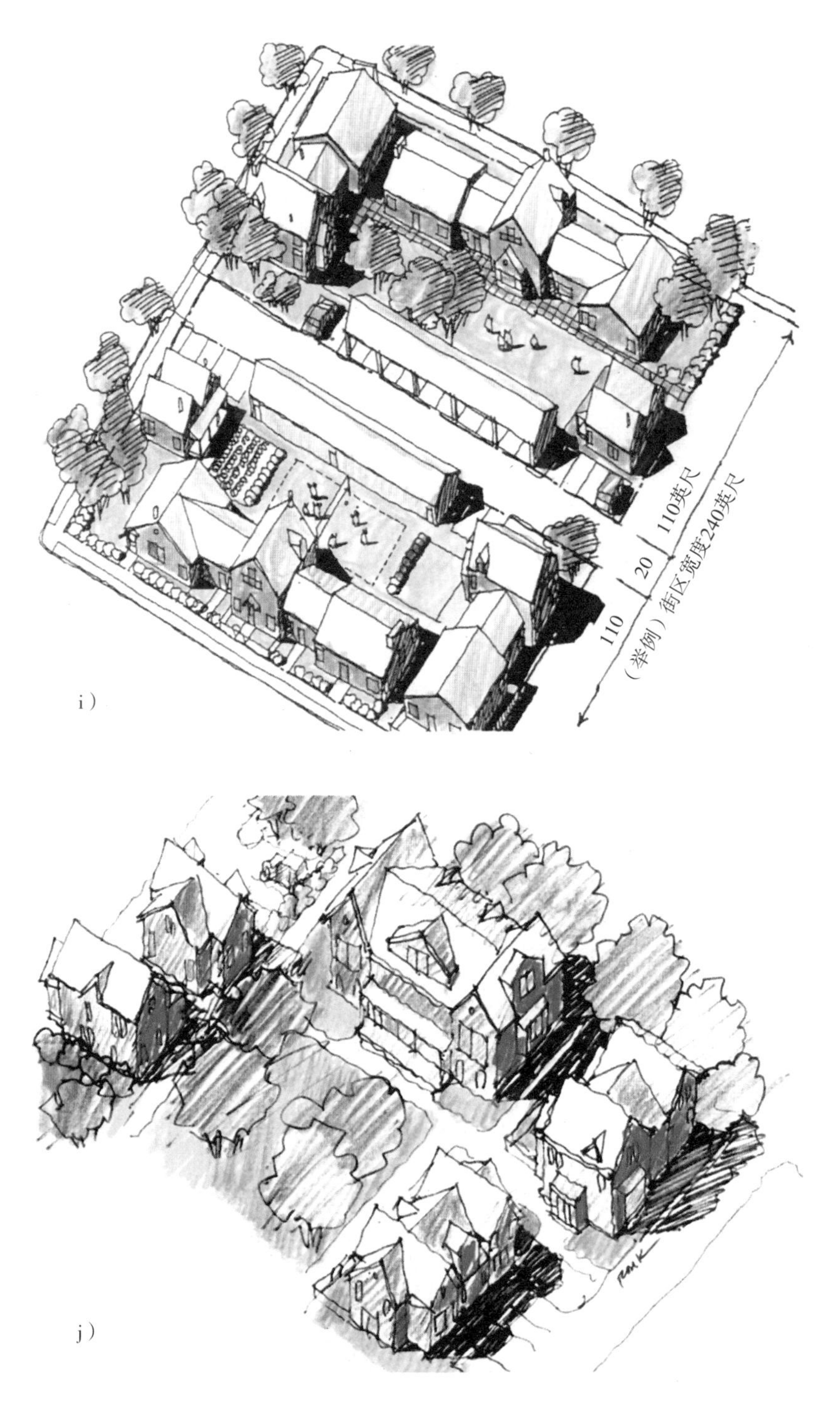

（i）拥有巷子、私人和共享的院子、附加独栋住宅的小规模的城市填充综合建筑体。

保护设计：

（j）受保护的村庄，拥有沿着一个公共绿地的多户住宅体，独立的和附加的独栋住宅群。

k）

l）

（k）拥有在车库之上的小面积地块的独立单元的保护设计。

（l）带有变化的重复设计，拥有单户独立住宅和不同形态的前院后置。

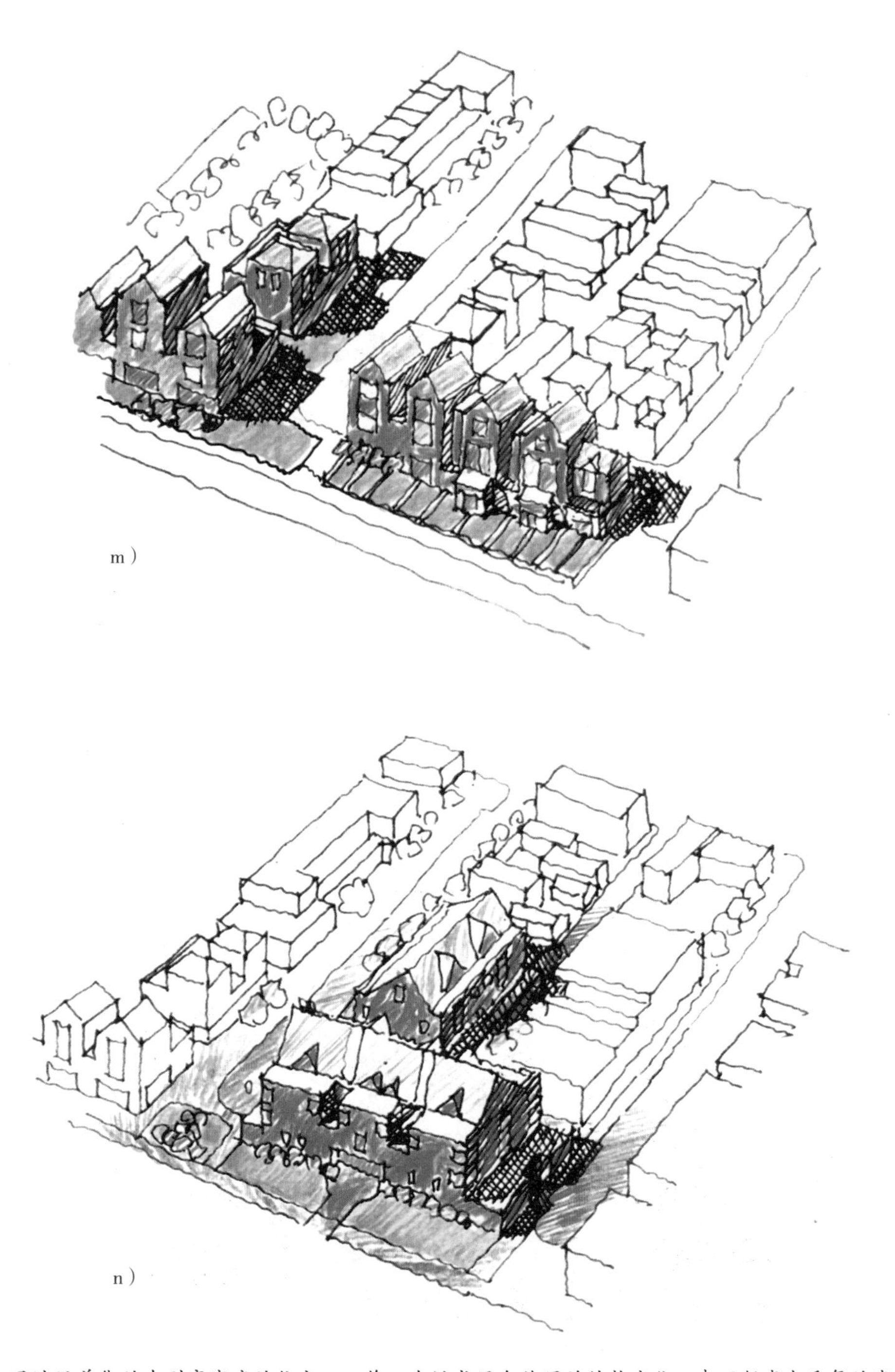

（m）通过沿着街的中到高密度的住宅、工作、生活或混合使用的结构变化，来不断减少重复的城镇住宅综合建筑体。

（n）商用房屋之上的内廊叠层公寓，并根据建筑宽度设计有一个或两个方向可选的地下停车场。

o）

p）

（o）叠层公寓，有沿着院落的单独入口或前庭；或拥有在水平面上的、半层的和完全在水平面下的建筑物附加停车场。

（p）有着中心绿地的市民中心和保存性设计的居住性生活或工作单元。

q）　　r）

s）

（q）作为在工作空间之上的单户家庭独立的房屋，和作为附加单元（联排房屋）的工作或生活房屋。

（r）其他混合使用的住宅和商用类型，主要是被设计用于融入位于侧面和（或）后面的停车场地、前院景观和住宅规模地块的城市社区。

（s）在商业或者办公室之上的混合使用住宅，主要是为了和邻近的商业和住宅地区相连接，有着广场和景观的城市社区中心。

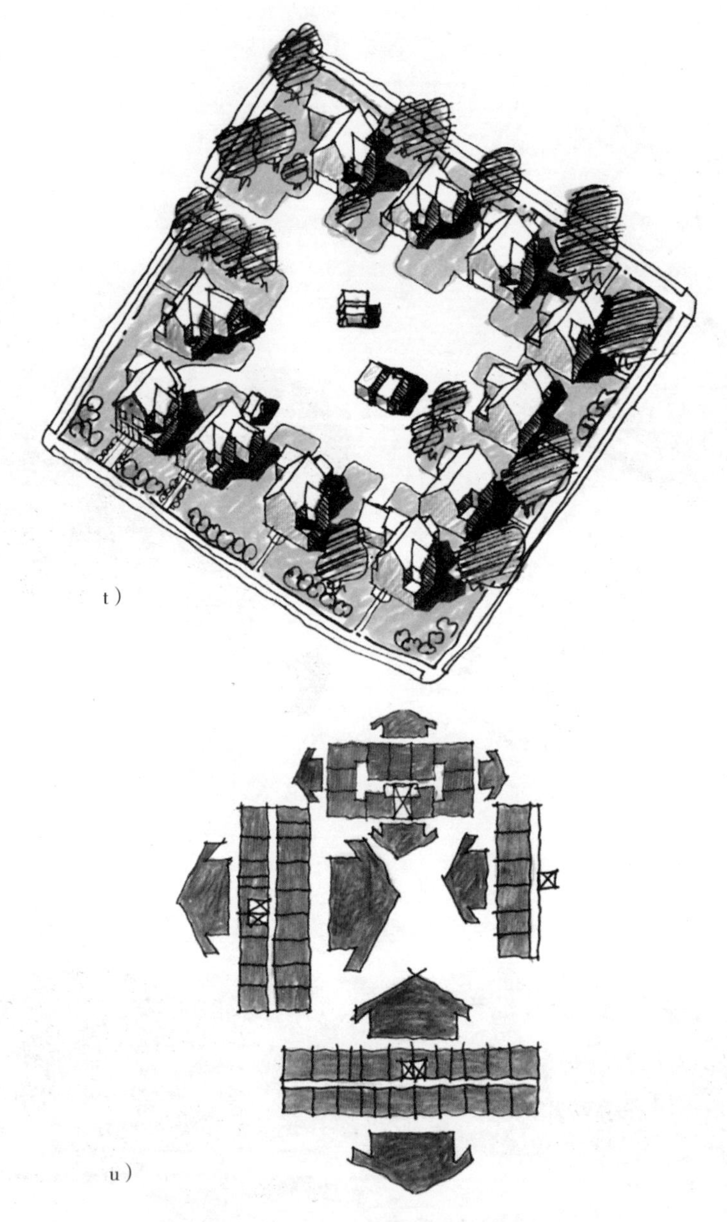

t）

u）

（t）有着住宅和轻工业的生活/工作区，和（或）有着额外工作车辆需求的商业区：集中停放车辆，有以街道为主导的景观院子和入口。

（u）住宅建筑的很多类型需要不同对于光、空气和景观的定向；内廊有两个长的外观；外廊有一个长的景观外观；还有叠层公寓可能有四个不同的定向。

城市设计应用中的商业建筑类型

市中心商业街区：

（1）城市规模

（2）小到中等城市

（3）小城镇规模

（4）共同特性：

1）无建筑后退

2）共同的墙壁

3）前入口

4）内廊（街道/人行道）

5）后巷的和（或）有着指定使用时间段的前巷服务

6）在街上的和在共用地块上的停车场；停车场也会在更大的城市结构中的建筑物之下

7）为行人视野而建造的透明街道外观

8）在公共和私人的管辖权下的行人设施

9）为高层建筑结构而设置的开放空间建筑后退或广场

10）在可行地方的小巷入口

市中心街区的规模和组合是商业建筑类型的关键决定因素。在沿街道有很强行人定位的紧凑连续和相邻布局中，市中心商业街区能很好地发挥作用。历史性市中心布局以单独入口、透明外观和建筑后移，以及如帐篷和华盖的天气防护特征为特点。新的填充开发能够维护临街面和定位，还可能包含内部门厅、有商店的院子和朝向在一层和两层阳台布局上院子定位的娱乐／餐饮用途。

更小的街区尺寸促使了整个市中心街区的行人流的提升。取决于物理情境且在建筑物周围水平面和之上或之下的、中等街区的行人渗透能最好地服务于更大的街区。穿过街区的拱廊可以沿着把一条街和另一条街联结在一起的零售走廊提供受保护的行人流。没有这个穿过整个街区的行人走廊，车辆的使用会增加，并且街区之间的人流会减少。许多天气寒冷的城市都包含位于建筑物地平面之上、穿过主要中心街区的封闭高架公路。这些都是对行人非常友好的，并且可以通过把顾客从街道层面吸引开来分解地面层的零售功能。

商场：

- 超级街区布局
- 岛构造（被地面停车场、停车结构所包围的建筑群体）
- 有限的边缘开发填补
- 封闭或半封闭的行人广场

- 主要租户辅助次要租房
- 有辅助用途的设计：美食广场、娱乐和饮食，休闲设施和游乐设施
- 有能适应最大客流量的停车量
- 有限的边缘开发填补
- 不透明的外墙表面

购物广场：

- 通常是一侧的或者单排的商业带
- 沿着正面景观的外部行人走廊
- 在前面建筑缩进的地面停车
- 递送（货物）在后面和侧面的建筑缩进
- 最小化的行人便利设施
- 透明的外部正面景观

“大盒子”：

- 有多种内部功能的大型零售商店组合
- 岛组合
- 相对于线性多入口的主要入口
- 在前面建筑缩进的地面停车
- 递送（货物）在后面和侧面的建筑缩进
- 最小化的行人便利设施
- 不透明的外部景观

购物商场和广场出现于20世纪60年代，并且经历了形态的变化——从早期开放式中央大厅的内廊购物广场到有着零售轴点的封闭商场。一些商店和商场占据了25%～30%的面积，而其余的土地被不透水面层的停车场所占用。为了回应来自的传统市场的竞争、“大盒子”零售商店的竞争和消费者需求，商场和购物广场正在变成城镇中心和休闲中心。

城镇中心在用途上非常多样，例如和零售设施结合起来的生活、文化、办公和居住用途。开放空间分布于关键地点上，减少了不透明表面的面积。休闲中心是通常贴近更大商场的较小类型，提供了咖啡店、小型饭店和酒吧、书店和其他更小的零售设施和有限的居住用途。休闲中心是在一个更大的（通常是一个更大的），通常是城郊的商业区

域（不太密集）之内的聚集地。

当商场和购物广场继续因适应竞争和市场而变化，填充的机会就会变得可行。它们是未来发展的土地银行。把通常集中在一个地区的不同商场和购物广场连接起来是一个关键的设计挑战——通过紧凑的发展措施减少车辆、增加公交量和改善行人环境。

大盒子零售仓库可以以按照同样的方式变化：通过增加变化来减少它们的规模；把这些“大盒子”和当地街道布局以及开放空间焦点联系在一起，用新的混合设施和分散的停车区域填充场地。

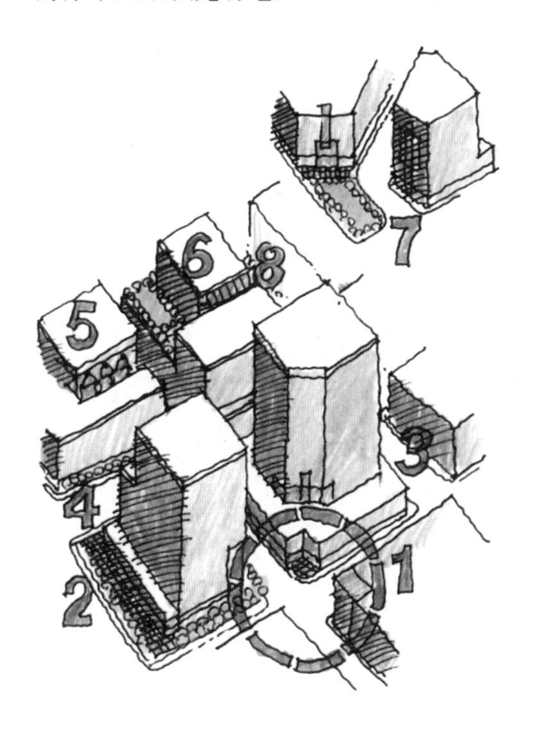

图7.3 市中心商业类型

光、空气、节点和街区大小都是适于居住的市中心的关键因素。市中心街区在主要截面（交叉结构）具有结构和功能性效力（1）。在这里，建筑物可以被戏剧化处理，特别是在他们的角落元素；建筑后移提供了太阳可以进入的行人空间，并且减少了更大建筑物的巨大规模冲击（2）；基座建筑减少了更大的建筑物的规模冲击，并且为内部庭院提供了空间（3）；建筑后移减少了聚集效果，并且让行人区域获得了更多的阳光（4）；历史建筑的保护和情境上显著地建筑群组的保存强化了在变化的市中心区之内的文化和物理意识（5）；屋顶花园和城市农业为城市景观带来了一丝柔和，减少了不透水面层，并且为城市带了新的结构维度（6）； 由街道坐标方格或者其他变化形成的剩余空间或是与众不同的空间能够在繁忙的市区中提供停顿和休息的场所（7）；路段中强化了更长的网格图形之间的联系。

图7.4 更小型的市中心商业类型

小型的市区需要和更大的市区同样的紧凑、连续和相毗邻的特点。商场从那些有着透明外观的相邻零售商业用途的更老的市区构成中进化而来，鼓励行人流和冲动购物。把这些线性街区的正面去掉，就像缺了颗牙一样（MS），破坏了行人流，并且产生了沿着人行道的行人—车辆冲突。停车（P）是最适合于在街区内部和街道上。小型的建筑后移可以提供行人使用区域和便利设施（PS）。关键截面的角落特征（CE）可以强化行人定位和参考。

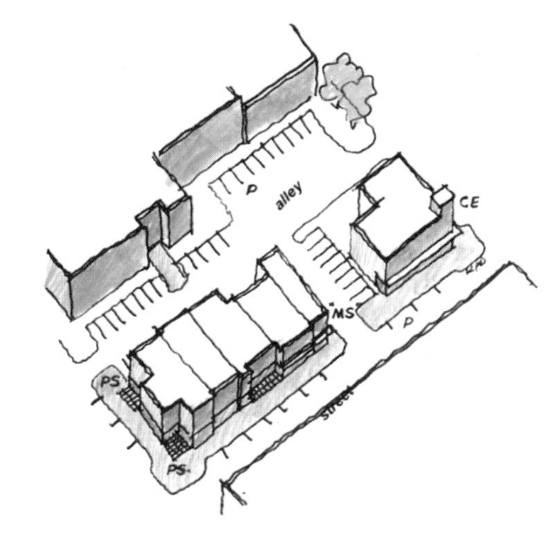

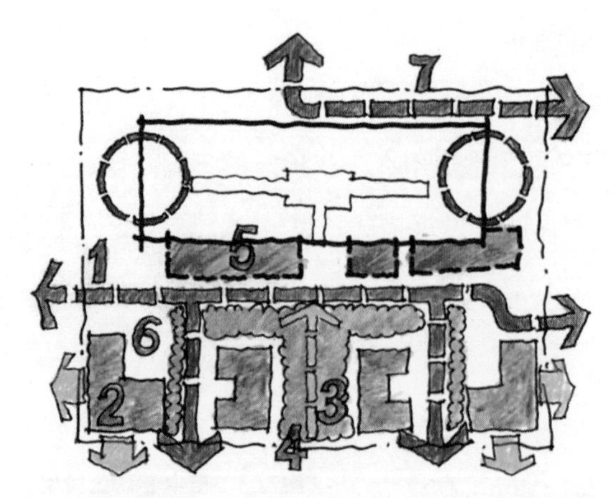

a）

b）

图7.5　a和b作为新兴模式的商场

商场是一个典型的封闭的商业空间，它是在停车场和坚硬表面之内的、围绕以行人为主导的受控制核心来布局的。当它们成熟和进化时，关键的结构关系可以被添加到已有的综合建筑体上，这样可以让购物商场变得更紧凑，并且把这个更大的综合建筑体连接到相邻的和附近的建筑上。这包括就像在图a中，一个当地街道网络可以递增地连接到邻近再开发地块和一个主要大道上（1）；朝向主干道的边缘区的开发，新的地方街道网络和邻近开发（2）；把一家改造过的商场和主干道连接起来，并且作为行人活动中心一部分的绿地开放空间（3）；建筑后移减少了聚集效果，并且让行人区域获得了更多的阳光（4）；通过对朝向新的街道网络的透明垂直平面进行改善，减少已有商场的规模（5）；有很强的行人连接道路的小型分散景观停车场（6）；可行的、结合的或者共享的服务道路和小径（7）。图b展现了一个被填充了社区、办公室、运输线和开放空间设施的更旧商场。这样一来，一个旧的中心变成了新的社区。

市镇中心（现代的）：

1）通过市民功能（图书馆、剧院、音乐）、办公、娱乐、居住增强的混合使用零售

2）开放、半封闭的行人广场

3）更小型的集群停车场

4）更普遍的边缘商业场所

5）开放空间关键元素：行人聚集区域、活动空间

6）提升的行人便利设施和连接性：从行人广场到在停车场内，用来连接到公共的、受保护的人行道的不同等级，

7）提高了的景观舒适度

这个现代城镇中心概念也适用于因来自商场和大卖场的竞争而降级了的传统市中心区域。如食品和百货商店、五金和服装店，它们可能不能和商场进行竞争。通过市区住房、市民和文化设施以及特别零售商店的布局，城镇中心可以把自己再创造为多种用途的场所。

休闲中心：

更小型的混合使用商业综合建筑体，包括咖啡店、小餐馆、书店等

混合使用单独地点：

1）在商用房屋之上的居住或办公用房；或者在一个有庭院的房屋的后面

2）在商用房屋之上的叠层公寓或者市镇住房

3）透明正面外观

生活、工作或商业、住宅的混合使用：

1）单独建筑物，或者在附属的和半附属的集群中

2）车停在后面、旁边或综合建筑体的内部

3）景观和（或）以行人为主导的正面建筑后移

4）透明的正面外观

具有转换性和（或）能作为新开发模式基础的建筑形态类型学是存在的。它们在本来存在的构造中可能拥有非同寻常的特点，而这能够为新组合增添实力。它们能够提供对传统类型学的脱离，并且构成一个当地的特征、规模和标志。我曾经用一系列混合物在实践中做过实验，特别是在远郊村镇或边缘群体中，在那里，人们想要获得在没有使用郊区分散类型学情况下的增长。它们其中的两个被记录和阐释如下：

图7.6　市镇中心和休闲中心

市镇中心可能是有着市民、文化、办公和住宅用途的，更大的，混合使用的组合。它们可能是在更大地块上新建的或者是重新修建的商场。休闲中心通常是有着特殊用途和便利设施（小餐厅、咖啡馆、书店、酒吧等）的更小组合。这个图释描绘了两个更旧的商场，相互隔着一条主干道，作为一个双重市中心、休闲中心而被再开发。开放空间被协调用来提供行人便利设施和关键区域，以及一个混合开放空间。居住单元被规划到了地点的后面，新的零售建筑被定位到了接近并且朝向主干道和现存的开放区域。

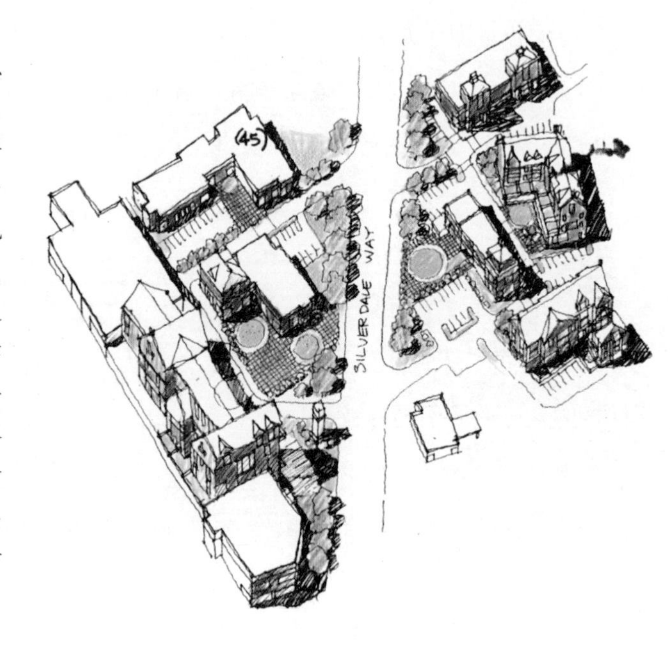

图7.7　混合使用单独地点

在更小的城市和城镇中，在单独地点上的混合使用填充，能够通过支持旧的商业建筑的新的居住用途，来让旧的市区再度拥有活力。

混合类型：

我引入了一两个混合类型学的例子，它们能够从在整个建筑环境中找到的所有类型中变化出来。

十字路口混合使用类型：

1）交叉构成结构的道路网络，以一个交叉点为基调

2）水平和垂直的混合使用组合

3）在一个紧凑开发组合中的主要行人设施

4）沿着交叉路的“主要街道”定位

5）开放空间焦点区域

6）在侧面、后面以及在街上停车

7）通过道路和街区的行人连接性

这个交叉路是一个农村和半农村的建筑形态，在整个加拿大和美国都能很容易被辨认出来。许多交叉路都是围绕着服务于住宅建筑的杂货店、服务站而发展起来的，很可能一个农庄或者社区大厅都被建在一个单独的交叉点上。随着高速公路扩建工程，许多此类交叉路组合都被推土机铲掉了。

托儿所：

- 循环使用的和（或）半农村的托儿所综合建筑体
- 混合建筑类型：托儿所建筑物、温室、附属建筑（谷仓、棚屋）、在关联综合建筑体中的居住建筑等级
- 小的停车场
- 内部复杂的开放行人广场、通路
- 混合使用零售、普通商务、娱乐/餐饮、活动设施、住宅的

这种托儿所混合体起源于在半农村社区中的一个离现有的托儿所非常邻近的新市民/市镇中心的建造。这个托儿所要被逐渐淘汰，并且这块地已经为了开发而被卖掉了。这个托儿所产生了使用了大量托儿所形态的零售和市民中心的概念。

图7.8　交叉路混合体

交叉路混合体的主要特色包括一个平行的并连接到主干道上的慢速行驶的地方街道。交叉路有一个相交的街道（为了更多变化而存在的斜角，引入后面的停车场），一个小规模的主要人行街道，在相交建筑上的夸张化的角落元素，小规模的行人开放空间。

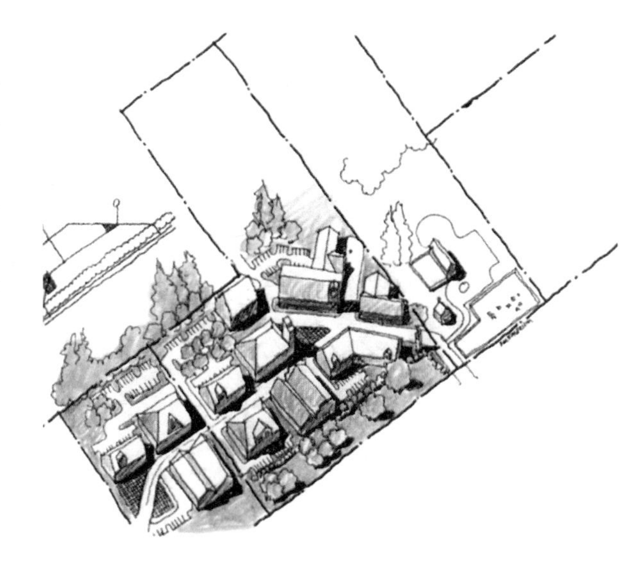

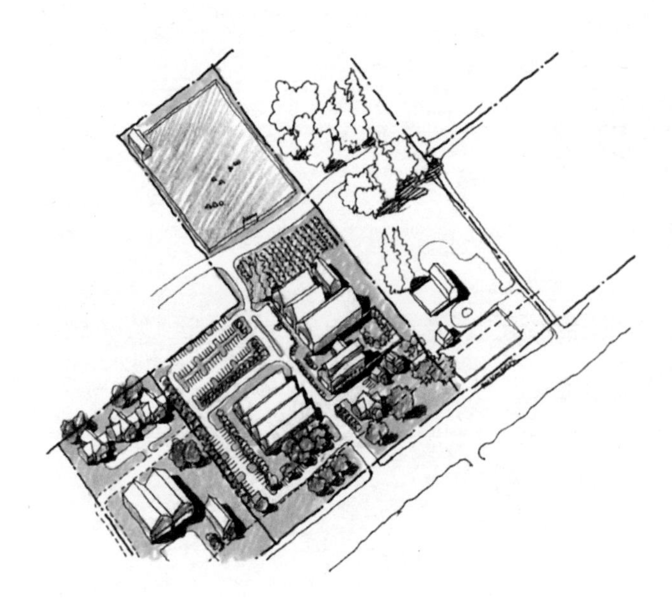

图7.9　托儿所混合体

一个新的市政厅占据了靠近驾驶入口的主要地点。作为零售用途的建筑又长又窄，拥有相交开口，比较像集市中房屋的拱廊建筑。少量的居住建筑构成了入口，为邻近的规划住宅区提供了转折元素。花园和绿地按照托儿所的做法点缀了这个综合建筑体，缓冲了分散的停车区域。

城市设计应用中的办公建筑类型

既为了会影响到建筑构造的特殊使用，又为了需要灵活性的一般性用途，办公建筑体现了广泛的建筑类型。对于大部分的应用，规划师建议把建筑物更多地看作是和它们的结构和空间框架特点相关联的。例如，许多办公建筑是以方形或者长方形坐标方格为基础的三维矩阵。坐标方格尺寸会根据建设技术和功能而各不相同。一旦坐标方格被确定下来或者为建筑功能所，这个三维矩阵就可以被设计为许多不同的形状和组合。在现实中，在规避过度的建设费用的情况下，办公室建筑形状是很有可塑性的，而且适应性很强。

这些类型包括：

1）高层建筑到中层建筑的中央核心

2）在基座或者平台层上的高层

3）单独或多个入口内廊

4）外廊

5）内部庭院

6）有单独入口的独栋

7）混合用途和生活、工作用

办公室组合各种各样，范围从市中心混合使用及高层建筑，到仿造校园布局的花园式办公建筑。花园式或校园式办公建筑的特点包括：

1）庭院和长方形开放空间的核心地带

2）正面有景观美化工程，建筑后移

3）在建筑综合体的后面和（或）旁边布局停车场地

4）行人便利设施

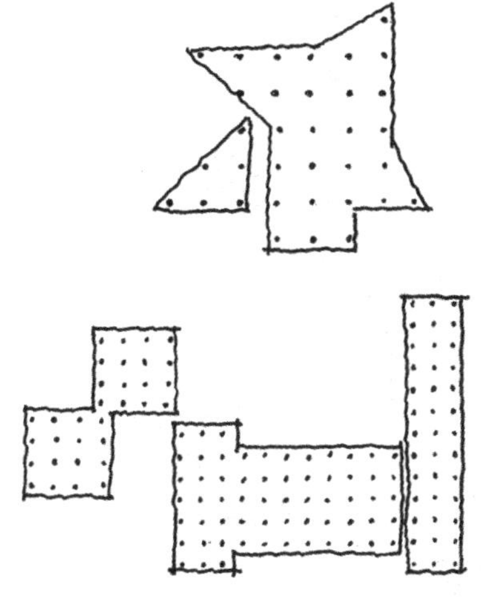

图7.10　办公室空间坐标方格框架

办公室建筑的设计是为了空间使用的灵活性。一个结构性的坐标方格提供了具有许多可能的形状和构成的空间参考框架。

图7.11　办公室建筑变化

办公室建筑变化阐释了典型的市中心办公建筑的形状和布局——高层的、有基座的、阶梯的、“L”和“U”形的和桥接的。不少都有最高达到四层楼或者更高高度的内部庭院。其他的则在上层有天井（通常被规范指定为公共开放空间）。变化是多种多样的。许多办公室建筑综合体都被固定在了两层以上的基座上，底部有用于零售用途的建筑，而办公功能则在更上的高层中。这些基座能够提供一个延续性街道正面，还能呼应周边建筑物的零后移体块。

因为高楼结构的高度垂直体块，入口广场是高层办公室建筑的惯例需求。建筑物被在水平基准面和相关层面（升起的平台和下降的广场）的行人设施向后移。对于审美和经济性，封闭的透明内部开放空间设施和绿色屋顶处理都很常见（平面水处理、绝缘因素、反射性）。

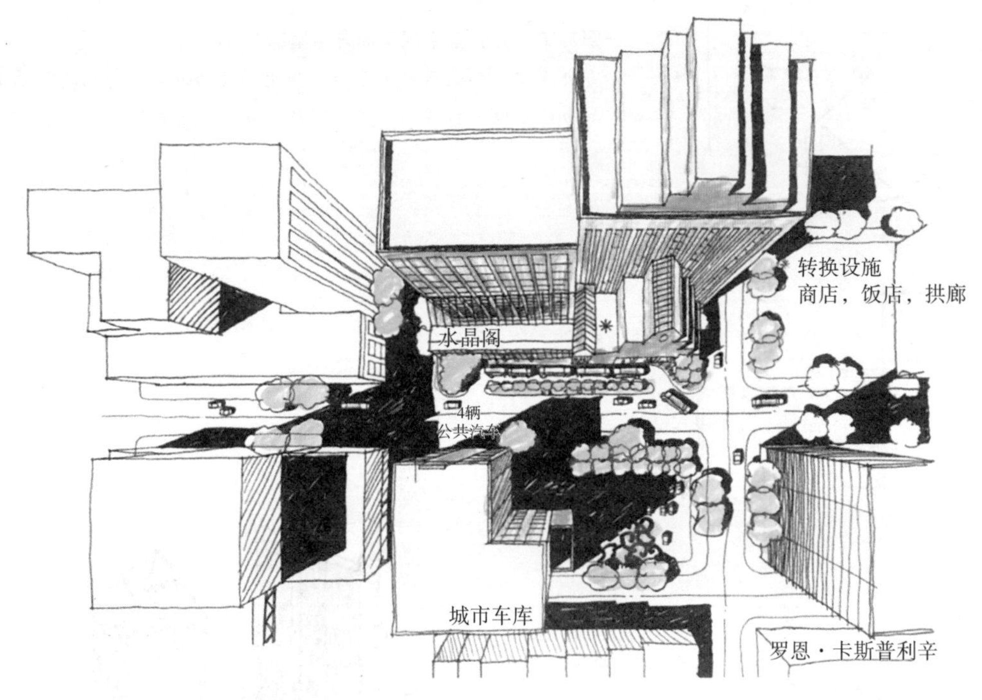

图7.12　作为混合用途转折中枢的办公室建筑

城市中心办公室建筑的平台或基座可以用于多种用途，例如图释中的交通换乘设施、轻轨站、博物馆和其他市民设施。

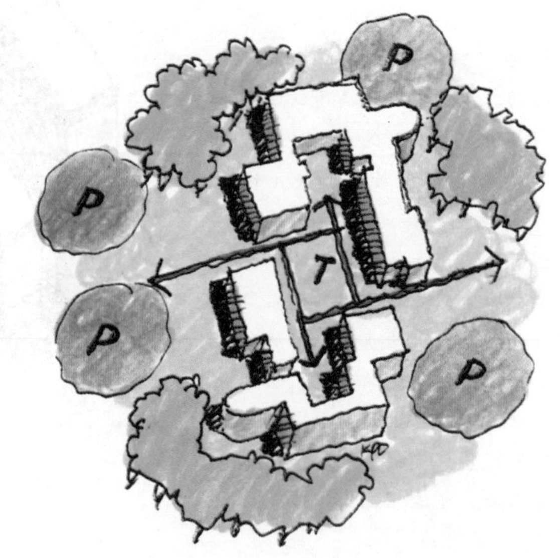

图7.13　校园办公室类型学

校园类型学对于构造更大的办公室综合建筑体是有用处的。它的特点包括四边形，以及与有着更小的分散停车场的开放空间相互连通。开放空间类型既是建筑物的一个背景（是正式的），又作为办公室人口的聚集和休憩空间（是非正式的）。

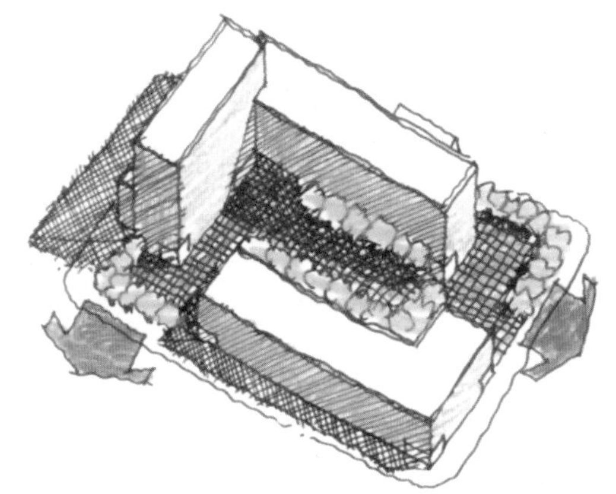

图7.14　办公室庭院

办公室建筑的常见组合，通常包括一个和街道在关键点上有物理和视觉接入的内部庭院。这同时也提供了空气、阳光和多个表面的视角。

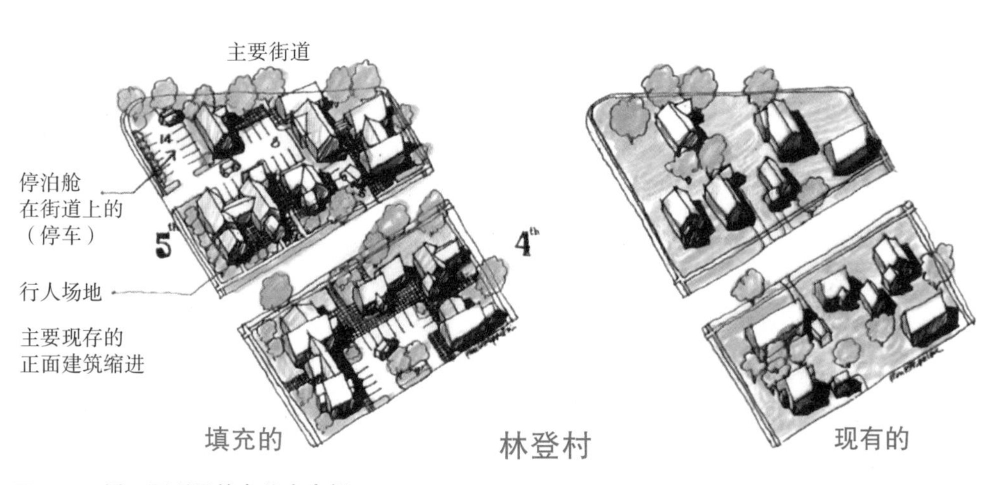

图7.15　循环再利用的办公室空间

在市中心高楼的办公室空间中，另一极端是循环再利用建筑中的孵化办公室。在许多小的社区中，市中心边缘的居住区域年久失修——非居住用途侵占了更早的社区。有人行道的居住街道、景观美化的前院、在后面或侧面的停车区为创业企业提供了绝佳的孵化办公室空间。在图释中，一个中间部分被加到了已有的房屋上，把房屋和被一个小场地增大的再循环利用车库连接在了一起。

在城市设计应用中的公共机构建筑类型学

理论、研究、医学和其他建筑类型往往是针对项目的部系和特色的需要。这个特定性需要进一步的分析，以决定一个特定建筑和地点的空间项目。一般属性的办公室建筑类型通常是被作为辅助设施而和主体建筑联系在一起的。许多主体建筑类型出现在像花园式办公、校园和城市飞地这样的综合建筑群中。我在这里提到它们，是因为它们可以作为城市设计开发的显著催化剂。

在城市设计应用中的开放空间类型

开放空间类型学是指城市设计的所有方面都是天生固有的。在很多例子中，它们在为城市构成组织结构。它们包括但不限于以下方面：

1）建筑缩进和院子

2）甲板和露台

3）街道、（南北向）道路、林荫大道和其他道路用地

4）“方形广场”、院子和购物中心

5）正式的和纪念碑式的开放空间（坚硬的和柔软的）

6）爬坡

7）入口和通道

8）漩涡

9）休憩用和活动用的公园和其他娱乐设施

10）幽静处（专用活动领域、冥想区域、安静区域）

11）节日庆典区域

—— 户外音乐

——“室外演奏台”公园

—— 艺术/手工节日（封闭的街道、停车场、停车区域）

12）开放的、半开放的和封闭的广场

13）再循环的基础设施（桥梁、铁路、高架桥等）

14）花园和城市农业

15）屋顶花园

16）作为景观的建筑

17）草地和公共用地

18）有所改善的开放空间

19）自然景观

20）托儿所和花园中心

21）分水岭和水系

22）雨水再利用区域

23）观景棚

24）水边的

——自然的

——城市再改造的

——小船坞和高地

25）公共进入设施（观景区、散步场所、小径）

26）环境艺术项目

27）城市艺术空间

28）停车场

精选的例子

以下例子是对城市和社区设计中精选的开放空间类型的回顾。有些是常规的，有些则是混杂的。基本原则在这里仍然适用：只要一个类型能够呼应特殊情境，并且与它们相协调，就是有益处的；即使不是，它们也能作为混合和创造性手段的起点。

南北向街道、东西向街道和林荫大道（轴线）

1）城市中心和镇中心的南北向街道、东西向街道、林荫大道

2）人行道和散步广场

3）绿色街道

4）消失的街道

5）城市商场和广场

6）购物和市场街道

7）娱乐和活动街道

8）居住街道（从走道、小径到聚集区域和行人街道）［雅各布斯（Jacobs），1993］

在北美，街道类型大部分都是第二次世界大战后几年和20世纪60年代的遗留产物，单纯用于交通，和周边的土地使用仅有一点关系或完全没有关系。幸运的是，街道和街景当前正在迅速变化，它们正在从汽车占据的运动路径转变为一个包含了开放空间、行人设施、交通运输、自行车道和汽车道的多用途道路，还将发展为有着排水井而没有人行道边缘的绿色街道。

有关这方面内容的参考手册有很多。例如，多伦多城市规划和开发，安大略省，街景手册，1995；西北伊利诺伊州地区交通管理局，未来的发展选择：交通运输为导向开发的什么、为什么和如何，1995；芝加哥交通运输管理局（CTA），交通运输支持性开发的准则，1996；俄勒冈州交通运输部，高速公路设计手册，1996；华盛顿县土地使用和交通运输部，统一的道路改善设计标准，1997；安大略省，K・格林伯格，加拿大供选择的开发标准：做出选择的准则，1995；地铁地区服务，波特兰，创建宜居街道手册，1997。还有其他许多的内容。

在北美出现的更具有创新性的类型学中，“绿色街道”和消失的街道（西彻尔，2007）给设计师们提供了经典街道道路权之外的其他选择。

社区中心

社区中心是在邻里复兴、合作房屋开发和规划的大规模社区中的一个正在兴起的趋势。作为聚集场所和社区互动地点，它们是一个不同于以高速公路为主导的购物广场和商场的选择。它们的用途的范围取决于每个不同社区的大概状况和需求。它对于组织和结构的基本需要和原则包括但不限于以下方面：

1）有限的零售用途，如小杂货店或普通商店

2）咖啡厅或小餐馆

3）社区聚会空间

4）用于小组会议、授课的灵活的且较小的空间

5）日间托儿所

6）社区厨房

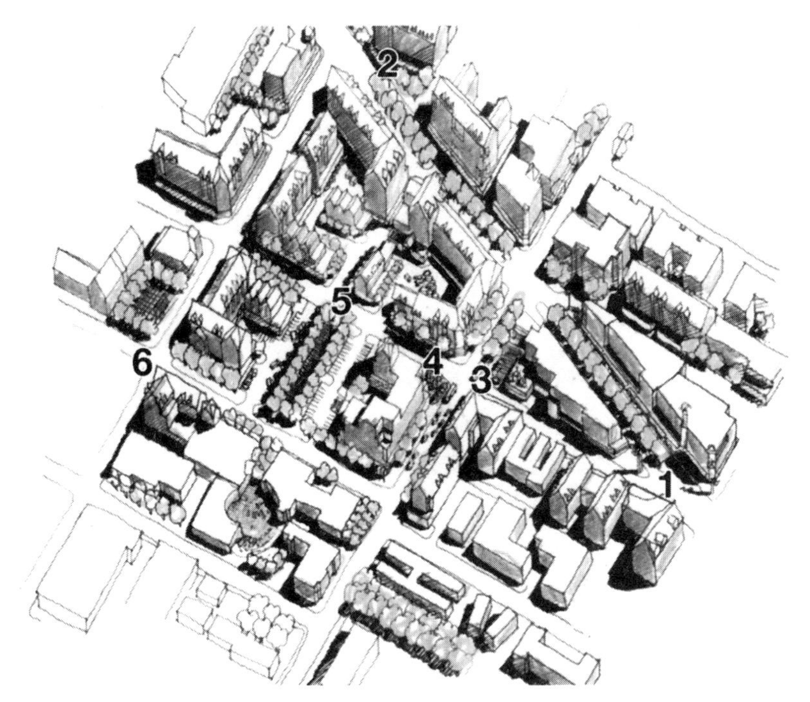

图7.16 复合开放空间示意图

许多不同类型的开放空间让建筑形态变得更有生机，并且为完成日常任务的人们提供了休憩和工作的场地。景观林荫大道从视觉上和听觉上缓解了主要干道的冲击（1）；街道树木提供了荫凉、绿色景观以及坚硬街景和建筑外观的软化媒介（2）；水流缓冲了交通噪音，为休憩和停顿地区提供了柔和的动感（3）；朝南的角落为人们提供了沐浴阳光的机会（4）；漫步小道在高活跃度街区之间提供了主要行人连接（5）；朝南的院子提供了户外用餐和娱乐的空间；（6）正式活动空间容纳了戏院和音乐活动区。

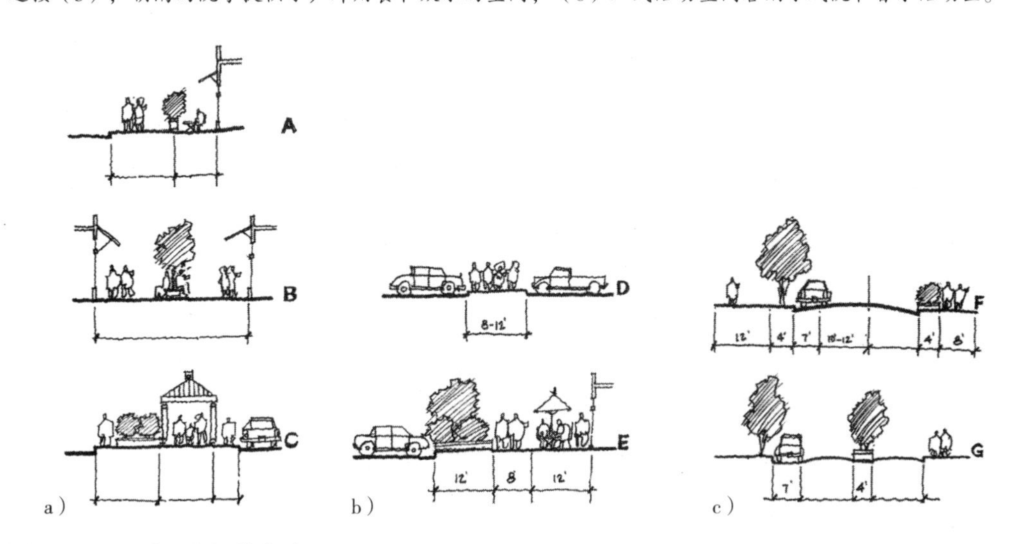

图7.17 a、b和c 人行道类型

图中阐释了经常在城市和城镇中心开发区中使用的一种人行道类型等级层次。它们的宽度都基于3ft宽的斑马线。

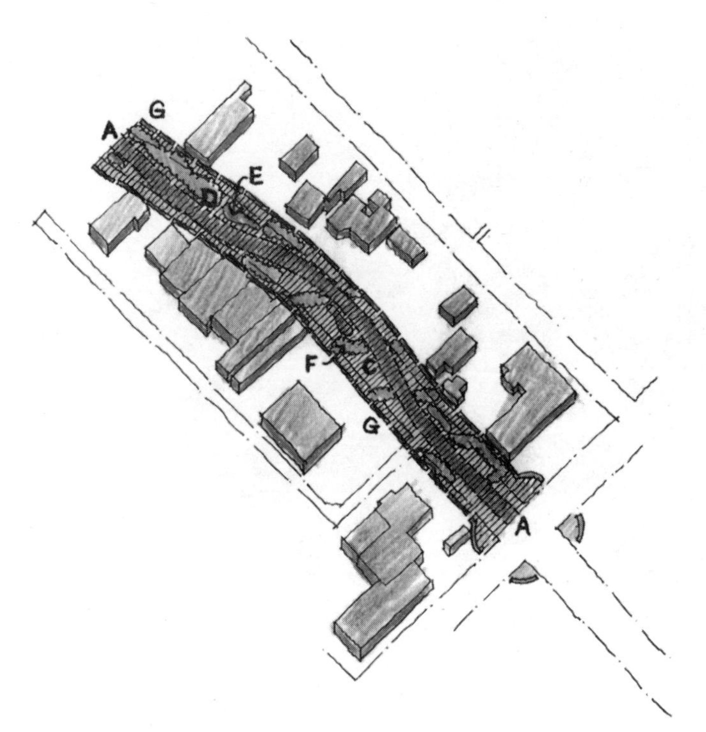

图7.18a　绿色街道和消失的街道

绿色街道有许多不同的版本，但都具有一个共同特征，那就是景观、行人设施 、地表水保留和过滤。在有车辆交通流的情况下，消失的街道被设计用于给予行人安全感和视觉优先感。在某些情况下，行人拥有道路权，车辆则沿着指定的车道在其道路权内缓缓地移动。

图7.18b　购物／市场街道

购物和市场街道服务于多种功能——让交通移动、容纳行人，同时作为开放的或半封闭的市场，就像是詹森广场中那样的。

图7.19　娱乐和活动街道

活动和娱乐用街道被设计用于容纳集市、市场、音乐庆典和其他许多活动。在设计时，它们被设计拥有了更宽的宽度，以行人为导向的平面材料使用，以及展台和市民聚会的空间，就像在码头街广场那样。

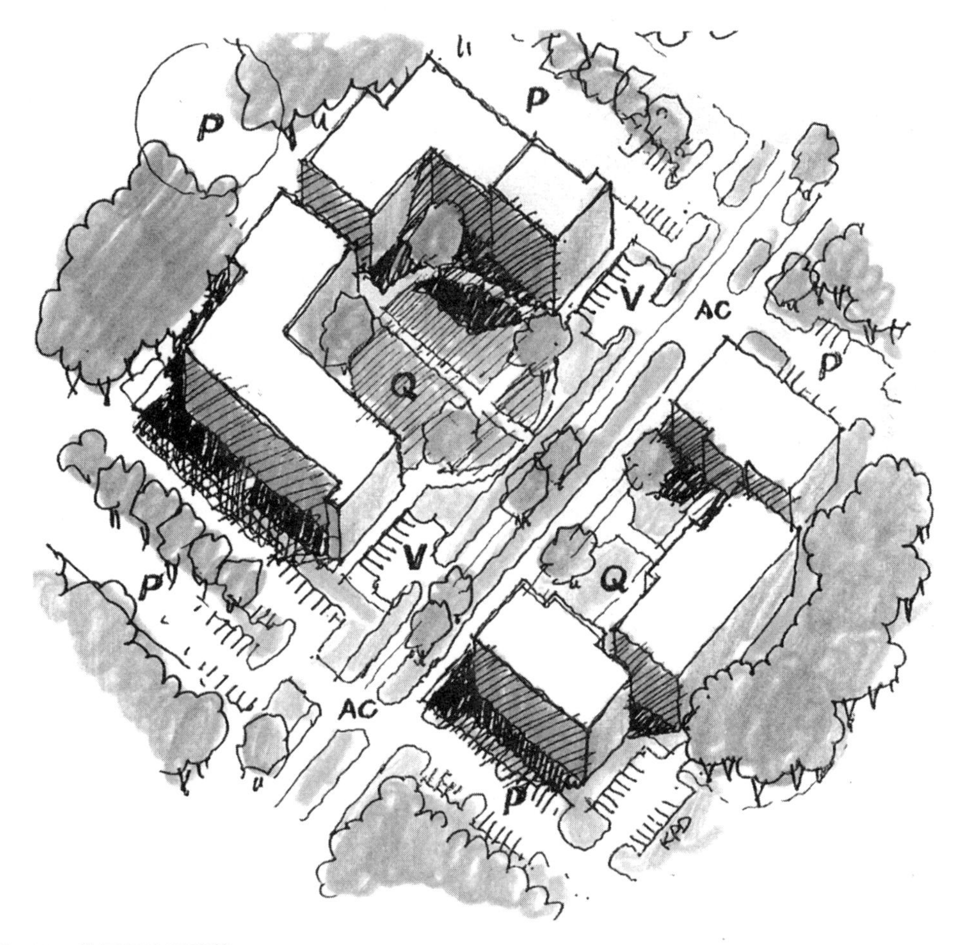

图7.20　校园四边形建筑

花园式办公室往往被安置在一个沿着院子和（或）四边形建筑的校园风格组合中。停车可能在侧面和（或）后面。一些例外的情况是，在主要入口附近的建筑缩进部分限制游客停车。

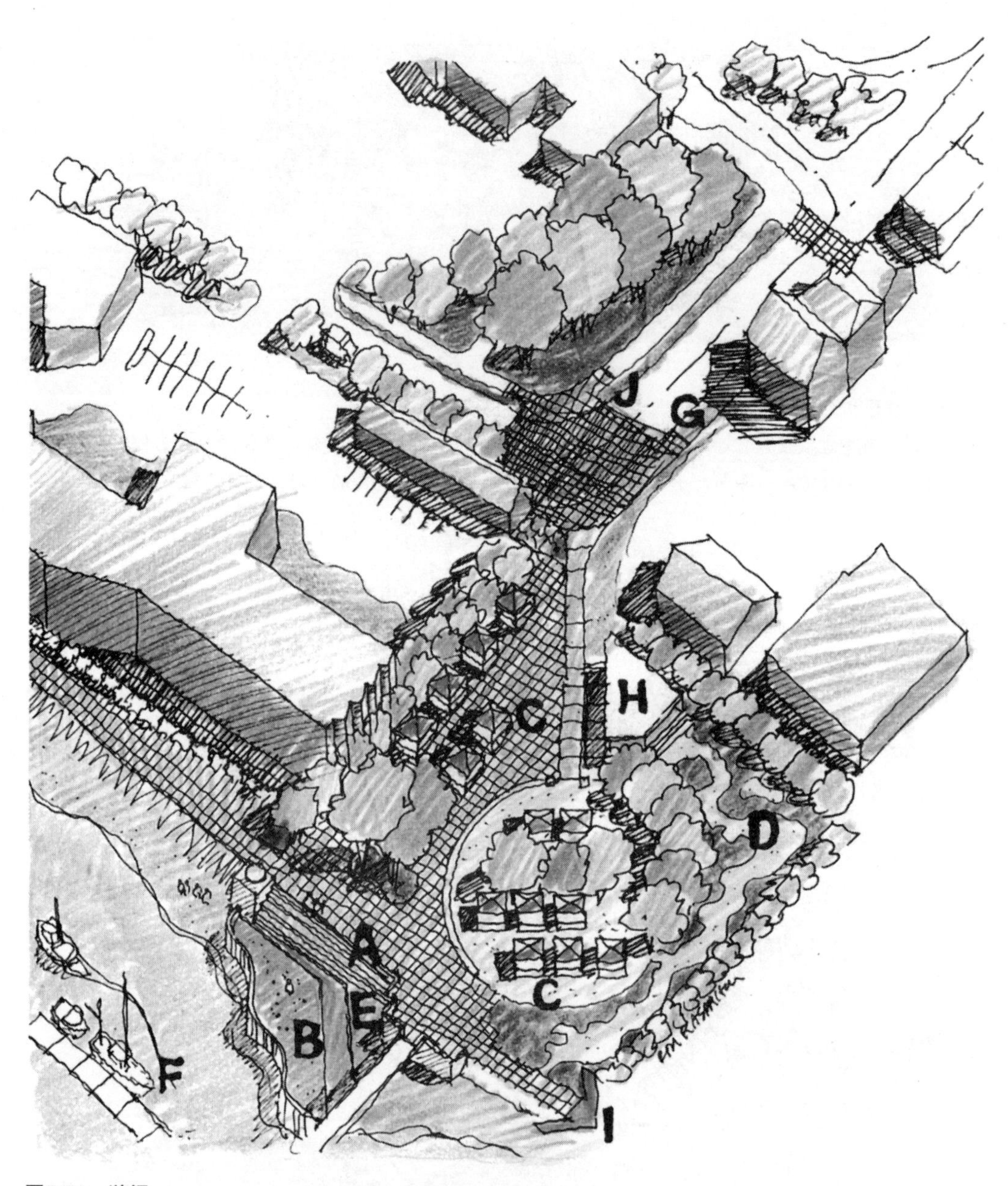

图7.21 漩涡

在华盛顿西雅图，“漩涡”这个词汇指的是作为行人休息区域的开放空间后移，就如D一样。它们可能包括景观美化的休憩用地或户外咖啡厅类型的建筑使用。

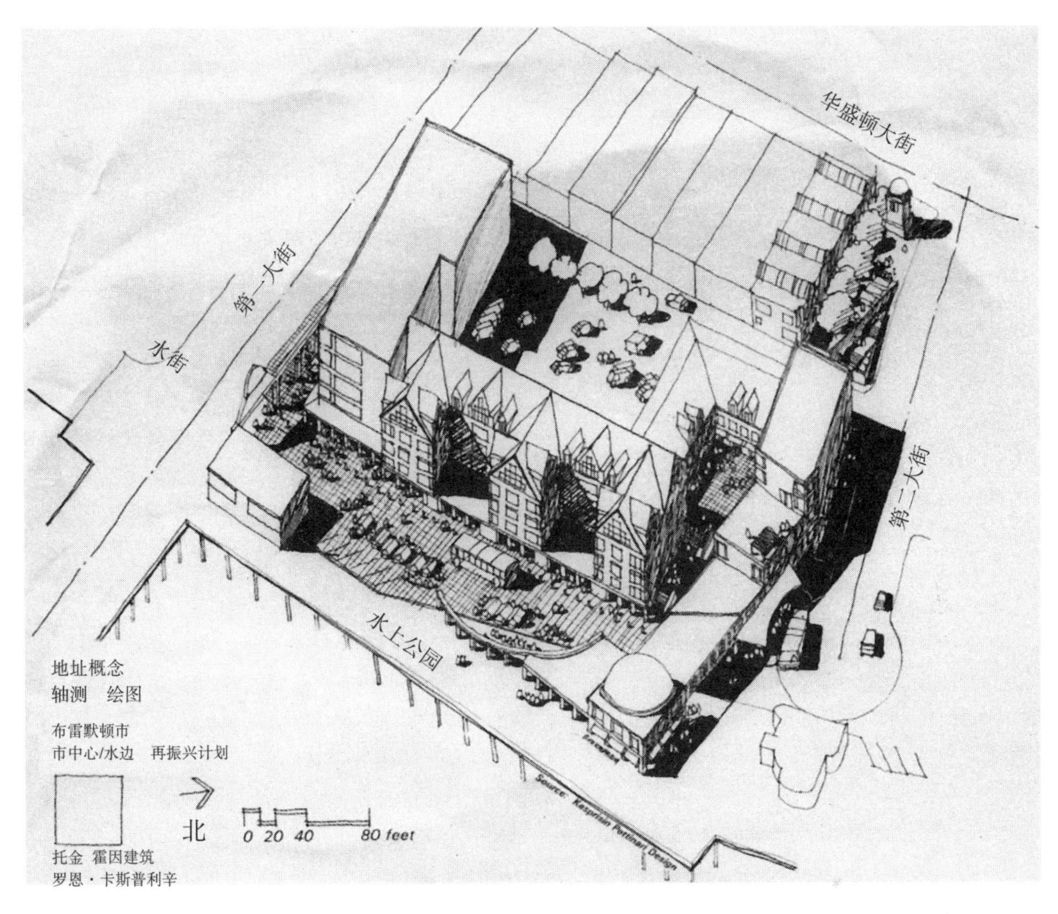

图7.22　爬坡

爬坡是在城市街区之间有显著的地形变化，这是一个非常吸引人的社区特色。西雅图拥有著名的派克市场爬坡，它把这个市场和艾略特湾联结在了一起。在布雷默顿爬坡，从普吉特湾水边公园和轮渡码头再到住宅区的户外行人街道联结，同时由户外楼梯爬升和有垂直支撑的线性建筑组成。现在，华盛顿布雷默顿爬坡的两侧是一个集会中心，还有许多商店和饭店。

7）许多不同种类的住房类型，包括满足特殊需求和生活/工作需要的住房

8）包括图书馆连接和延伸学习中心的市民用途

9）共享的工作室和手工空间

10）共享的开放空间，包括休憩用地和工作用地或者花园区域

11）交通运输连接

图7.23 环境艺术

环境艺术家罗娜·乔丹⊖因她的景观艺术项目而蜚声国际，这些项目的范围从穿越主要高速公路的人行天桥，跨越到被设计成景观艺术的水过滤设施。本图描绘了美国亚利桑那州斯科茨代尔市的台阶瀑布——从人类和水在沙漠雕刻下的痕迹中获得灵感的一件环境艺术作品，也是一座花园剧院。这个作品同时以微型分水岭和对人类身体的抽象表示，为人们提供了在印第安弯流——一个有着极端旱涝情况的分水岭之内来想象的手段。这个台阶瀑布由一系列肋骨式的台阶组成，而一条脊椎骨式的瀑布在山腰半隐半现。收集的雨水间歇地流下了瀑布，进入到了一个在沙漠中提供荫凉和休憩的豆科灌木丛。这个大瀑布作为公园的入口，是一个地方路径系统的一部分。

⊖ 罗娜·乔丹（Lorna Jordan）（华盛顿西雅图）是一位工作室艺术家，她在市中心、有树木的开阔草地、生态保护区、分水岭、建筑物和废水回收场等多种多样的环境中进行创作。罗娜喜欢和不同群体（设计师、机构和社区工作人员以及投资者）共同进行创作的过程。她是参与亚利桑那州斯科茨代尔市台阶瀑布（2006—2010）设计的主要艺术家和设计师，和她一起共同参与设计的还有博莱克·威奇和坦恩·艾克这两位景观设计师，以及GBtwo景观设计师。罗娜的艺术作品获得过许多艺术大奖，包括颁发给水园的由《地点期刊》和北美环境设计研究协会颁发的地点设计奖、全美郡县协会成就奖（布劳沃德县）、颁发给台阶瀑布的Valley Forward协会优异奖在其他许多奖项之中，西雅图开放空间策略“蓝色环绕”获得了美国景观设计师协会全国性规划荣誉奖。她在华盛顿西雅图的费利蒙社区有自己的工作室。

图7.24 城市雕塑：世纪城市喷泉

城市艺术在开放空间设计中扮演了极为重要的角色。最近几年，玻璃艺术家们，如约翰·吉尔伯特·吕布托[⊖]，都在创造更大规模的和定义空间的作品。玻璃雕塑不再是景观中的艺术，这项艺术本身就是景观。约翰为洛杉矶世纪东公园（Cenfury Park East）的世纪城市喷泉设计并组装了“维纳斯的展望”（“生活的风”）。这个玻璃雕塑和水特征由12片烧窑和刻花玻璃组成，描绘的是以弗里德里奇·弗勒贝（Frederich Froebel）（1782—1852）幼儿园课程为基础的几何形状。

⊖ 约翰·吉尔伯特·吕布托（John Luebtow）（加利福尼亚州查茨沃斯和华盛顿州兰利）是一位国际知名的工作室设计师，主要创作领域是玻璃、金属和瓷器。约翰拥有加利福尼亚大学洛杉矶分校玻璃专业的美术硕士学位以及陶瓷专业的文学硕士学位，加利福尼亚州路德大学的文学学士学位。他发表了超过160个的作品，并且他的作品获得了将近20个奖项和荣誉，其中包括：入选2009年总统名人录，国家艺术进步基金“教学认可”（2000—2007），20世纪杰出艺术家和设计师称号（英国剑桥，2000、2003—2004）等。约翰的作品在全世界的画廊、博物馆和大学中举办了超过175次展览，其中包括：加利福尼亚纳帕市；康宁博物馆，纽约康宁；卡耐基博物馆，加利福尼亚奥克斯纳德；圣塔莫尼卡艺术博物馆；路易斯维尔艺术博物馆，肯塔基州路易斯维尔；和许多其他地方。

图7.25　作为空间构成的城市设计艺术：旧金山喷泉

受到美国最大的建筑工程师事务所之一的斯基德莫尔–奥因斯–梅里尔事务所（SOM）委托，1988年，约翰·吕布托（John Luebtow）设计并组装了密逊街101号旧金山喷泉。它由1in厚的蚀刻玻璃、照明设备、花岗岩不锈钢锚固和支持系统、音响和水流移动设备组成。约翰的设计意图是建立一个视觉上休憩和悠闲的空间，它有着玻璃的柔软、波浪状的和起伏的线性运动，这恰好和水的运动、方向和流动相和谐。

a）

图7.26　a和b社区中心

社区中心的例子围绕着一个综合使用建筑——包含了居住和社区用途，其中包括小杂货店和咖啡馆，在后方和上方有教室，侧面是一个拥有艺术和手工共享工作室的社区延伸服务学习中心。所有用地都是沿着一个庭院开放空间结构聚集的，这个结构拥有一个能让经过该处的行人上下车的慢行车道。

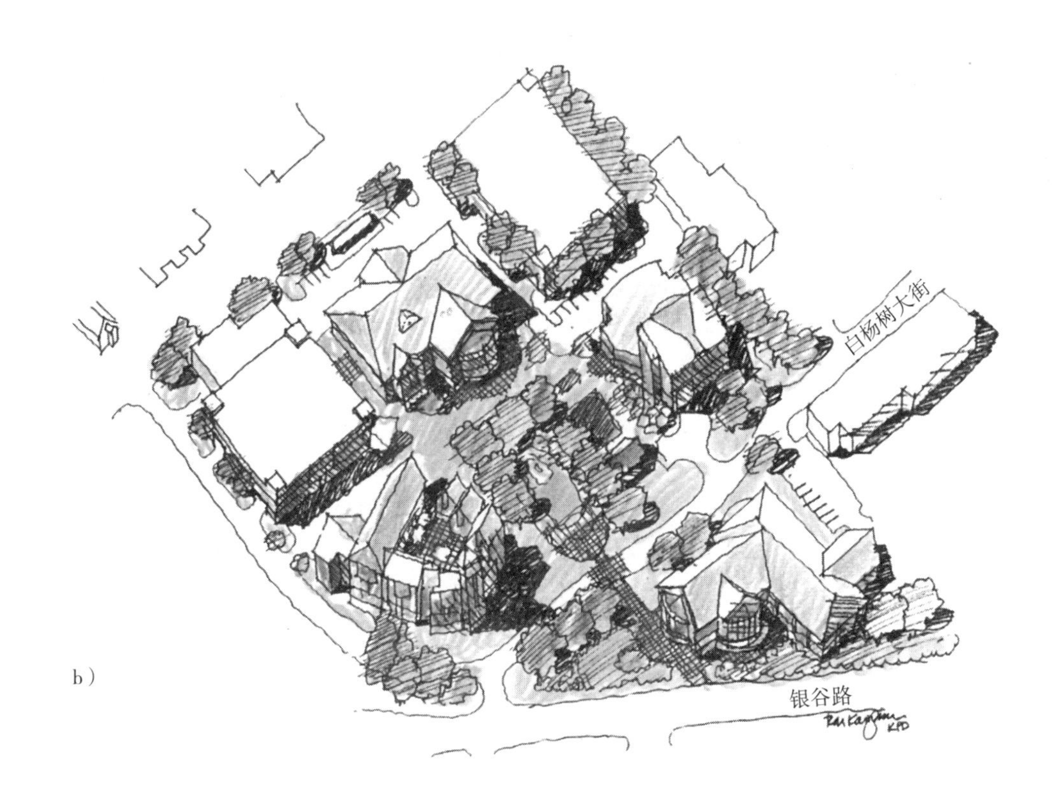

b）

图7.27　市民—社区中心

在更大的社区地带，如市中心和多个邻里购物中心，一个拥有更广泛形态的社区中心可能包含但是不限于以下内容：剧院演艺厅、会议室、工作室和手工艺空间、特殊用途住房（学生和艺术家宿舍等）、特殊学校设施、解说中心、拥有服务学习中心的图书馆分支，以及范围从雕塑部分到安静地和作为集体活动空间的一系列开放空间。［罗娜·乔丹（Lorna Jordan）］。

类型学的结语

（城市设计）类型学是设计构成的组成部分，拥有从以功能为基础的实验性应用中发展而来的原则。就像我之前说过的那样，这些类型学不是绝对的，不加以区分地进行使用可能会带来妥协和陈词滥调。大多数设计师，包括我自己在内，由于时间和经费的压力以及对于专业上的先例和惯例的过度依赖，均掉入了这个陷阱。提升对于妥协谬误（一致性、分离、各占一半的混合）的认识，是把以功能为基础的类型学作为根基并通过混合来进行变化，进而从它们之中探索更多创新的关键。

戈登· 卡勒恩（Gordon Cullen，1961）预见了一个“把所有进入并建立环境的元素（包含建筑、树木、水、交通、广告等）穿在一起的艺术关系”。通过不指定（通过类型）城镇或者环境的形状，卡勒恩脱离了既定的类型分析，反而把形态当作是通过“视觉功能”观察到和感知到的那样来进行操作，就像当一个人从城市环境中走过时，在一系列的“混沌或启示中”所看见的。他把这个称作“系列视觉”。然后我又加上了“感官系列视觉”。他的作品提倡更多的发现，以及感官和城市环境的感性联系。为了追求权宜和节约成本，这个感觉观察可能被降级或稀释为类型学的滥用。

在社区构成的创造中，城市设计师能越多地识别社区中原本具有的丰富文化、空间和历史/时间元素，对于地方的发现和愉悦感就越会发生。这个丰富性需要对于类型学的逃离，或是对它更少地依赖。你可能会惊讶，为什么我会以对比和冲突来作为类型学部分的最后感想。先回到我们为什么要参与城市设计中，我重申，城市设计师的主要任务是推动在内涵和功能方面的空间故事讲述的不断发展。这个故事需要新鲜感，而且是由过去曾发挥过作用、现在仍然相关的局部组合，以及能继续向前推进这个故事或空间比喻的新混合和概念所共同构成的。当我们能面对和参与社区互动中出现的对比和挑战，而不是通过更简单的方法来绕过或者压制它们时，这些混合物往往就会出现。在这个故事创造之中，就如同在一幅水彩画创作中，对比、通过将已有类型和实验概念并列在一起创造戏剧化，处于设计的核心地位。

正如谢尔盖·爱森斯坦在《电影形式》（1949）所提到的那这样，卡勒恩欣赏思维对于对比的反应（爱森斯坦的形式冲突），对于“事物间的不同……通过形成反差物体并列的戏剧化”。爱森斯坦是这样用强有力的语言来表述的：

冲突作为基本原则，在每一件艺术品和每一种艺术形式中被体现出来。艺术始终是冲突性的：

1. 根据它的社会使命（文化和内涵中的关系）。

2. 根据它的性质（发现和阐释的过程）。

3. 根据它的方法（创造回应复杂性的构成）。

通过引起观众脑海中的冲突来形成合理的观点，通过截然相反的感情的动态冲突来缔造精确的知识概念。

我很享受阅读这些文字，因为它们提醒我要尽力去面对形态中所隐含的力量，来寻找城市设计构成中创新的办法或策略——建立在已有的、连贯的类型学上，但是不会被类型学所限制。

卡勒恩市镇景观类型学被划分为两种元素——一个“已经存在的景观”和一个“即将出现的景观”。支配这两者作为连接过程，来形成那种被当作空间连贯效果的关系。它有三种不同的理解或看待城市形态的方式，分别是：

1）光学：能够通过环境的形象化来识别知觉的系列视线。

2）地方：最重要的是，卡勒恩认识到身体把自己和环境相联系的“直觉的和持续的”习惯，这是一个经常在规划和设计中被遗忘的事实。这个联系的习惯产生的不仅是人类维度，还是地方维度！

3）内容：对卡勒恩来说，这是对于城镇肌理的审视——颜色、质感、规模、风格、品质、个性和独特性 ——都可以直接应用于感觉。

城市设计类型学的概念变得更有说服力，变得不只是空间的详细目录格局，变成了实际中体现为空间和在空间中的关系，即是地方，而不是空间。

对包括我自己在内的许多活跃于20世纪60年代的城市设计师来说，作为设计师和景观设计师，我们在寻找方法通过城市规划和城市设计来提高自己。戈登· 卡勒恩的绘画鼓舞了我们，并且它们通过感官来观察形态，传递了一种城市形态的感觉视角。我力劝刚走上工作岗位的设计师们按照类型学本身的内容来理解它们——起点、能够应该对CST（文化、时间、空间）矩阵挑战的原则。同时，对于作为这个矩阵的出口还需要更多和更新的组织和聚集原则。我还建议新兴的设计师们把现在在设计过程中占主导地位的数字化绘图工具暂时搁置起来，停顿一下。为了一个真正的感官体验而再次欣赏下卡勒恩的作品（卡勒恩，1961）。以响应爱森斯坦号召的发现动态结果或“第三空间”（索雅，1996），这点来挑战自己。对于在空间表达上相反或者相冲突的社区中，追求

社区创新性差异

在完成这个部分之前，有更多的手段或者观念学目前正在给城市设计灌输关于类型学的讨论的非常关键的思想和实验。它们是：新城市主义或新传统主义设计以及创新或人居环境设计。

后现代主义：新城市主义，以“新城市主义协会”为代表，是（公司）现代主义的自然发展，“包含了一种对于安全和人性化社区的真实追求……（或者）重生的对许多历史指示物的怀旧……对于已有的城市化进行深深地颠覆，伴随着以中产阶级价值和价格、城镇四周未开发的农业或森林地区、（有围墙或围栏，并且有门卫的）住宅或商业小区为形态的孤立主义倾向……被一个根本的经济和政治议程所驱动”［卡斯伯特（Cuthbert），2003］

就像所有的手段一样，新城市主义也有一系列的或者相对立的价值。新城市主义把正式编码的建筑、城市设计结构和街道设计包含到了对于许多社区非常有吸引力的成套设计中，这就是固定的类型学。这个吸引力也以独户式独立住宅的可销售性、怀旧和主题应用，以及一个正式的和可预言的设计结构等许多因素为基础的房地产经纪—金融领域。

后现代主义（创新体系）：后现代主义可能为设计师们打开了“怎么都行”的大门，但它还是没有定义那个众所周知的硬币的另一面——接下来是什么。自20世纪60年代起，那个另一面开始通过一个生态过程在哲学、环境运动、设计甚至是商业领域中出现。我把这个另一面称作“总体设计”，这里“怎么都行”的手段指的是设计中的自由，这个自由的基础是居住系统（社区和环境）文化—空间—时间现实中的创造性能量。这个创新能量的整体性本质是在设计中进行试验的基础。它和人类社区的形态浮现空间格局进行互动——作为连贯设计、偶然形态，以及灾难性的和退化了的功能性废墟瓦砾。

在形容这个整体设计时，我使用了创新系统或创新城市主义这个术语。其他人也可能使用后生态、生态系统等。我明确地回避了“可持续的”这个词，因为我发现这个术语是很含糊的，因为居住系统是动态的，可能跨越从进化到退化的范围，而且是不稳定的。同时，对于系统争论有两个截然不同的方法。更多的内容会在第9章中讨论，但是作为对于创造性系统类型学例子的一个前奏（或者不是），我将区分一下对于“系统”的许多不同的看法。

引用弗格森（Ferguson，1975）的话，系统代表了一种对于综合和分析错综复杂的事物的需要，通过在消耗的资源和取得的结果之间建立一个最佳关系，来寻求解决问题的最有效办法。它在根本上是个评估和选择的过程。

“系统以关联的和融合的方式来看待世界”（并不是不像上面定义的）。但是，并非聚焦在基本构成模块或基本内容（类型学）上，“系统方法强调组织的基本原则……（也）通过社会系统体现出来：‘居住形态必须被基本上当作潜在构成过程动态的一个外显指示或线索’”（卡普拉，1982，P266和P277）。

在第9章中，我将讨论“城市内涵和功能”的概念，把它当作这个能产生或体现我们称作”城市形态”的形态指示器动态形成过程的一个形式。现在，在类型学中，我提供以下五种原则：

1）已经建立的类型学，就像是构成模块，其有效性与正在出现的城市内涵动态之间的一致性成正比。

2）类型学形成了代表有效功能性组织的基础，这个基础可以和组织对于正在出现的城市内涵动态一致性的偏差成正比地混合出来。

3）大部分新的混合形态都可以从已有的类型学原则中组合出来。

4）连接城市内涵中的显著极端（对比和冲突），可能需要新的、正在浮现的类型学。

5）新的类型学可能会遇到来自社区已确立方面（金融、市场、开发、建设等）的强烈抵抗（恐惧），它的理解、被接受和应用需要一个互动的教育过程。

参考文献

Arendt, Randall, 1996: *Conservation Design for Subdivisions*: Island Press, Washington, DC.

Arnheim, Rudolph, 1969: *Visual Thinking: Critical Reading in Urban Design*: University of California Press, Berkeley, CA.

Campbell River, City of, 1996: “Campbell River Infill Housing Study”: Campbell River, BC, printed by Kasprisin Pettinari Design, Langley, WA.

Capra, Fritjof, 1982: *The Turning Point*: Simon & Schuster, New York.

Cullen, Gordon, 1961: *Townscape*: Reinhold Publishing, New York.

Cuthbert, Alexander R. (ed.), 2003: *Designing Cities: Critical Readings in Urban Design*: Blackwell Publishers, Cambridge, MA.

Eisenstein, Sergei, 1949: *Film Form*: Harcourt, Brace & World, Inc., New York.

Ferguson, Francis, 1975: *Architecture, Cities and the Systems Approach*: George Braziller, New York.

Jacobs, Alan B., 1993: *Great Streets*: MIT Press, Cambridge, MA.

Johnston, Charles MD, 1984/1986: *The Creative Imperative*: Celestial Arts, Berkeley, CA.
Johnston, Charles MD, 1991: *Necessary Wisdom*: Celestial Arts, Berkeley, CA.
Okamoto, Rai Y. and Williams, Frank E., 1969: *Urban Design Manhattan (Regional Plan Association): A Studio Book*: The Viking Press, New York.
Parker Brothers, 1935: *Monopoly*: Waddingtons, A board game adapted and developed in 1935 from "The Landlords Game" by Quaker Elizabeth Magie.
Sechelt BC, District of, 2007: "Visions for Sechelt": John Talbot & Associates (Burnaby, BC) and Kasprisin Pettinari Design (Langley, WA).
Soja, Edward W., 1996: *Thirdspace*: Blackwell Publishers, Cambridge, MA.
Walker, Lester, 1987: *Tiny Houses*: The Overlook Press, Woodstock, NY.

第8章

构成中的试验：空间创造的基础

城市规划和设计的毕业生（姓名略）为本章提供了范例，其中一部分被专门用在了图8.3到图8.11以及图8.13到图8.18之中。

城市设计的过程通常被称作“空间的创造”，它是把城市内涵和城市功能变成空间比喻的一种以形态为基础的解读，这种空间比喻即在观察者眼中和体验里是特别的、感觉的和感官的建筑环境。城市内涵和功能的越多方面被包含到过程中来，这个空间创造挑战就会变得越复杂。把社区丰富的故事和艺术构成的原则融合在一起，是当代设计师必须面对的关键挑战，但其重要性也经常会被来自经济和功能程序的需求所掩盖。为了创造能够呼应并且构造城市内涵的空间构成，在复杂性中保持构成的完整性，城市设计的艺术应运而生。这就是设计可以进行玩乐性探索的地方——运用不同的制作方法。

探索带来了发现。制作方法（绘画、制造模型、剪下的形状等）都需要物理操作来把材料变为设计构成，这是一段进入未知的旅程，只有迈出踏入未知的每一步之后，路径才会显现出来。物理操作对于发现来说是关键的，因为就是这个过程带来了实验，既会用到如类型学和设计传统的、有结构的和已知原则，又会用到产生新原则的、没有结构的和未知的、不确定的探索。设计工具可以协助这个过程，我鼓励学生不要在过多依赖于它们，因为它们削弱了发现的过程。在我作为教师和从业者的经验中，更重要的是，通过预设好的结构和模式，割裂核心制作感官。我意识到，在城市设计过程中，有许多围绕“数字还是手工制作方法”的观点和争论。我让教师和学生们来做最后的决定，并且只能促使学生唤起自己对于这个有关物理感官参与和玩耍的恐惧。

本章描绘了我在华盛顿大学的“城市设计构成”课程中所使用的练习，目的是为城市规划学生在先进的城市设计事务所工作做好准备。那些有设计背景的学生可以通过重温构成原则而有所收获。就像我在前言中说过的，依靠聪明伶俐和动机本身，是不足以参与设计的。创造空间需要对于作为创造空间比喻的基础构成元素和原则的了解和体验。

规划专业的学生非常喜欢这些练习，我期望我的读者也一样。这些练习作为构成的动手实验提供给教育者、设计师和外行人作为基础。它们是本身就可以进行实验的指南。我鼓励老师和学生挑战和改变这些练习，但要保留练习潜在的意图。

设计需要设计师全部的身心都沉浸在这个过程中。设计并不是一尘不染的，也并非完全没有感觉、观点、个人价值和热情；设计需要对于社区和其周围之地的需要和热情的更大投入，这是一个极为复杂的过程。能够作为历史来认识和鉴赏的城市形态是一个起点，而理解历史形态学还不足以作为设计的基础，因为CST矩阵或者说情境并不那么明显。懂得如何用形态的这些方面做游戏是认知方程式的另一边。

实验的顺序：设计这些练习是要打造学习者的技能和信心，以及他们对于设计构成的元素和原则不断优化的理解，而这些构成拥有正在变得更复杂的应用。这个顺序一般包括：

1）对二维基本形状的简单和抽象操纵。

2）用这些初步练习来增加垂直的或者“Y”型的轴线维度。

3）用基本体积进行操作和实验。

4）在二维和三维的空间中聚集基本构成。

5）建造实用的游戏组件——引入需要。

6）把项目和地点情况扩展到构成过程中。

7）用构成关系的现实地点应用做实验，加入文化/空间/时间的情境矩阵。

这些练习同时也用了第9章中将讨论的理论概念来做实验，如合并、桥接极性和残余。也鼓励读者把这些练习当作实践设计-玩乐和打造设计技巧的指南。

需要的技巧：玩乐总是需要对于工具、物体、形状等的某种形式的动手操纵。不！不是用你的手指或者手写笔来玩电脑游戏，而是像在做手工那样游戏（看、触摸、反转、折叠、切割、搞得乱七八糟、弄脏）！我的很多规划专业的学生都没有什么绘画经验，还有少数人对于用手而不是鼠标或者手写笔感到惊恐。因此，本书的许多练习使用了美术纸、胶带、浆糊和剪刀作为初始工具（回想下“幼儿园”），并且让大多数人接受游戏过程。作为练习的一部分，我同样也会介绍轴测图绘画和平面示意图，这样一来，当读者不断进步，在遇到更复杂的情况时，他或她的游戏技巧就能有所扩展（参见附录A）。

同样要记住，恐惧是创造力的一个必要成分［韦伯（Webb），1990］。对待艺术和设计，我们都有某种不同程度上的缄默保留。我们必须认识到并且克服恐惧的表现。以下是关键：当你处在疑虑中，当你处在进行防御的状态中，那么坐下来，并且开始游戏——剪、用胶带捆、粘贴任何东西来进行开头。继续往下进行这个过程，游戏就开始了。祝你玩得愉快!

学生作品的范例：我别有用心地没有把每个练习的许多不同的具体范例收录进来，这样是为了鼓励那些愿意进行游戏的人用新鲜的手段玩耍，而不是被别人的游戏所影响。本章包含了作为指导的众多的例子，并且代表了城市规划专业学生的初级作品。这根学习曲线，它以很多的挫折感开始，之后却会带来极大的满足感和激动之情。

了解和使用初级形状

我总结了构成的几个主要方面，用以提示在练习中发挥作用的原则。更多细节在之前的章节中都已提供了。

基本形状的灵活性（记住：形状是空间元素，并且是空间语言的名词）

使用中的原则

接下来的练习要求参与者探索，表达基本形状却不丢失它们的特性的几种不同的方式。换句话说，就是把它们推到瓦解的边缘，以探索调整它们的主要元素和构成（中心、半径、周长、角落、边缘等）的各种方法。

练习1：对基本形状的观察

*意图：*提高认识和观察技能；加强对于作为建筑环境中形状的几何图形的鉴赏力。

工具：

- 三孔档案夹
- 照相机

任务：

（1）带好你的相机去散步。开始在从自然环境到人造环境中收集三种基本形状以及相关体积（立方体、球体、线性轴）在现实生活中的照片代表。你会问：是自然界中的一个圆吗？是的，至少有两个版本的圆存在：一个作为平面中的树的圆，它参差不齐，却是被环境所改变的圆——从生长圈的中心点向外发散，随着光、周围相邻的树、天气等而进行调整；另一个版本是纯正的圆，它拥有相等的半径和连贯的圆周，这是纯粹的数学意义上的圆。

（2）使用你在人类居住格局中找到的例子，并将它们收集到你的档案夹里。例如，教堂墙上的玫瑰窗或者圆花窗是个占主导的圆形形状。人字形屋顶末端是个三角形（正方形的一部分）。球形电灯泡是个球体。人行道构图可能是辐射状的、圆的一部分，从修建工匠的位置向外发散。要富有创造性。给每个图像贴上标签。在更大的图形中寻找小的图形，持续观察自然（包括人类创造的世界）中的几何形状。提升你的观察技巧以及对周围环境的认识。

练习2：操纵基本形状

*意图：*学习并了解基本形状的特点，以及如何积极地操纵它们，让它们在保留形状完整性和关键特征的同时融入现实的环境中。

工具：

- （做设计、模型等要用的）彩色美术纸
- 剪刀
- 胶带或者（倾向于）胶水
- 轴测绘画，取决于你运用它的舒适度

任务：

使用圆、方形、三角形和直线，每个大约4～6ft宽或者长，来构造以下内容：

（1）分别用固体、空隙和轮廓来表现每个形状。

（2）利用纸或者在纸上识别和表达出每个形状的物理特征（元素和成分）（例如，圆拥有通过周长、中心、半径或直径以及一系列弧来表现的形状，等等）。就如同有起点和矢向符号的箭头，线和弧足以表现圆。粘贴或者绘制每个基本形状的特征到另外一张彩色美术纸上来表现它们。为了识别各形状所具有的不同特点，每个形状都不只做一个版本。这个练习旨在提高你的观察技巧，并让你辨识出这些我们习以为常的特征。它们往往不容易被察觉到，因此学生们就不会在设计的复杂性中使用它们。

（3）使用剪刀在纸上剪下每个基本形状［圆、方（和三角）、轴线］的图案，它们是4～6in宽。用美工纸或者容易切割的纸板，并用至少三种不同的方法来操纵每个形状，以改变其传统的形状（如实心正方体），且不让它失去原来的特性，例如方形。

（4）建议：用剪刀或者锋利的刀子来切割这些形状。例如，一个方形可以用四个弯角来表现，或者是四个圆点，或者是有一条对角线（一个方形的）和浮动角的三角形，等等。把这些形状推移到破碎点，但是不要打破它们（如果你打破了它们，那就把这当作一次积极的练习）。圆可以简单地用一个箭头和中心点（半径）来表现。你能做多少这类尝试就做多少。这是一项基本又宝贵的练习。

练习3：识别现实世界中的构成

正如你对基本形状所做的那样，从观察更多现实世界中的几何形状入手，来开始这个小节。散步时，寻找二维和三维构成中更复杂的形状格局。关注创造了戏剧化和吸引人注意力效果的形状混搭或组合，以及能让这些形状组合活跃起来的行为（重复、变化等）以及由浅到深关系的使用（如明暗度）。

*意图：*提高对于建筑环境之中基本构成的认识：知道哪些是可行的、哪些看起来比较局促、哪些显得复杂。

工具：

- 三孔档案夹
- 照相机
- 适合走路的鞋子
- 好奇心

任务：

（1）选择观察区域，如市中心的一个街区或者家附近一个较旧的商业中心。

（2）当你走过的时候，从包括之前提到的元素和关系的建筑物中寻找构成。

（3）要寻找的是：

1）混合形状可能是一个在正方形或者长方形中的圆（门），在一个三角形之内的半圆（有扇贝形瓦片的人字形屋顶），或是网格中的菱形（人行道图案）

2）空间行为可能是上面提到包含菱形的方格，一个分割或者连接两个球形的直线或轴线（杠铃），一个沿着每个分页都有照明元素的径向爆破，等等。

3）明暗度对比可能是在一个横幅上的黑和白，落在一个浅色平面上的很强的阴影图形，在有飞扬袍子的雕塑上的光的柔和。

（4）画轮廓素描或者拍摄下你观察到的东西。

（5）记录并且放到档案夹中。

练习4：创造二维构成

*意图：*实验使用基本形状进行简单的构成，还有操纵这些形状来增加布局的复杂性。

工具：

剪刀

美工纸

胶水

砧板

割刀（可选）

安全意识（总是向远离你的方向切割，记住把你的手指头移开！）

轴测图绘制选择

任务：

（1）建议：构造至少两个二维构成。

（2）每个构成使用一叠美工纸作为垫座；也可以把美工纸放在一片绘画用的生物纤维板或者泡沫芯上，以获得更大的稳定性。

（3）对于第一个构成，仅使用大约4～6in宽的一个圆形和一个方形。通过三种不同的方法来融合这两个形状（按照每个早期练习操纵形状），以建立三个构成。例如，一个实心方形里面的镂空圆形，或者一部分圆形（馅饼的形状）和方形的四个角。这样的实验是必要和有益处的。

（4）对于第二个构成，使用一个圆形、方形、三角形和一条作为轴线的线建立三个构成，按照自己喜欢的方式来操纵形状（轴线仅仅使用以下角度：0/90、0/180、45/45、30/60）。

——这个轴线是关键的空间行为工具（线变成了连接体），可能是直的（0/180）、弯曲的、弧形的等形状，而且可能是其他形状的组织原则。记住，原则是能够协助把许多形状组织到一个连贯或者协调（形态）关系之中的行为规则。

——至少使用以下几个组织原则：重复、带有变化的重复、渐变，并且意识到其他原则的存在。

（5）复制你的设计作品，在上面用标记法书写和描述形成你的构成的组织原则。

（6）放在活页夹里。

练习5：增加垂直维度

目的：

通过给二维构成增加一个垂直维度，来用三维立体设计进行实验。

- （做设计、模型等需要的）彩色美术纸等，从中等硬度到较硬的硬度（越硬越好）
- 剪刀
- 固体胶、胶水或磨砂胶带
- 牙签（非必须：大约一打）
- 4根或更多的吸管（非必须）
- 一张约11in × 11in（最多不超过17in）的作为基底的硬纸板或硬质衬背材料。

任务：

（1）再次使用美术用纸或硬一些的标签板/招贴板；使用正方形、圆形和轴线的变形作为三维体构建的前奏，用以拓展之前的练习中所建立出的二维平面构成。

（2）保证所有的形状都存在于基于构成原则（重复、多样化的重复、节奏、层次等）的某种形态关系上，并且使用基础构成结构（网格、圆形、径向爆裂/放射线、三角形等）中的一种。

（3）复习垂直的、有角的或倾斜的这几种平面类型。

（4）评估你的二维平面结构，试验增加垂直平面（在你的基础等级或水平面以上或以下），定义你构成之内的三维空间。

（5）随自己的意愿在在作品中增加高于或低于水平面的平面（屋顶、地下广场等等），以加强你的用垂直平面进行包围的想法。

（6）运用直的、弯曲的、斜的等——尽你所能地在这个练习中发挥你的表现力。

（7）至少完成两个版本的练习；进行尝试时不要犹豫，或根据自己的观察和反应再重新再做一次。

要寻找什么：

1）你的形状是否仍然是互相关联的，还是简单地浮于图纸上？

2）你的轴线是否起到了连接器、活动渠道的作用？

3）原始形状在你的构成之内还能看出来吗？

4）你能在一个构成之内认识到它的整体构造结构吗？

5）垂直面和水平面的结合产生了任何戏剧化的效果了吗？

练习6a：构建基本体积

原则：

通过调整基本的固体形态来创造更复杂的形状，同时保留原有的“母”形态。这与最初的二维度练习相似，即修饰方形和圆形，而当形态被操纵时，在作品中仍能看到“母体”。

要记住：立方体有一个中心和八个角、两条对角线，并且可以被分解为更小的正方形和立方体网格；棱锥体可以在立方体之内找到；球体有一个中心、半径、弧、直径和圆周长；轴线可能有宽度和深度，可以是实心的或者破碎的。

目的：

亲手剪出图样或绘制图案，使自己更熟悉基本体积。

工具：

美术用纸或标签板（任何比建筑用纸更硬的，但又不像插图纸板那么厚的纸或板）

剪刀

固体胶棒或胶带

软芯铅笔

三角板或直尺

任务：

（1）用大约4～6in的基底，构建与基底尺寸相同的棱锥体、立方体和球体各两个（球体直径为4～6in）。

（2）建议在做四棱锥时，先在纸上画一个6in见方的正方形，从正方形每条边的中点向外延伸作等长的垂线，再将每条垂线的端点与两个角落点相连（每条延长线都这么做）。将这个“五角星”状的图形剪下来，把每个三角形和正方形汇合的边折起来，折到中心，并用固体胶棒粘好。

（3）建议：做立方体时，先放好底图正方形，再从底图的每个边向外延伸，绘制等大的正方形；把这个图形切下来，折过来，叠在一起；最后再剪一个顶部正方形，粘好。

（4）建议：做球体的时候，可以先剪切一些直径为4in或6in的圆，然后朝向每个圆的圆心剪一道缝，再粘在一起。或者先剪出一个圆，在每个四分之一线上用剪刀划一道痕，剪出四个半圆，做出刻痕；然后把它们粘贴在一起。

（5）实际上，构建这些实体并不是很忙碌的工作，但却加深了你的（对这些基本体积的）直观感受和认知。

练习6b：操纵体积

对于每一组体积，至少用两种不同的方法进行处理，在不使这些体积自身的物理特性丢失的情况下将其分解。例如，可以把立方体的整个一个正方形平面移走，但它仍然是个立方体；在45° 角的方向把边角切掉，它仍然是立方体；在两个或者更多的正方形平面上切出圆形的洞，它仍然是立方体。利用你的想象力，努力让这个固体消失——是的，你走得太远了，现在你知道是要到哪里了！

这是一个重要的练习，因为它描绘了基本固体的许多不同的变化。为什么？固体可能受到操纵来呼应或者融入复杂的物理情境，但仍然保持它的几何（和数学的）完整性。

练习6c：合并被操纵的体积

现在，对以上的每个构造都增加一到两个元素来提升其复杂性。例如，对棱锥体来说，加上一个和棱锥体基座相等的实心正方形；在那个方形之内切下另一个正方形（或者圆的）空隙或窗户；将它向下滑向棱锥体的顶端，直到它找到自己的稳定点。你还可以拿一个立方体，在其底部切一个圆，然后把它滑向棱锥体的顶端或相反的方向。

把一个基本形状和（或）体积覆盖或叠加在另一个上面来获得第三个不同的形态。你可以用平面和（或）体积来作为添加物。你也可以把某个体积（如立方体）拿走，再把另外的插入其中。

记住：把名词——物体作为不同形状放置到空间参考的工作底图之上，如仅在空间中定位这些物体（在写作中，名词被用来描述一件事物；在设计中，名词被用来描述一种形态、元素和形状；二者是类似的应用）。在底图上体现这些不同物体之间以及它们和潜在物理环境之间的关联互动，并且让这个互动变得形象化，这才是真正的信息传递！

提示：

元素是名词—物体—形状：

1）饴饼形状的圆形/球体

2）包含三角形的方形/立方体

3）线条/轴线

原则是动词—行为—在元素之间建立关系的连接：

4）渐变：光、颜色、质感、声音，甚至是味道的不同变化。

5）重复：在设计中反复出现的一个形状或形状图案。

6）带有变化的重复：可以改变大小、明暗度、质地等因素的某个形状或形状图案，在交替的次序中反复出现。

7）多样性：一个由不同形状但未必是相同形状组成的构成。

8）改变：一个反复出现的形状或形状图案，其重复包含特定的节奏，例如ababab/baabbaa b/ababbababab。

9）主导：由你来决定和强调：最大的、最吵闹的，优先的，最浅和最深的颜色，等等。

10）图案：有至少两个重复的形态布局，可能意味着改变或者正在出现图案。

构成结构

原则：

从圆形、方形和线条开始，许多不同的构成聚合力量或者框架作为结构手段出现了，这被称作构成结构。它们是圆形和方形、球体和立方体的混合，而且把许多不同的组织局部、元素和关系组合、构造和聚合到空间构造或者构成之中。记住，组织是没有被聚合到一个特定形态或者空间构成中的用途和活动等的关系。形态产生于组织之间关系的联结、这些组织的结构化和动手过程。形态的出现不但先于现在流行的“以形态为基础的”设计和分层应用，而且还提供了垫衬。

戈尔茨坦（Goldstein）（1989）为这些探索打下了坚实的基础，同时收录了16个组成结构。其他转换和混合也是可能的。这个实验系列是理解和应用创造形态的合理手段的重要一步。当情况和物理情境变得更复杂时，这些混合体可以很好地服务于设计师来在这个复杂性中构成秩序。

构成结构

桥接

悬臂

中心放置的物体

圆

曲线主导

对角线

菱形

平铺

网格

水平的

L形的

径向爆破

三角形

两个中心

垂直的

工具：

美工纸

胶水

剪刀和割刀

软铅笔

波状纸板

三角形

轴测图绘制

练习7a：平面上的构图结构

*意图：*通过动手制作而不是记忆，让你熟悉16个结构构图中的每一种，来理解基本“母体”（圆形、方形和线），以及和每个“母体”相关联的混合产物。

工具：

同上。

任务：

（1）对于每个构成结构，都以平面的形式，使每个边最长为4in，构建或者画出这个结构，并且突出它的主要成分。例如，一个圆可能会被从纸上切割出来，半径、直径以及一个或两个弧线可以被突出出来。每个结构都构造出一定数量的变化，以让你自己熟悉可能存在的多种变化。

（2）给每个构成都拍一张照片，或者用铜版纸备份一下（颜色并不重要）。

练习7b：给构成结构添加第三个维度

任务：

（1）在原图上，如果可以的话在图纸副本上，把垂直元素增加到若干选定的构成结构上，将其从二维的形状转变成三维的聚合力量。使用垂直线条、平面甚至是空隙。

（2）例如，选择圆，并沿着圆周增加垂直元素，圆便为垂直元素定义了框架，变成了第三个明显不同的构成。

（3）这个圆往往会变得不起眼或者肉眼看不见，但仍然在构成中保持明显或者活跃的状态。

这些练习用立方体、轴线和球体作为容积的构成结构来进行试验，其中的每一个都在整体设计上发挥了最大的影响力，这就是组织和聚集空间比喻。

形态变化试验

原则：

在艺术体验和历史中，若干在建筑、景观建筑和城市设计中有效果的、改变或者转换一个形态或构成的方法出现了：增添形状和体积、减少形状和体积以及改变原型的尺寸。原本的形态或构成可能因被改变而扩展，但仍保留原本母体的核心元素（如立方体）；或是原来的形态或构成可能会变成一个不同或有区别的结果。

添加的

减少的

维度的

我在以上三项上加上如下内容：合并和桥接。通过合并，两个或者更多的形态和

（或）构成被一种在原有的形态或构成的结合处创造了新形态，但保留了每个形态的原本特性的方式结合在了一起。通过桥接，两个不同的或者相互冲突的形态和（或）构成被结合到了一致的构成中，在这里，关键特色和完整性仍然被保留了。在两种情况中，本体都没有被完全地混合以形成第三种单一形态；相反，它形成了第三空间，这个空间与本体有区别，但保留了本体的关键特性。

合并

桥接（极性）

——直接吸收

——剩余

桥接也是一个更大的城市设计方法学中建立连接的一部分——在交通运输线和开发区中心之间、在过去和现在之间、在市中心到水边之间等。“残余”是一种方法论，它是詹姆斯·佩蒂纳（James Pettinari）和我一直在试验着作为其他许多连接中桥接过去和未来格局的一种办法。

练习8a：添加的转换动作

原则：

转换形态和构成在城市设计中是个持续和复杂的过程，形态（如设计）不断地和城市内涵与功能的现实进行互动，以承受这个现实施加的压力，并对它做出反应。此处的挑战就是要通过变化动作来改变形状和体积的物理特性，而这种转换动作还要保持和那些互动相关的设计完整性。

任务：

（1）选择一个基固体：有4～6in基座的立方体、棱锥体或者球体。

（2）选择另外一个固体，将它添加到基固体上。

（3）关于怎样做，以下有些例子：

1）对一个立方体，添加一个更小的立方体到其一个平面上。

2）或者把一个更小的立方体添加到这个立方体的每个立面上。

3）或者把一个（或者更多的）更小的立方体放到基固体四个底部角落之中的一个上。

4）对一个棱锥体，把一个立方体添加到它的上方。

5）或者把棱锥体放到立方体的上面。

6）或者把一个立方体叠加到棱锥体上，立方体的部分被嵌到棱锥体中。

7）对一个球体，把一个棱锥体的尖端向下嵌入球体。

8）或者把一个球体嵌入立方体。

（4）至少尝试其中的三到四项来放松和进行实验

练习8b：减少转换动作

原则：

通过从原形态中减少局部，但并不减少母体特征的操作来改变形态。这是在操纵一个形态，让它适应情境但又期望保留其原本的形态特征时是有效的。

任务：

（1）选择一个基础实体：立方体、棱锥体或者轴线。

（2）从基础实体上切割下另一个更小的体积。

（3）在现实中，被减少的体积在形态上和情境相呼应。

（4）举一些例子：

1）对一个立方体，从一个到四个底部角落上减去一个更小的立方体（也可能他们的大小各不相同）。

2）对一个棱锥体，切掉顶端的三分之一，把减去的形态翻转过来，粘到余下的基固体上。

3）切掉一个或更多的棱锥体角落。

4）选择：把被减去的形态作为基础实体的新设计之中的添加物（见第6章，图6.4a和b）。

5）行动是个祈使语气的命令词！很多人不太熟悉这种形态的空间思考，而这种思考需要付出努力和注意力。

在以形态为基础的或者构造结构的概念示意图中，户外场地的位置和建筑后移可以作为有着朝阳方位和重复格局的减少元素，能从概念图的范围上被切割掉。

练习8c：改变尺寸

原则：

改变形态有多种方法，例如改变它的某个尺寸（长度、宽度、高度、周长、半径等等）；增加或减少立方体的一个边缘，再把角落连接起来；让整个立方体变得更大或者更小；让立方体的一半更大或者更小；让两个相对的平面比其余的更小，再把角落连接起来。很明显，对于建筑物的转化行为在城市设计中也非常有用。例如，改变街道网格的尺寸或者减少街道通行路线的宽度，都是通过改变尺寸来转换形状的不同途径。而且，它们都会有相应的结果：如果我减少街道的宽度，我就可能会失去路内停车场的一条车道。

任务：

（1）使用轴测绘图，对以下每个图形测试尺寸的变化：立方体、棱锥体、球体和轴线（如河道）。

（2）画出大约4in见方基座的基固体。

（3）用描图纸来进行覆盖，改变一个或更多的尺寸，再度画出产生的形态。

（4）对完成的形态进行最后的勾勒。

（5）尝试同样的练习。

城市设计应用：

（1）开放空间设计：重复同一个格局，同时改变那个格局以内的基本形态的尺寸。

（2）建立概念示意图设计：改变建筑物示意图成分的尺寸，基于情境状况伴随着重复和变化进行调节。

（3）街道网格设计：改变一个街道网格的尺寸；这可能会改变街区容纳的行人地块的数量和类型，这反过来会影响那些地块的建筑类型。

居住街道网格以及相关街区和地块的密度和物理特性可能会受到那些网格尺寸变化的极大影响。通过改变一个街道网格，例如，从长300ft和6个50ft宽的地块，到600ft长的6个地块，同时改变了可行走性和建筑物的特性。更小的街区和地块可能会提供平房类型的居住建筑，更大的街区和地块可能会鼓励建设更大的住宅和朝向正面的车库。

练习9：增加和减少构成

我在我的“城市设计构成课程”中使用这些和其他类似的练习，并在不断地调整它们。对读者来说，这个练习可以被用作一个实验，或者仅仅是个利用加法和减法转换行为来组合某个构成的例子。

任务：

组合一个回应以下几个方面的，有办公室建筑群体的城市街区开发计划：

（1）相互（三个体积：高度是12层、8层和4层）

（2）带有变换的重复

（3）添加和减少转换

（4）朝阳方位

（5）街道景观敏感度

（6）相邻情境

（7）人类尺度

情境：

这个作业的物理情境是具有如下条件的市中心街区：

（1）比例：1in=20ft

（2）基本大小：物理模型大约为11in×17in左右（建议使用波纹纸板做垫衬）

（3）从南到北定为17in长，从东到西是11in宽，在模型或绘图上指示一个向北的箭头

（1）一座具有历史意义的教堂位于西南象限的街区对面。

（2）一个已存在的公园位于西北象限的街区对面。

（3）不用后移的现有办公室填充了余下的相邻象限。

（4）基座建筑具有作为立方体成分的正方形楼面板，它基本就是一个三维的立方体矩阵

（5）街区上有三座建筑。

（6）你想用多少立方体都可以（可自行决定立方体的尺寸）

（7）在最终设计中，你可以按照自己的喜好来使用轴线、棱锥体和球体。

练习10：合并转换行为

原则：

合并是出现在形态、构成的边缘或者外围空间的一种转换行为。一个形态或者更大的构成可以通过把局部合并到相邻形态、构成，甚至是作为柔软或消失的边界的相邻虚无而改变。合并是个关键的关联行为，它对于融合两个或者是更多的形态是有用的。合并有一个核心原则：母体形态仍旧是可辨认的，而在最终的结果中，它们的原本特征在原来的形态之间的边角之间或边缘空间之中合并形成了一个新的形状（产物）。通过强

化基本形状和体积之间的物理关系，合并可以巩固更大构成的结合，或者让更大构成变得更加夸张。

合并可以以不同的形式出现：

（1）硬边缘互相咬合

（2）和软边缘混合

（3）通过硬边缘和软边缘的组合来创造多样性

（4）和原有形态的更小组合部分相混杂

这是一个动态的练习，因为合并过程可能会带来许多不可预测的结果。这个练习可以利用轴测绘画类型、平面示意图或者是美工纸或厚纸板三维图案中切割出的一种来完成。

任务：

（1）准备两个方形，每个都刻画出一个网格（让这两个网格有不同的大小、颜色或明暗度）。

（2）从作为母网格的个体或者群组中打碎出更小的方块，并且互相掺杂，在两个方块之间形成转折或者边缘区域。

（3）通过掺杂进行游戏，试验各种不同的完整构成。

（4）如果这些网格在一个有着地形或者建筑特征的地点，即物理情境中，这个转折区必须和潜在的情境相呼应。

城市设计应用范例：

（1）沿着边缘或者外围区域，把新的开发区和已有的建筑形态格局连接在一起。

（2）沿着边缘区域，把两个或者更多不同的开发区连接在一起。

（3）把两个或者更多的开发区和某个自然的或显著的建筑特征连接在一起。

练习11：合并构成：一个居住社区

读者可以把它当作学习范例或当作为实验（和乐趣）而做的练习。

原则：

把合并作为一种转换行为，尤其是更大建筑物的减少行为和更小建筑物的添加行为，用一个包括开放空间和装饰用途的合并转折区域把两个更大的建筑物联系起来。

情境：

居住单元可以在一个同样的但更大的30ft立方体中装进一个作为两层单元的，或者作为并排的两个城镇房屋的20ft立方体。

所有的单元都需要阳光和空气，尤其是更大建筑物的内部单元。这个混合用途可能成为更大建筑的一部分或者可能会融合到合并转折中，同时还很容易被辨认出来。这个地点需要120个停车位，每个占用的空间大约是8ft × 18ft。

这个地点是一个220ft宽、400ft长的城市街区，它包含以下情况：

1）相对平坦

2）西部边缘有花园式办公区

3）在北部边缘有更老的两层叠层公寓住宅

4）在东边有被转换为一般商业用途的独户家庭住宅

5）在南部边缘有湿地和沼泽

6）从地点上的两栋建筑开始，一栋有12个立方体高、4个立方体宽，有一个20ft的立方体面；第二个是8个立方体高，6个立方体宽，有一个30ft的立方体面

7）建议的比例：1in不小于20ft、1in=30ft。

任务：

（1）在基座上绘出幻影框架（网格、三角形、圆形等以及你的选择）

（2）在轴测绘图中，按照母体体积的规格画出方格；你可以用剪刀裁纸，或者用积木块或泡沫板做。

（3）在平面上绘制概念草图来开始大布局。

（4）找到一个起点：和场地外情况相关的更大的立方体在哪里？这些立方体是如何和定位关联的以及它们之间是如何相互关联的？哪里是合适的转折区域？

练习12：桥接极性

原则：

桥接极性就是把某个关系中两个截然相反的、显著不同的或者相冲突的范围连接起来的多维度过程。这个过程被用于精神病学（约翰斯顿，1984/1986），而且起源于创新系统理论。我把这一方法应用在小组关系话题的公共参与过程——讲座、设计专家研讨会和会议中。在设计中，桥接同时被用作空间连接行为且明显不同于被连接的元素，但又包含了每个极性的主要特色或完整的空间构成。这个过程的部分目的和方法论就是超越两个极性，探索由一个避免极性之间妥协的新构成所组成的新构成。

这个极性—关系框架（由许多不同组的极性组成）能够作为现有空间情境中的关系之间的互动（例如，在一个邻里社区中，对于如何使用开放空间资金的不同意见）；不同的概念和观点、方法（一个城市滨水区是保持工业使用还是开发旅游设施）；对一个构成问题不同的以及往往是冲突的可能的空间结果。一个简单的极性关系框架的例子是色彩轮：一个框架（圆圈）中包含至少12个存在于相近（类似的）和相反颜色关系中的颜色实体或者特性——蓝色和橘色，黄色和紫色，红色和绿色。记住：色彩轮上的极性都由三个基本原色构成——红、黄和蓝。选择其中一个红色，剩下的就是余下两种颜色的组合黄色和蓝色（绿色）。选择蓝色留给了我们红色和黄色（橘色），等等。

对于一个桥接动态或转换，颜色轮或圆形结构沿着每条直径建立了对立面，产生了颜色对立（通常被称作互补）。当颜色轮或圆形在一个绘画构成中被互相放在很邻近的位置时，就为更大的构成带来了加强了的戏剧化促进因素（一个补充），这个促进因素通常是接近或就在关注中心或焦点上。结构和更大构成的其他元素和原则都和谐共存，并且保留了原来的完整性。基本上，它们让整体变得完整——总是在补充没有出现在它们的混合中的、轮盘上剩下的原色和混合色（红色至绿色，蓝色至橘色和黄色至紫色）。

在更大的设计过程中，我发现辨别在探索期间得到的概念和观点的对立面或极性往往是有用的。为什么呢？首先，辨别极性需要有对于基本概念的理解，并且要把那个概念放到更大的“容器”或者视角中。其次，辨别对立面需要设计师将首要概念彻底颠覆；相应地，常常会体现出新的方向或视角。

这个颜色轮盘既表达了颜色/光关系（红、黄和蓝）的母体特征，类似连接的二次和三次关系（红色加黄色等于橘色，蓝色加黄色等于绿色，红色加蓝色等于紫色），又表达了相反的颜色关系（红色对绿色，黄色对紫色和蓝色对橘色）。同时，这个对立关系可能是互补的，并且当极性被桥接和结合起来（在很邻近的位置），但没有被混合时，被这样使用在二维艺术中。

就像以下几个实验中所体现的，同样的手段还可以作为构成中的空间元素和原则。

桥接作为一个实际的连接：

1）人行天桥

2）高速路上的公园

3）高速路上的建筑物

桥接作为一个隐喻性的连接

1）让水流动，同时把人们运送过分界线的环境艺术结构（高速公路、河流等）

桥接作为第三空间连接

2）作为被一个高速公路分开的，连接市中心和滨水区的交通运输中心

3）作为一个连接现在和过去的桥接行为，被重建为多模式（自行车、有轨电车和行人）通道的历史残余格局（铁路线）

任务：

（1）从每个在半径/宽度上最小是4in的圆形和方形各一个开始。

（2）建立六个不同的构成，这些构成把这两个形状组合起来，却没有丢失它们的特色和完整性。在合并中，两个最初的形状被瓦解了，并且在它们的边角融合了，这是桥接的一种形态。在这个练习中，组织一个全新的和不同的构成，最初的形状是这个构成整体不可缺少的部分，但并不占主导。这个最终的构成是否代表了一个新的、不同的结果，并且包含了两个基本形状呢?

练习13：用残余桥接极性

原则：

残余是历史格局的部分或者碎片，它们已经过时了或者不再发挥作用了。它们可能是由自然特征组成的，例如，由于住宅细分开发而导致被缩减到最少且不再能发挥功能的森林补给地区，或超越本身吸收和过滤水分能力的被填充湿地。它们可能由基础设施残余组成，例如废弃的铁路线和走廊、历史街区、可通行的高架桥等更多设施。它们可能由失效已久、曾用于特殊工业和制造目的的建筑结构组成。这些残余是历史上的人造物，也是景观中那么一点儿或者完全没有现代用途的物理元素。同时，它们可以作为桥接历史和即将出现的未来的行为或手段……通过把它们作为带有新目的的新开发框架的基础。

意图：

辨认、保护并在现代城市设计格局中激活一个历史格局或物体，在这个新的现代城市格局中，历史格局成了新兴设计的基础。

任务：

这并不简单，要实际实施还需要调查和研究。我用过去的项目作为范例练习基础，它能够被复制或当作练习指南。

作为桥接的景观残余，在土地开发项目中往往会被忽视的就是残余的小块林地或部分

森林区域，它们占据了某个地点及其周边地区。通过一些调查发现，不少此类的小块林地都可以被认为是更大的森林的残留部分，而森林曾经提供了有历史影响的补水区域和受保护的栖息地。许多开发可能会保留这些小块林地的部分，把它们作为整体总规划设计中的装饰或者缓冲元素。这个情况也适用于湿地、溪流分水岭、大草原等。其他选择还包括：

（1）辨识，并在地图上标出历史性森林的原始范围（在农村，不受人工控制的状态）。

（2）辨识，并在地图上标出原来的或者历史性的补水和排水区域，这也可以通过查找历史档案来实现。

（3）假定“还原”是行不通的，用森林现有的残余和历史幻影印印记作为计划开发区域中的一部分。

开放空间网络的基础；在那里，残余母体可能会为连接了过去和现在的住宅开发区而形成一个开放空间格局的基础。

（4）假定恢复森林的历史生物功能是不可行的，那么在历史格局之内，可以通过生物场、适当的、新的植树，以及其他可渗透的表面处理来探索部分重建。

建立构造作为部分桥接。在农村或者城市远郊的地区，开发压力可能会导致一些历史建筑构造的流失，例如，小交叉路、公路旁的客栈建筑体和农舍建筑体，包括房屋、谷仓、附属建筑物和它们的集群格局。在建筑物和情境群簇格局的保留和革新中的桥接的机会有很多。记住：桥接这个概念并不是指保存人工制品。桥接的意图是把残余包括到即将出现的现代格局中，并让它拥有新的活力和生机。

空间参照系统

原则：

空间参照系统是用来为更复杂的构成提供参考和定向基础的构成结构。我把它们叫作幻影或者透明结构，因为在很多情况下，它们蕴含或者隐藏在更大的空间构成之中，是裸眼看不见的。对于初级设计师来说，它们是重要的基础，因为它们能够让更复杂的聚合在清晰的顺序中出现。

在城市设计中，空间格局通常作为他人在持续的时间框架内实施的政策而被采用。许多执行这个设计框架的不同的人会随之带来变化。给予一个坚定的参照结构或者框架，那些原有的、隐含的和组织性的城市设计原则能就能够经受那些随着时间推移而不断增加的变化。

对初级设计师来说，圆形、方形和轴线提供了起点，球体、立方体和渠道/带状物等又对起点进行了扩展。应记住操纵基本形状的早期练习：圆圈、方形和线条。例如，如果使用网格，设计师就能够为参考和秩序提供一个浮现于眼前的有机的和“自由流动”的形状的水平矩阵。

以下是空间参照系统的初始结构：

网格

圆形

有圆形的网格

有三角形的网格

网格和轴线

菱形网格

练习14a：透明网格

工具：

一套美工纸

胶棒

剪刀

或者

网格纸及签字笔

描图纸

任务：

（1）用把垂直面覆盖到网格上的办法，建立一个或多个有机的、曲面的或能自由流动的垂直面。

（2）把曲面定位在基本网格的关键交叉点上。应记住，主要网格可以被分解为更小的网格以增加参照点的多样性以及相应更紧致的曲线。在这个例子中，网格是由在8in × 10in底座上的1in见方的方块组成的。

（3）当垂直平面被构成时，把这个底座旋转到30/60，同时在一个轴测图中通过沿着平面中不同的点来提升垂直平面。

（4）通过描轮廓来除去下层的网格；如果是在美工纸上，就通过转移到另外一张干净的纸上来实现。

练习14b：透明圆形

工具：

同练习14a

任务：

1）构造一系列直角（方形成分）形态在一个圆形幻影结构上。

2）为了更多的多样性，把这个圆形幻影结构分解为更小的圆圈。

3）建立相互关联并且和更大的格局相关联的空间，寻求复杂构成。

4）使用1寸的方形网格作为起点。

5）8ft × 10ft到11ft × 17ft见方的方格纸。

6）旋转平面30°/60°，并且在轴测图中提高垂直面。

7）通过描轮廓或者把纸雕塑转移到干净的纸上来消除潜在的圆形结构。

练习14c：三维透明矩阵

原则（矩阵和圆形物）：

一个空间参照系统的原则可以被扩展到体积应用中，无论是方格还是圆形结构。在使用轴测图时，这个方法对于设计师在三维空间中产生想法时是有效的，因为设计师会在平面和体积之间来回地转换工作。当平面被改变了，体积也会跟着变化。这个参照系统在位置上保持了合理的参照结构。

工具：

变量

1）粘土块，所有的表面都被刻画了网格。

2）使用模块化的乐高或类似的玩具进行组合。

3）积木、木头和塑料。

4）轴测绘图过程（我的个人偏好）。

最好的材料是那些能够分解为比其原本的网格尺寸更小的材料。

任务：

（1）从三维空间参照系统开始，在这个例子中，这个系统是一个网格矩阵。切割一个不同于网格的形态，这个形态仍然和矩阵相关（这个网格在最终的形态中并不明显）。

（2）在这个案例中，矩阵是由不同网格组成的一个立方体，其中更大网格的包含较小的网格。

（3）这个练习可以让之前讨论的许多转换行为发挥作用：添加的、减少的、维度的、合并和桥接。

（4）另一个变换是从矩阵开始，建立一个基本平面概念，然后开始在三个维度上拓展这个平面。

这个矩阵对于入门设计师来说是个有用的工具，因为灵活的框架为“切割”设计概念图提供了指导，而这个概念图既满足了CST程序的需求，又回应了地点和相邻情境的约束。在三维空间中工作时，这个设计过程是众多实验和发现中的一个。我在网格上用徒手画的轴测图工作，探索将正在出现的设计和地点挑战融合在一起的不同方式。

类型学练习

建筑类型是建筑物的形态和布局，体现了建筑用途、密度和强度的组织关系。这个组织关系是相对可变的，它们的物理结合也许会根据情境和其他决定因素而各不相同。类型可以被当作拥有可变形态的组织关系原则，而模型则是复制或者重复形态中的组织关系。

这些练习被设计用于协助非设计师人群理解特定情境中的城市设计/建筑类型的重要性和效用。这些类型，按照组织需求，有一个应用恰当性的因素，而且对情境规模敏感。这仅仅意味着，在任意一个物理情境中，它们不能对所有地方都适用。例如，如果一个低密度住宅中的地点被分配了30个住房单元，而这些单元可以被低到中密度的设计应用，即被一个两层的毗连和独立的建筑所容纳，那么一栋30个单元的多层建筑可能对这个地点情境来说就不适合。我说“可能”，是因为只要给定一个情境理论就总有例外。这个数量可能是可行的，但是地点的恰当性却并不可行。如果外部长度和外部朝向能接触到光和空气，那么内廊居住建筑（每一层公寓都布局为沿着一个中央走廊进入）就是合适的。在地点上布局这样的类型时，由一边朝向高速公路、悬崖或空隙墙都不恰当或者不合理的设计构成（即使这个建筑物“大小合适”）。

我观察到，在对功能和生活质量都没有帮助的情形下，有的学生会布局住宅单元的土地“团”——他们并不理解类型及其组织关系（内部的和外部的）。

设计的模板。再一次，类型学仅仅和它们与城市内涵物理环境的基本关系一样有效。它们是指南、起点和一个形成了试验、探索和混合的基础的方法所含有的不同成分；它们不应该被认为是绝对的，也不应该脱离情境，而且被当作开发和设计中的一个常见手段（即模型或效仿品）来使用。由于人手短缺和资金不足，许多更小的社区会从其他社区那里“剪切和粘贴”设计准则。这些准则往往包含开发类型学，并且会导致例如“屋顶窗城市”和“巴伐利亚属性的”㊀这样的空间结果，上述两种情况中充满了借用来的陈词滥调，主题的设计只是不切实际的幻想的混杂物。当我想到教授帕特·格特斯（Pat Goeters）曾告诉过我们这些学生：如果有人渴望历史主题，那么要么完全地复制它，要么就干脆不要尝试。我轻声地笑了。当然，他甚至并不希望这样的主题被复制，但是他想表达的意思却传达得很清楚。历史主题是模型、仿制品，历史的记忆不一定要适合于当代的用途；它们可能拥有提供了联结过去的形态格局和现代格局的桥梁㊁的构成原则，这些原则能够被提炼到混合类型学中。

在设计中，我发现，对于迅速和准确地探索地点并开发潜力，类型学的模板非常有用。模板是我用作起点的一个图形工具。考虑到客户指定的地点或者作为社区设计准则测试过程一部分的特定地点的密度和市场需求，例如，每英亩12个单元，我按照要求的比例在1acre方块上画出了若干构造选择，使用了能够容纳项目程序的建筑、开放空间和停车场类型（见图8.1到8.4）。在有许多此类模板可使用的情形下，我研究了地点概念，同时测试了模板选择和它们对于地点情境的适应性。另外，这可以通过数字化来完成，但是用手、眼和绘图工具来视觉化地思考整个过程。通过手工绘制，我能更快和更有效

㊀ 1986年，KPD为华盛顿州西雅图市以西的普吉特湾普斯伯港准备了“阶段II滨水区和市中心规划”。之前，这个社区的外观采用了“挪威”主题，但可惜几乎没有任何挪威建筑特色或类似的细节出现在这个普斯伯港。在一个公共集会中，我利用素描和示意图提供了挪威卑尔根的例子作为新的外观处理指南，如果这个新的外观是社区真正所需求的。这些建议并没有被采纳实施，而继续进行下去的结果就是被我称为“巴伐利亚属性”的无事实证明的、非历史性的一个陈词滥调汇编。

㊁ 就如同其他设计师（阿伦特，1994）一样，我试图使用聚集居住开发和保护景观关键部分的农业开发类型学来进行试验，而并不使用传统的城市群组类型学（停车场在中间、最多被一个或两个建筑类型所包围）。历史性村舍的原则可能作为新的混合体在现代化设计中发挥作用。这些混合体包括：围绕着共同的开放空间、共同的停车场地、共享的附属建筑物以及每个住宅私人空间的多种多样的房屋类型群组。随之而来的历史性的农场模型成了一个新的和具有相关性的农业群组类型学。

地完成它们。这些绘图是随时可用的，而且适用于客户会议。

以下是代表了很多不同转换的简单例子。

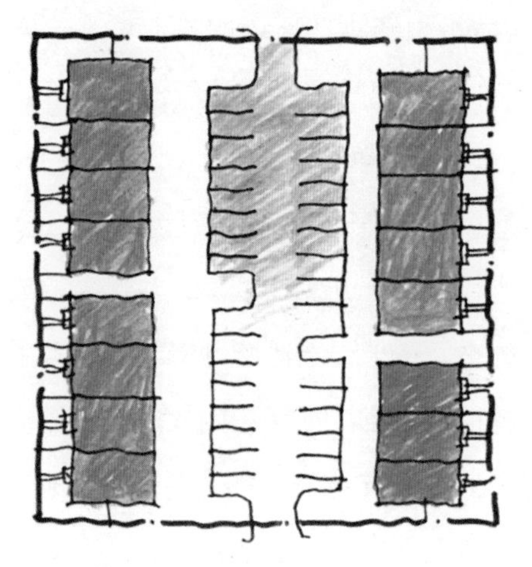

图8.1　城镇房屋英亩模板

建造一个1acre或者1ha大小的土地块，并且通过使用恰当的尤其是适合总体规划设计的类型学作为起点，让合适的建筑、停车场地和开放空间的需求“适应”地点。

图8.2　从模板来的城镇房屋设计

这个模板提供了对于地点程序元素进行设计支配的起点，导致了对情境敏感的设计概念。

图8.3　村舍模板

作为情境敏感设计概念的起点所使用的混合密度概念，包含了可变化的建筑类型学。

图8.4　花园式办公四方院模板

基于程序对于用途、大小和地点等方面的需求，可能有许多模板变化。

在过程中的某个特定阶段中，规划上的想法开始变得成熟或者清楚明确，我甚至能够转移到可以和其他同样规模的相似定位模板再结合起来，并且构成更复杂的开发场景的轴测模板上。当设计过程随着添加的探索和内涵—功能分析而演进发展时，这些模板会开始改变并进化成混合体。

练习15a：庭院房屋（低密度）

意图：

让我们仅仅从使用独立式独户家庭住宅类型（平房）开始，沿着一个院子来安排它们。这是一个历史性的发展构成类型学，现在通常被称为“村舍住房建设”或院落住房建设。大部分建筑规范会规定前面、侧面和后面院子的建筑后移，通常分别是20ft、12ft和25ft。在这里，你可以选择的就是一个面向共同院落的8ft深的、有围栏的前院，它有10ft的侧院后移，和在公共停车场的8ft的后院后移。

任务：

1）为一个1acre地块，设立1in=20ft的比例。

2）设定一个30ft宽的庭院。

3）8ft × 18ft大小的停车空间。

4）驶入车道为20ft宽。

5）建议：在方格纸上建立一个模型，这个模型有至少两种不同构成的平房类型房屋，其中一个是独立的，另一个是两者相连的。

6）使用美工纸进行切割或者在方格纸上描绘出模板，按照规定的停车要求，在一个地点上布局尽可能多的单元。

7）这个练习的一部分目的是为了研究平房类型住宅建筑物的楼板层或者（建筑物）被占用空间。

8）当你做这个练习时，问问自己，住在这个构成中是否满意。

这个构成练习有许多不同的变化。把独栋和相连建筑混合在一起，只要遵循最小化的要求，就可以随心所欲地变化建筑后移。

练习15b：城镇房屋群组

成分：

用具有以下特征的城镇房屋做同样的练习：

1）面积在16ft × 28ft和24ft × 36ft之内的单元。建议使用两种不同的尺寸来获得多样性。

2）最大四个相连单元。

3）研究城镇房屋的特性。

4）在方格纸上准备模板。

5）相同的停车需求。

6）相同的前院后移。

7）在共同开放空间或院落中可以更具创造力。

8）1acre的地块。

再次，很多种不同的转换都具有可能性。记住，城镇房屋（共同的侧面墙）的主要定向是前外观和角落或链端单元的侧面外观。

练习15c：村舍群簇（混合密度）

意图：

研究、辨识许多不同的建筑类型，并且把它们应用在1ft地块上的特定集群之内。预期密度：10～12单元。

成分：

1）1acre的地块

2）一个有共同的入口、前厅和五个住宅单元的多户住宅体家庭（在第一层和第二层分别有两个单元，在第三层有一个单元）

3）二至四个独户家庭相连的一层村舍

4）两个独立式独户家庭的平房住宅

5）一个共享的车库或者汽车棚

6）每个建筑的私人院子

7）每个集群共享的院子

8）通用的建筑或工作室

任务：

1）为一张最大20in×30in的纸确定设计比例。

2）研究并画出建筑类型占用空间的模板。

3）绘画和（或）在美工纸上切割出停车场/车库的占用空间模板。

4）别在第一次尝试之后就停下，要以第一次努力为基础继续前进！

练习15d：研究带有房屋的花园式办公校园风格

意图：

研究和辨识办公室建筑类型，并且把它应用到校园开发类型学之中。什么是校园类型学？暗示：校园！

成分：

1）5acre的地块

2）要容纳四个类型的办公室研究建筑

3）共享的停车区域，1100ft^{2}的办公室空间

4）8ft × 18ft的停车空间

5）驶入车道为25ft宽

6）开放空间

7）为整个建筑群落的共享

8）为复杂部分的共享

9）其他的房屋项目

10）4层建筑中的花园叠式公寓；与50%的办公室建筑相关联的密集布局；连栋房屋的混合形态是允许的

11）向北的箭头和图解比例尺

12）最大能够容纳20 × 30的纸板

任务：

1）研究并且绘制至少两种不同的办公室建筑类型学占用空间：记住建筑物的结构开间是关键特色，并且作为坐标方格结构是灵活的。

2）把校园四方形开放空间作为一种结构和组织形态来运用。

3）希望构成是密集的和现代的。

练习15e：高层办公室综合建筑体

意图：

调查和研究许多不同类型的高层办公室建筑与广场和地面层的广场或开放空间关

系；准备在某个设计关系中的四个楼塔的地点平面图。

成分：

1）四层高楼建筑，根据你的办公室建筑类型调查，至少三个具有不同的高度和占用空间；高度对这个练习来说并不是关键。

2）和每个建筑相关联的开放空间元素。

3）假定地下停车场和两个驶入点（匝道）。

4）用市中心街道宽度来反映某些街道格局。

5）隔着街道，在东北角是一个有20ft前院建筑后移的历史性教堂。

6）往北，在整个街区中，隔着街道有无建筑后移的六层现有建筑。

7）沿着西街区的城镇房屋综合建筑体，它有朝向街道的单元。

8）向南沿着街道侧面有户外活动空间的、指定作为市民建筑群用途的空隙用地。

9）考虑每个建筑的景观和光朝向。

10）显示向北的箭头和图解比例尺。

11）建议的街区尺寸：330ft × 660ft。

12）能够容纳不大于18ft × 24ft基座的比例。

任务：

1）研究并描绘办公室建筑类型的模板，再次一聚焦在结构开间上。

2）了解每个建筑是如何与其他建筑相关的（景色和光）。

3）了解每个建筑是如何与场地外情况相关的。

4）这点很重要：这个练习需要同时呼应场地之内的情况和场地之外的情境影响的一个设计构成。

5）在美工纸/标签模式或轴测图绘画中使用。

练习15f：集会中心/市民中心

意图：

愉快地试验和玩耍，因为这个练习拥有许多不同的解读和变换。它的意图是为了让你放松，用更大规模的和更加正式的构成来一起游戏。

成分：

1）能容纳两万个座位的圆形会议厅。

2）划分界限的（租金高或者声名显赫的）办公室建筑集合体。

3）用于大规模公共活动的景观形态。

4）景观元素（用来定义空间，而不是作为装饰占用空间的）。

5）展示厅。

6）娱乐/饮食建筑综合体。

7）强大的行人运动布局。

8）升高的电车轨道。

9）停车设施/结构。

10）房屋建设不是必需的，而是可选的。

11）其他你认为合适的。

12）广阔的地点，基本上是四个街区的城市规模，其中每个街区的面大约都在300ft × 300ft左右，四个街区排成60ft宽的一排。

13）适合一个最大24ft × 30ft的大小。

任务：

1）研究并绘制出包含不同成分的模板。

2）翻阅专业设计杂志，寻找建筑类型的例子，让自己更熟悉它们的尺寸和功能。

3）进行实地调查，访问在所在地区的类似的建筑类型。

4）哪些构成结构可以组织和集合这个拼图谜题的不同碎片？

5）使用美工纸或模板以及轴测绘图来研究不同的构思。

6）完成粗略的草图，审视和评估你的构成，问自己还可以通过怎样的方法来提高它。

不断增加的复杂性：城市设计项目

这个部分提供了真实项目的例子，以作为季度或学期结束的集体作业。因为时间也是个因素，只剩可能两到三个星期就要完成工作，所以我就让学生联合起来，共同用波纹纸板或者硬纸板建造了一个三维的学习模型。学生按建筑类型切出了物理程序元素（居住、商用等）。每个学生都被要求提前准备一定数量的设计策略。在课堂上，学生使用切割下的图案，用满足程序标准的不同构成在模型上进行游戏。当每个学生都分了组和讨论了自己的概念时，这个模型被照了下来，以用作更进一步的分析。其他的学生被引导通过对每个构造做出建设性评价而参与进来。

以下的例子可以被当作设计构成练习的指导来使用。这些项目中的大部分都作为构成课程的一部分被完成了，而不是像设计工作室那样有充足的时间来完成更加完整的设计。

练习16：凯特萨普商场填充设计

背景和意图：

凯特萨普商场是一个地区性商场，位于西雅图以西的普吉特湾中的凯特萨普半岛上——是华盛顿布雷默顿以北的凯特萨普郡未包含的地方。这个商场被一个在车辆禁行区结构中、全部通过宽阔的林荫大道所连接的更小商场和广场的复合体所包围，对行人并不是太友善。

这个建筑综合体具有地方商场的典型性，属于封闭大厅类型学，有百货商场这样的旗舰店出现在关键位置上。许多大型停车区域从四面八方包围了这个建筑综合体，边缘开发非常少。这个综合体是在四个不同所有权之下的一个单独用途开发（商业零售）。

任务：

1. 背景材料：作为一个团队，收集工作草图和其他基本的地点信息。

2. 空间使用程序：在开始设计过程之前，准备一个空间使用程序（什么、多少和泛化组织关系）。学生可以按小组行动来定义这个程序。

3. 模型：组成一个团队来工作，确定基本比例；建立一个能够供每个人使用的三维纸板学习模型，这个模型包括要保留的关键建筑以及边界以外的非现场建筑物，并且如果可能的话，让它的大小不超过36in × 48in（最大4ft × 6ft）。使用波纹纸板来做背景或情境建筑。允许在合理范围内让建筑高度夸张化（改善照片记录和泛光灯的阴影效果）。在制作基本模型的时候，一种选择就是打印工作地图，再用液体黏合剂把打印件粘在纸板箱上。使用这个基座定位建筑物，并决定它的大小；打印件上也标明了道路。

（1）在这个例子中，为了时间上的收效，这个商场建筑模型没有建造屋顶，并且突出了所有内部的行人广场、院子和入口。

（2）所有的行人区域都被橘色标签板取代或者和画在标签板上的小方格交替来体现主要院落和聚集区域。

（3）自然或者种植区域用的是绿色纸张。

4. 建筑成分：被团队当作主要添加物的建筑成分。

（1）零售商店

（2）百货商店（现有的）

（3）办公室建筑：40万ft^2，2～8层楼高（最大85ft）

（4）演出剧场

（5）图书馆：4万ft^2

（6）新的饭店和娱乐设施

（7）由同时布局在单独和相连的“社区小村庄”的单元而决定的居住人口，这个“社区小村庄”是更大综合体混合使用的一部分；社区建筑可能包括：

① 城镇房屋，以及公寓之上的城镇房屋

② 花园单元（共同门厅入口）

③ 下方有停车场的内部走廊

④ 有门厅和中央核心的塔楼

（8）停车区域

① 表面停车场

② 停车平台

（9）内部地点交通运输停止位置

（10）清楚标示出的行人和自行车路线

（11）主要开放空间特征和休闲设施，包括休憩和工作区域，例如篮球场、网球场、有封闭游泳池的体育俱乐部、宠物奔跑区域、休憩公园和节日活动空间。

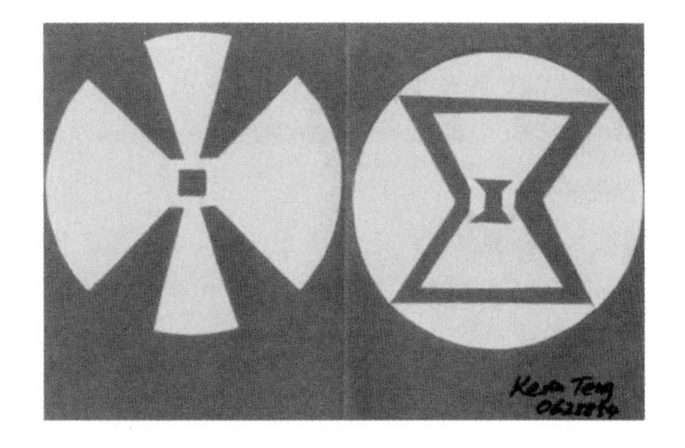

图8.5到图8.6

这个图像的序列提供了一个学习过程的简明例子，这个过程是从对基本形状和体积的辨别和操纵到高级文化/空间/时间程序模型，再到复杂情境中的高级城市构成秩序。

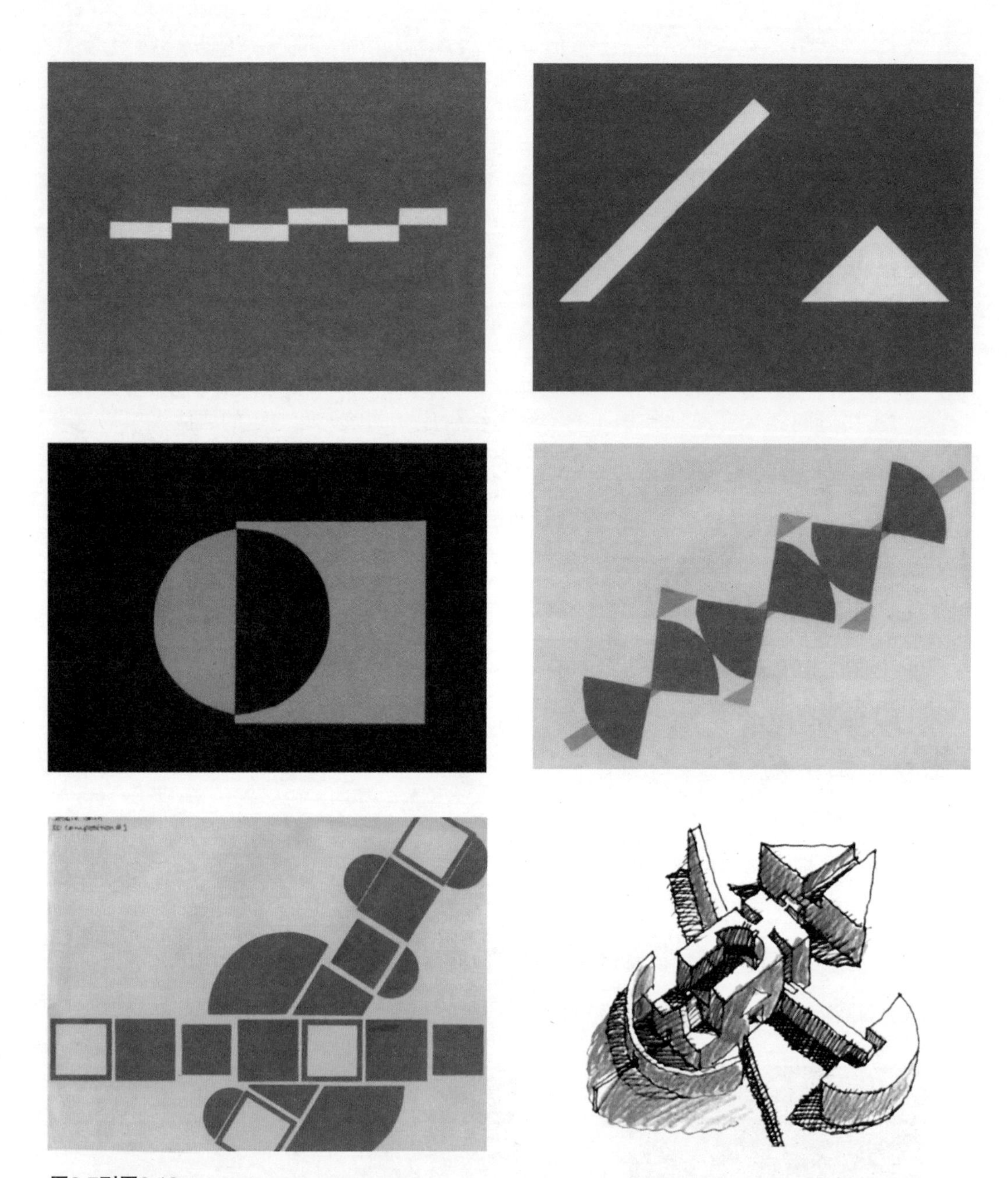

图8.7到图8.18、

这个图像的序列提供了一个学习过程的简明例子，这个过程是从对基本形状和体积的辨别和操纵到高级文化/空间/时间程序模型，再到复杂情境中的高级城市构成秩序。

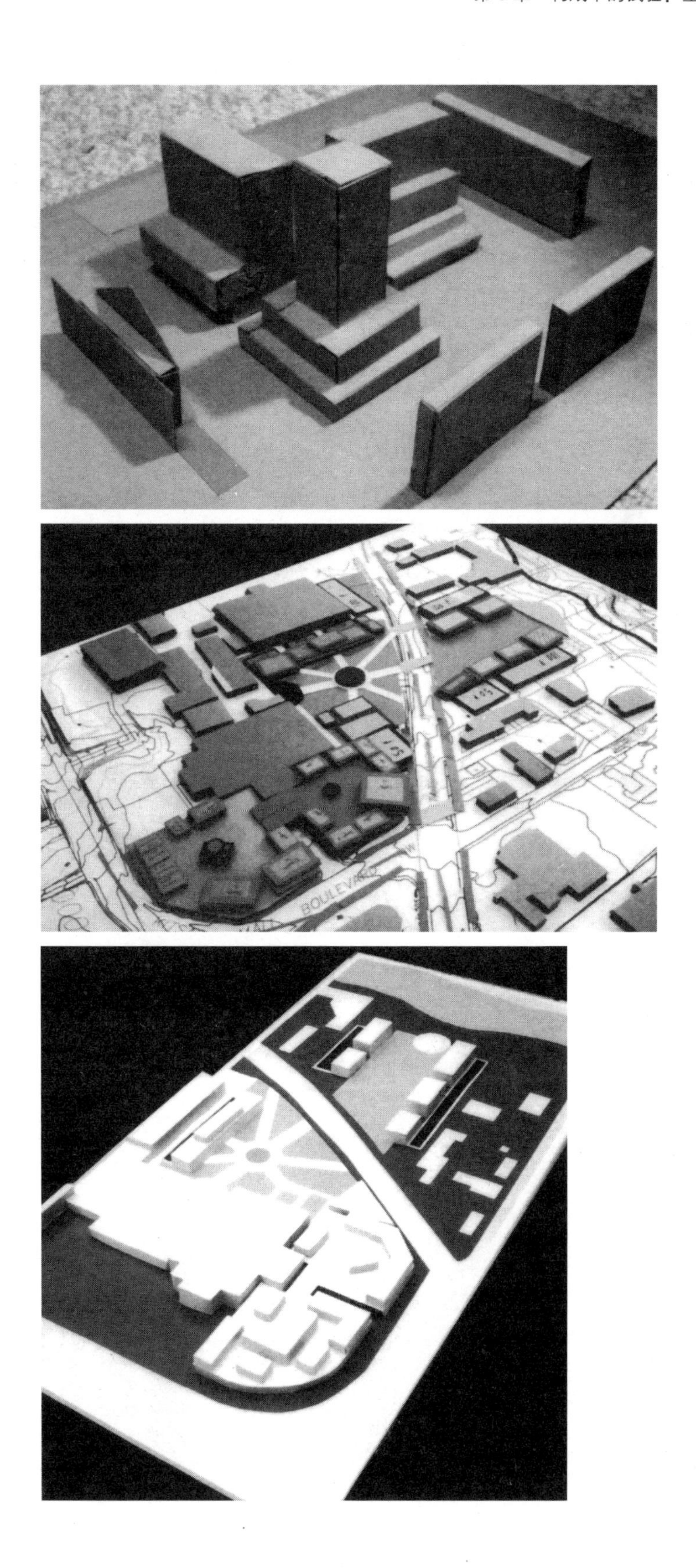

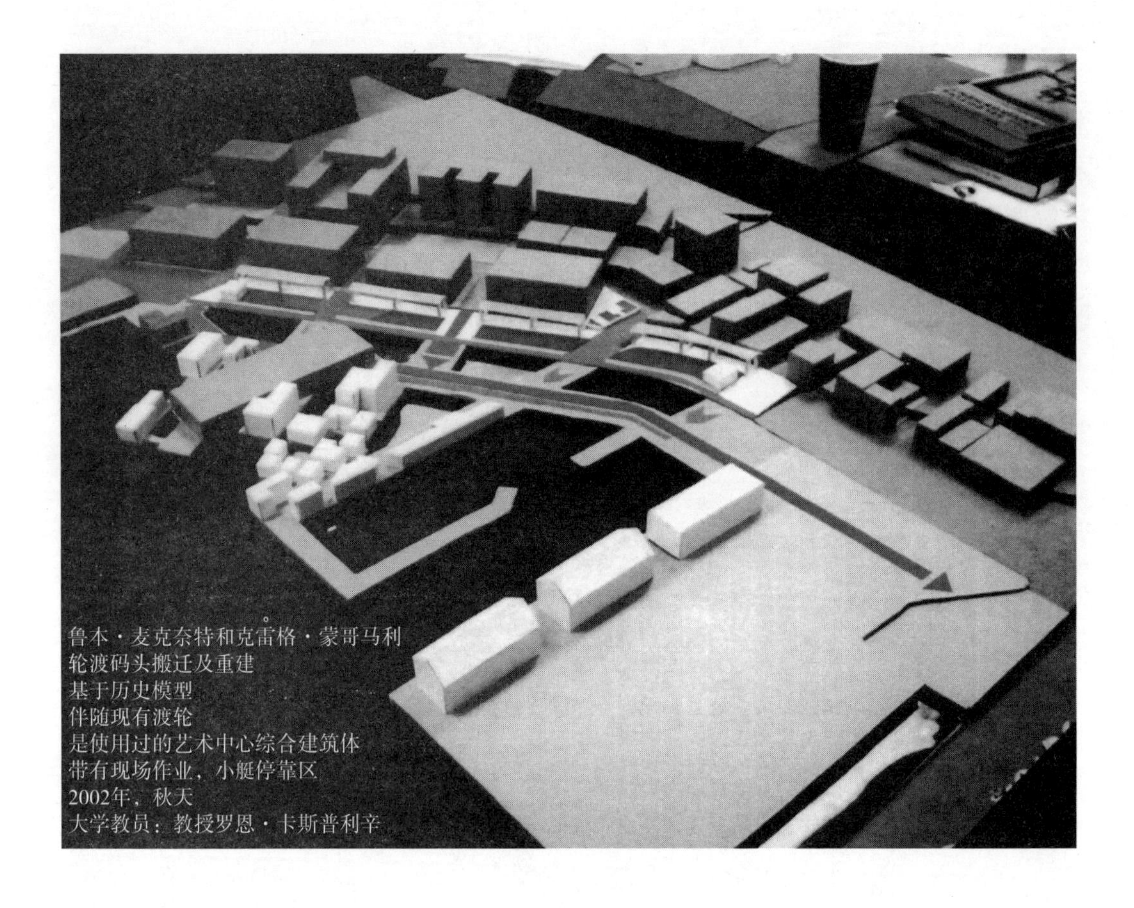

鲁本·麦克奈特和克雷格·蒙哥马利。
轮渡码头搬迁及重建
基于历史模型
伴随现有渡轮
是使用过的艺术中心综合建筑体
带有现场作业，小艇停靠区
2002年，秋天
大学教员：教授罗恩·卡斯普利辛

在山上的家

隔着地点往北看向各户有独立产权的公寓大楼后面的多户联排别墅的景色。在没有空间隔离的情况下，留意种植物被用来分离学校入口和公寓大楼和院子等半私人空间和中心广场等公共区域的方式。

房屋加入
派克市场加上西雅图水族馆

关键数据

地点上房屋单元的大概数量：300个单元
能够上学的孩子的大概数量：500 ~ 800个小孩
地方食品杂货店的面积：15 000 ~ 20 000ft^2
（大约是一个杂货连锁店的大小）
每天到站的海湾通勤铁路数量：每天10 000 ~ 14 000趟
小型底层零售空间的大概数量：15 ~ 20个空间

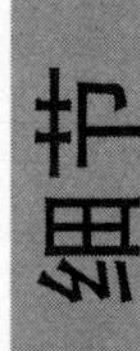

隔着地点往东北望向维克托·斯坦布鲁克公园的景色。留心视线从维克托·斯坦布鲁克公园进入和移出的方式，沿着大楼梯向下到达中心广场，然后再次到达底部。此外，不是所有的住房单元都能看到风景，这使得房价能够被人们承受，同时也最大化了这个地点上的建筑空间。

隔着地点向北望向维克托·斯坦布鲁克公园所看到的景色。向阳部分被最大化，尤其是对右下角的联排房屋来说。

穿越历史的漫步

发现西雅图的自然和人类历史

自然景观的转换

这个透视图的右边讲述了西雅图的自然历史。更高的地势充满了原生植被和常绿植物，因而显得郁郁葱葱的。从树丛向下到达水域代表了时间的推移。地势被改变了：山上的树木被砍伐了，进入了艾略特湾地形（在这里用岩石来表示）。

在20世纪的前几十年，西雅图的新定居者着手从事了被称作 “Denny Regarde” 的巨大的建造工程。西雅图的山丘之一丹尼坡被铲平了，沙土被冲进入了艾略特湾。

以上透视图中的山岩效仿了在照片中看到的 “Denny Regarde” 土丘。这些山岩代表了 “建造” 的中间阶段。

在被丹尼山泥土和城市垃圾填充之前，西雅图艾略特水边主要是淤泥滩和潮水坑。就像下面的透视图所显示的，《穿越历史的漫步》建议把水边的部分地区还原到原始状态。

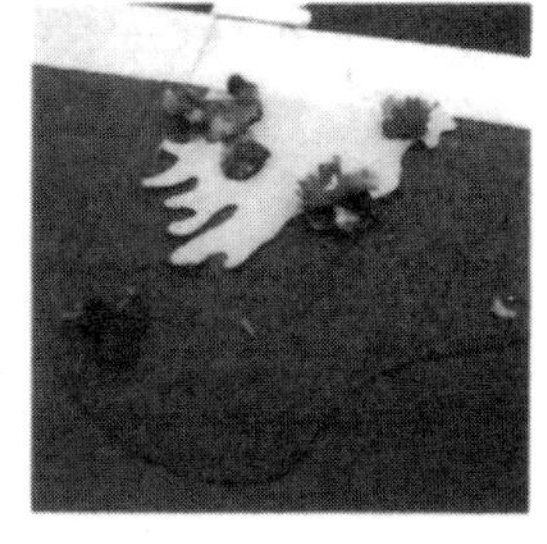

（12）一个要定位在南部地点区域的主要半公共开放空间。

（13）将要和主干道连接起来的商场广场：

① 商场综合体必须通过一些手段进行保留，这是要体现现有广场和建筑群组的原因。

② 如果对你好的论点来增加其他内容，那么就论证它。

5. 产品：学生要提供以下内容：最终设计概念的电子图像；描述每个计划的主要构成概念和设计原则的书面评估；从概念模型的倾斜航空照片描绘出来的体块透视图。

项目范例序列

下面的这些图像为设计规划的学生提供了一个不断进步的构成设计序列。并不是所有的练习都配有图释，这是因为我鼓励学生不受其他同学的范例的影响，而要自己主动地去探索和进行游戏。

这个序列代表了学生作品，这些作品的范围从基本形状和体积控制跨越到基于构成学习的高级工作室应用。以下这些例子，同时包括了来自凯特萨普商场和西雅图高架桥——“发现西雅图”工作室的学生作品。

伴随着学生对这个过程进行探索和质疑，这些练习也在不断地被更新和改变。这个练习次序协助了那些完全没有或者只有少许设计背景的学生接触到城市设计过程，并且参与到其中来，这样就把内涵和功能与构成秩序融合在了一起。不少学生为本书贡献了作品，这里只提供了其中一些例子。我只是对众多帮助我拓展和测试设计构成中的学习序列的人们中的几位表示了感谢。

参考文献

Arendt, Randall, 1994: *Rural By Design: Maintaining Small Town Character*. American Planning Association, Chicago, IL.

Ching, Francis D.K., 1979: *Architecture: Form, Space and Order*. Van Nostrand Reinhold, New York.

Goldstein, Nathan, 1989: *Design and Composition*: Prentice Hall, Inc., Englewood Cliffs, NJ.

Johnston, Charles MD, 1984/1986: *The Creative Imperative*: Celestial Arts, Berkeley, CA.

Johnston, Charles MD, 1991: *Necessary Wisdom*: Celestial Arts, Berkeley, CA.

Webb, Frank, 1990: *Webb on Watercolor*. North Light Books, Cincinnati, OH.

第9章
理论思考复杂的构成

本章为设计的基本原理提供了基础—识别并讲述了故事，而不是在应用可能不合适于特定情境的固定类型学，因此，涉及创新性城市主义。我并没有试图在设计中发起一个新运动，而仅仅是在探索和扩展城市生活和城市内涵的许多因素，这些因素对设计过程、方法论和结果很关键，并且会对它们产生影响。基本上，我在探索新方法论来对应城市内涵和功能的复杂性，它们是由文化、时间和空间的互动形成的。这部分是一个讨论，一个关于我在过去42年城市设计实践和21年的教学中，看到的正在崛起的方向和关系的对话。我强烈地相信用新方法来进行实验以应对城市现实复杂性的这个需要。

理论是一系列成熟完备的概念，通过表达声明或者空间关系的表现而相互关联，这些概念一起构成了一个可以用来解释或者预测的综合框架（施特劳斯和卡宾，Stauss和Corbin；1998，P15）。这些概念是广泛的观点或者抽象的概念，不是公式，因此是推理性的，以源自对社区或更大文明中的不寻常的或者正在兴起的事件观察的结论。理论为城市设计实践提供了关系的原则和表述，而这些关系指导了过程和结果。理论不是绝对的，而是文明，以及艺术、科学和哲学作品的功能。同时，它们是不断变化的。

理论和它对于现实的应用一样重要，而且不存在于一个学术真空中。理论从多维度现实的动态中进化而来，回应了正在出现的格局，而反之随着它们的成熟，又会被这些格局所修改或改变。城市设计提供了一系列测试，这些测试是作为这些格局和它们社区情境中的物理而构造的。城市设计需要对于新的、平民主义的，但可能模糊概念的谨慎使用，如绿色设计和可持续的设计等概念。如果这些和其他类似术语脱离了生态过程而被使用，我认为，它们就是无关的和令人误解的。

本章探索了我在实践和学术环境中进行实验的原则，这些原则是根据从位于西北太平洋边的阿拉斯加州和加拿大社区中日常体验中出现的格局得出的，这里的体验是和设计问题有关联的。这些格局来自于社会更大的行动，包括艺术和科学，并且能够被转化为在城市设计（和对于规划和设计公共参与的过程：见附录B）中进行实验的指导。此处讨论的这个理论是实验的基础，而不是宣言。研究者/设计师的创意是这个过程的基本成分［桑德罗斯基（Sandelowski），1995］。还有，伴随这个创意的是恐惧，它是创造力中的必要成分，同时在创新过程中克服恐惧是一个更大的设计步骤中的一部分［韦伯（Webb），1990］。

这个理论对话有许多的起点。我用一个稍后会在一系列设计原则和方法论中交织的术语和观点的框架来开始。

复杂中的不确定性

作为一个设计师，我被以生态为基础的原则和对于一个社区内生命系统的跨学科方法论所影响。生态设计仅可能来自于生态过程，而不是简单包含生态硬件和生态产品。按照生命系统特有的互动本质，生态设计以结果不确定性作为特征。欣然接受这个不确定性是社区设计过程的起步。

扎根理论

扎根理论更多地是以（定性）观察，而不是推理为基础的。按照程序，允许理论源自于数据，来形成之前没有预见过的现实。“定性评价探索同时要利用辩证思考和创造性思考——分析的科学和艺术两者都要”［帕顿（Patton，1990），P434］。在卡普拉（Capra）（1982）、查尔斯·约翰斯顿（Charles Johnston）（1984/1986）、爱德华·索雅（Edward Soja）（1996）和本章中提到的其他人的作品中，我们应该看到了这点已被建立和充实了起来。对于我们的探索很关键的，是从对城市内涵和功能复杂性的探索中浮现出来的形态和构成，不要理会妥协和预设结果的倾向。

不确定性的原则

扎根理论和它的程序同时也把我们引入了我所谓的“不确定性的原则”中，这是（城市）设计和设计策略的一个关键起点。上述原则包括：

1）有愿望，而不是目标［某人努力要实现的结果（《韦氏词典》）］。

2）对许多种可能性开放，包括极性或者不同可能性之间显著的不同，作为对话和设计建立相关容器的一种方式。

3）产生一系列作为可能性而不是结果的选择。

4）用设计表达的多种多样和不同的路径，如艺术、音乐、雕塑，来进行实验以刺激思考。

5）使用多分层局部和极性分析、非妥协测试和避免陈腐来探索非线性的思考形态。

6）让过程保持健康（维持这个过程动态能量的完整性——让它保持新鲜和生机勃勃）。

7）扩展方法论来应对复杂性，而不是为了方便而减少方法论。

8）参与到玩乐中！

9）一个没有目标的过程，就像在创作过程之前并不存在设计的意识。

10）有很多种答案（这里没有“一个”，也没有在目标计划中的50/50）。

复杂性矩阵（CST）

设计情境或现实：CST和n维度矩阵

这是个大概念，而且为了我们的目的，我把它定义为社区/文明的基本情境和实质，它可以被描述为在本书中被称为CST矩阵［索雅（Soya），1996］的文化、空间和时间（历史）关联的三元辩证体。这个三元辩证体扩展到了包含在一个n维矩阵中的复杂维度［卡库（Kaku），1994］，这个矩阵有许多更小的现实或者系统，每个现实或系统都有元素和原则通过关联的新兴格局来表现CST矩阵。底线是，现实可能在x，y，z，t之外还有十几个不同的维度，都在社区的复杂性之中反映了出来或者隐蔽地存在着。我们不能对所有的都专注，而为了提高我们跨学科的设计工作，我们需要创造新的方法来增强对于它们存在的认识。

让我们来探索这个n维度矩阵的概念，这是被卡库所表述的物理中的概念，它推动我们的现实和城市内涵概念超越了已知的空间。这个矩阵并不是同一中心的，而且能够呼应并且同时改变情境。

情境并不是背景或者在舞台设置中的场景的近义词。情境是现代规划和设计中的一个关键词，却经常被误用。美国州和省的高速公路部门使用“情境敏感”的设计，来表达正在形成的对于周围社区复杂性的领会，这是一个积极的信号。在城市设计（和相关的工程要素）中，开始了我们为在复杂的情况中组成城市形态开发更有用的方法的过程。情境就是现实，而现实再一次被表达为文化、空间和时间（历史）的三元辩证体；在文化中是在一个跨学科生态关系中物理、生物和其他主要科目。

文化

文化是这个CST三元辩证体的核心，代表了在空间中，人们在一段时间内的模式化行为。就好像索雅对于洛杉矶的关注（1996和2000），文化可能是已确立的或传统的、转折的和正在兴起的。需求、要求、特性和文化的表达都参与形成了一个不能被忽视或者放在底线之外的情境复杂性。简单的方法不再足以应对这个复杂性。另外，既然设计是一个文化功能，它就需要随着文化的变化而调整和变化。设计仍然是构造的创造，在这个过程中需要产品决策。这个过程既是个人的，也是公共的，并且带来了对于现实变化不断增加的作用。这不是和弱化设计师的角色有关，而是极大地扩大了设计师角色的复杂性和责任。

原则：现实根本上是有创造力的，它以文化、空间和时间这些形成性力量的互动为基础来重新组织和构造它自己；作为物理世界的功能，它会做一切所需要做的事以求生存。

原则：现实包含嵌套的和相关的容器或者CST互动的细胞，它们既在一段时间内保持连贯，又会随着时间而改变（就像在矩阵中）。

原则：在例如社区或邻里的一个生命系统中，结构变化是从内部而不是从外部开始的；它们受到外部的影响。

原则：现实是依据事物的相互联系或者更小的系统来分析，而不是依据相互独立的事件。再一次，CST的三元辩证体——文化、空间和时间（历史）同时在本地和非本地相互连接了起来。

原则：一个社区中的个体活动并不总是有一个定义清晰的动机，因为它们可能会被和本地过程互动的非本地动机所影响。

空间

空间是时间中文化和情境互动的正在出现的、暂停的和衰退的结果或物理表现。空间不只是一个人类行为的容器或者圈定地，还会被情境中的文化刻下印记，反之还会反映那个文化情境。

空间有些时候是偶然的、方便的以及故意的和被设计出来的，它以被组织和聚合原则所激活的物理元素，如形状和体积为特征。在时间的某些点上，空间来自于一个创造性系统：它是制造的、传送的和聚集的。空间是真实的，而不是抽象的，由感知到的空间（通过感官和空间实践惯例）、作为一个空间体现（设计）的想象到的空间和居住的空间所组成。还有，第三空间可能在边缘中被找到（索雅，1996）。

空间作为地方，是一个在真实的、往往是未经雕琢的情境中，是对城市内涵和功能的集合比喻。这些比喻从妥协的空间跨越到有意义的地方——从占据主导和强有力的空间到那些在边缘，并且有时会抗拒占据主导空间的空间。要形成有意义的比喻需要一个通过设计来解读的、对于社区创新能力的发现过程。

*原则：*每个人类行为都有一个空间结果和表现。

这看起来很明显，却总是在设计分析中被忽视。仔细回想你的日常行为，并且记录下空间环境与这些行为相关的影响。

*原则：*空间是作为一个建造的或者是被冲击的形态而出现、中止的，然后衰退为无用物或者变得默默无闻。

空间是在人类行为（和那些相关的生命形态）产生和控制空间环境时自然发生的一个现象，从蚁丘到高楼大厦和有门卫、围墙的住宅小区。所有的空间构成都可以追究到物理和生物的现实——生物生长、停止生长或者维持一段时间，然后退化、倒塌，再重新组合。空间是随着衍生物的极性而出现的。

*原则：*空间作为结果是不确定的，尽管是带有意图的。

空间作为有意图的建造，受到创造行为和作为现实或情境一部分的行为的影响。情境吸收了有意图的空间，还和它进行互动，而且同时用定性和定量的方式改变了空间。

*原则：*空间有三个关键阶段：被作为一个物理构成创造出来；在现实或情境中被现实或情境测试，然后被那个测试所改变。因此，是不确定性。

假定一个空间在被建造时是完整的，那么被当作一个城市形态的部分就是见识短浅的和误导的。一旦与情境或者现实接触，没有什么会保持不变。

*原则：*空间受到在矩阵中的位置影响：

1）中心的：稳定的、静止的

2）边缘的：不太稳定、抵抗的、动态的

3）相邻的：关系紧张或一致

4）遥远的：分离的、不受约束的

5）附近的：结合的

社区的CST矩阵会影响空间的性质和让空间变得有创造力的动态或能力。在城市社区中，已建立的中心是稳定的和占主导地位的。它们是静止的，相对缺少变化和创新的能力。“在任何力量的使用中，空间都是根本的”［索雅（Soja），1996］——从土地使用到设计标准，再到分区。而且权力通常在中心位置——主导性的。当CST矩阵之内的细胞或者部分的互动从中心散开时，受局部之间的互动强度影响。存在各种不同的关系，有不同层次的互动强度，范围从相似的兼容性到紧张，再到对比和冲突。边缘越向外，就有越多内部对变化的需求，和更具创造性的变化力量。

原则：空间具有超出维度——未知的和不确定的作用。

回到卡库的理论上，这个现实的n维度矩阵提示我们，所有作用于设计情境的影响和力量都是未知的。认识到更大的维度，和它们不为人知的性质，能够让我们准备好迎接未知的行动和事件。这不是一个抽象的概念，因为每个社区中的关系和互动都体现了没有被想象到的或者不可预期的结果。当我们经历了自然发生的、创造构成和测试构成的过程，我们就能够认识到很多不同的可能性。没有更多，也没有更少。

原则：一个社区中的个体事件并不总是具备一个清晰的定义的动机，因为它们可能会被非本地的动机所影响，而这个动机是与本地过程互动的。

结构变化从系统内部发生。还有，（人类和社区）系统是一个个更大系统的一部分，这个更大系统的范围从充足的社区情境到地方情境，再到行星生物圈，然后到整个宇宙。对于在n维矩阵中的更大维度的尊重，既是谦恭的，又是有教益、能增进知识的。

这是来自实践和学术环境的观点，它涉及实际问题解决、回顾和内省。这些原则要求设计者把过程、目标以及预测方法论分离开。这些原则需要一个跨学科的、有许多发现路径而不确定的过程——追求不可预测的结果，直到出现了从创造过程中才存在的结果。它们都需要一个组织和构造的构成——合理的而不是僵化的。

因而，空间是文化和时间内在固有的，它在连贯的模式内传递了内涵和功能，是不断改变的，并且被文化和时间的力量所支配。新的格局出现了，残余的还在徘徊逗留，空间需要通过连接或者桥接手段才能到达未来。

时间

时间是一个对现实的衡量，包含了构架人类行为的发生瞬间、事件的阶段或周期。作为一个不断变化的量度，时间构架了所有人类行为的发生、中止和衰退，这在不断变化的形势中建立和消除了空间格局。形态在创造过程中需要材料，而在分解的过程中释放材料，这一切都在一个事件阶段中发生。城市的设计由与空间文化相关的时间表述组成——它组织和构造了现实。

*原则：*历史是由人工产品和空间格局表现的知识。

过去的事件通过建筑形态所留存的元素和格局来表达。它们有物理存在，却不一定有现实相关性。作为文化提示或者庆祝，它们可能被保存为物理的纪念碑；或者被融合到新格局中，产生新的内涵和功能。

*原则：*现在的时间代表了正在出现的，而不是静止的空间格局。

所有的现在的时间事件都是正在发生的、中止的和由过去派生出来的。这个中止状态是一个短暂的结盟和一致的过程，很快会被情境的互动所影响。重点是，所有基于CST矩阵的（空间）关系都在不断变动中。

*原则：*未来的时间是不确定的，包含了可能性，而不是预测、目标或保证。

嵌入现实

嵌入现实是一个社区的组成部分，它有充足的创造能力在特定的规模上生存，不能被进一步分解，除非变为不相关的片段或部分；要理解它们也是被关联到和包含到了更大的部分中。它们可以被称作“容器”“分水岭”“次要系统”“充分情境”“形成过程”和其他名称。我会使用“有机部分”和“嵌入现实”这样的词来指代CST或者n维矩阵内部的内容。

*原则：*嵌入现实是正在发生的社区系统，它们体现了创造性的自我组织和自我构造。设计师是这个自生过程中必不可少的部分，并且也是过程中的转化者和解读者。

创新能力

创新能力由在一个社区或有机部分内部的资源和能量水平组成，这个水平对于这个社区产生变化（从内部）是有必要的。

1）有机部分或社区的主要结构变化从内部，而不是外部力量开始的，它的成功取决于创新能力的水平。

2）社区中腐化或者衰退的物理症状，例如空置或者残破失修的建筑物、犯罪的增长等，可以作为社区创造性地再度自我定义或者彻底改造自我能力下降的指示剂。

*原则：*现实的不同成分确实是在寻求相互之间的以及与它们自己的一致性。现实是具有创造性的，并且会为生存做出一切有必要的事情。还有，现实是一个拥有交互作用部分的n维整体，正因如此，需要不同部分保持总体上的一致，以形成结构。社区会经历一个能被辨认出的、巩固或者强化的自我维护的过程。对于和环境互动来说，大部分

健康社区拥有数量众多的选择，而且会产生积极或消极的机制来表明这个健康的质量。观察社区中特定偏离的扩大是一个反馈机制。例如，大卖场是商业中心格局的放大，在市场策略和空间构成（仓库）上都偏离了传统的商场。另一个涉及购物中心和社区的自我组织本质（积极的和消极的）的经典例子是美国小镇，为了商业/购物中心/大卖场用途，它沿着高速公路对土地进行分区，然后承受了距高速公路几英里以外的传统市中心衰落的压力。把系统中的一个或更多的变量推到它们的极端数值以外，从而给一个或更多的部分带来了压力，并且促进了其他部分的适应性。然而，从更大的视角来看，这些导致了压力的变化波动事实上是外界的影响，并且能够激励社区和它的传统市中心适应、改变和具有创造力。在一个给定的更大视角之内，社区领导者还有其他的选择来创造积极的变化。

极性

每个社区的现实或者有机部分都拥有边界。这些是硬和软的（例如，已确立的、根深蒂固的或者可靠的），或者那些正在出现的、衰退的、多漏洞的和脆弱的边界。这类边界的关键层面，就像在硬/软的比喻中，是它们的极性——如被CST相互关系所定义的，一个现实的对立极端。色彩轮盘是三个基本实体和它们在轮子之内建立的对立之间的关系的例子。选择一个颜色，原色或者合成色，如蓝色。这个三原色留下的，黄色加红色，形成了相对的颜色——橘色；黄色对紫色，红色对绿色。极性在物理特性（浅到深）中和文化（政治的左和右）中存在。当我们在复杂的现实中寻求设计办法时，这些极性提供了一系列关于设计的探索。在设计中桥接这些极性，在这章的稍后会被讨论到。

极性存在于每个人类行动和对话中，并且永远是设计过程的一部分。任何一组人的会晤都可能会被极性所代表，而这个极性需要在这个群体的极端观点中找到，它们可能是不重要的分歧或者是严重的冲突。当人们在城市内涵和功能矩阵中讨论向往和需要时，有分歧的和相对的观点以及这些需要的空间概念就出现了。

设计和复杂性

创造力

创造力是一个探索性的过程和方法论，诞生于同时是过程和结果的手工制作过程，而这个过程和结果是一致的。创造力有一个开始、中间和结束，以及一个开始：

1）创造力的特征是热情、动机、恐惧、觉悟。

——创造力作为过程既是线性的，又是环状的。

——创作力作为产品既是真实的和增长的，又是兴起的和衰退的。

——创造力是在情境中被构想出来、发展和放置的，被情境测试和通过情境所测试，被作为结果而改变，然后是“完成的”，但仍是兴起和衰退的。

2）创造力是不妥协。

——创造力抵制“单一”，在“单一”这种情况下所有的想法和选择都被压缩为一个结局方案和想法。

——创造力抵制“分离”，在“分离”这种情况下，有冲突的想法或极性会被隔绝成单独的实体。

——创造力抵制“混合”或50／50的解决方案，在这两种情况下，每个立场的一半被合并，而另外一半被打了折扣。

——创造力在没有目标驱动的过程中能够旺盛发展。

3）创造力是非理想主义的，理想在这里是预先决定的结果，它们能在测试创新中发挥作用。

4）创造力的结果是不确定的，并且以过程为基础。

5）创造力是连贯的，在这里它不会忽视哪些是可行的，哪些还能够被向前推进。

对设计师来说，创新能力比图画得好、构成做得吸引人、设计的建筑物构成比例更重要。

——这些是探索已知空间的必要能力，但并不一定是创新行动。

通过设计对现实的感知

我们对现实的理解被现实的感官体验和它的表现媒介所影响［阿恩海姆（Arnheim），1969］。表现媒介依赖于：

知觉概念

知识概念

视觉类媒体更多地被感知的方面

文字类媒体更加有知识的方面

在理解中两者都需要

感知

感知涉及对于一个概念网络（基本格局）的被迫接受（放置在思想之中），这个网络衍生于感觉原材料（观察到的和通过感官记录的）。

概念

概念是“凝结的概述”［阿恩海姆（Arnheim），1969］或者半抽象的格局，它的性质取决于产生它们的媒介。也可参见《地方的表现》（Representation of Place）［博塞尔曼（Bosselman），1998］。

通过衍生被组织到某个结构关系中的一个有不同的图案且有规则的形状、明暗度和颜色的构图，同时通过使用一组拥有能引发头脑图像文本描述的空间词汇，来产生一种故事感，设计概念带来了故事、空间结构的建造或者构造。把概念转化为空间故事是一个认知的行为，它把对于已感知到现实（物质）的复杂性和媒介（形态）的概念性结构结合了起来。这个概念化阶段是参照和定向的早期认知过程——使显著的物体概念化，并且从它们开始进行构造。

在本书中，一个手工制造过程被当作了空间故事进化的途径，因而让人刮目相看。非写实的视觉艺术、装饰或技术性图像的精准性，使得我们面临失去同能够看到的和触摸到的物体相关性的危险，并因此被概念化为设计模式。细节扩大的错综复杂性或者叙述性表达（包括来自计算机的翔实数据）可能会失去其引导性力量的结构，并且会因此而干预到它的可懂性。记住，语言表达是有顺序和逻辑性的思路。空间表达是更加即兴的、勉强的顺序性转换（阿恩海姆，Arnheim；1969）。

一个概观的方法

多年以前，在美国水彩画协会埃里克・韦加特（Eric Weigaralt）的绘画工作坊中，在教了绘画超过10年之后，我充满挫折感地告诉他，我遇到了一个处理手法危机。虽然我对于许多水彩画的不同处理手法的知识很丰富，但我现在发现自己正在一个无法决断的点上—— 从哪里开始？使用怎样的顺序或者策略？我的知识妨碍了绘画过程。埃里克对我的回答非常简单：从你当时感觉最舒服的地方下手，再继续向外扩展。无须多说，他的建议奏效了。

从城市设计的视角处理构成的复杂性，在很多方面和上面提到的挫折相类似。我感觉到舒服的手法就是找到一个范围和尺度，在其中我能在一个可行的容器或者嵌入情境中应用方法和想法的多样性。正因如此，接下来的概述就是，并不是一个功能选择单或者线性指导手册，而是可行顺序中的设计行为（能够被改变和结合的）——一个策略。

背景概述

作为文化、空间和时间的社区背景，从以下方面开始：

1）认识到在社区情境之内即将出现的问题和话题。

2）认识到城市内涵的一般情境，我把它称作一个更大影响力之中的充分情境。例如：在一个更大的分水岭中的小溪，都是活跃的生命部分，并相互嵌套在一起。充分情境是基于一个短的到中等的影响CST因素的分析。

部分/CST分析

为充分情境建造一个“部分分析”（1984/1986），它通过场地分析、互动公共参与过程和其他跨学科投入来规定CST矩阵。这包括：

——认识到情境的文化成分（社会、经济、政治）

——描述和这些成分相关的空间特点或表现以及结果

——认识到导致这些表现的历史格局，和与历史格局现存相关的时间阶段（CST矩阵开始扩展）。

原则：“部分”=创造性格局，创造性组织的原则

原则：每个对格局的感知都是一个对秩序的感知——在复杂的结构中寻找格局和互相交织的格局。

极性分析

（1）认识在充分情境之内的极性（通常是成组的），来为易控制的分析建立临时的边界；想象参与到一个关于社区展望的讨论中的住在相邻地区的一组人群——遵循观察和采访的方法。能够发现两个最对立的观点（与将一个旧的学校改造为社区大厅相对的，是把它拆毁建立一个新的篮球场地），更小观点群的极性（与将学校作为一个新老年人中心相对的，是作为一个青少年台球厅）——至少有三个极性组（红/绿、蓝/黄、黄/紫）的颜色轮盘。

（2）衡量小组之内的紧张状态，以及参与者之间存在的不同的幅度。

（3）认识到每个极性的关键位置和原则。

桥接极性

（1）通过一个妥协测试来桥接极性——认识到“一元论”　“分离主义者”和“50/50”解决谬误。

1）对任何一个挑战，都没有 唯一的答案，融合并不是“一元论”。

2）分割元素以避免融合。

50/50要求每一方都放弃关键部分。

（2）通过对话和设计来探索，在极性之内测试不同选择和其他能够实现的可选方向。

（3）互相交织的极性? 无法妥协?

（4）合并的极性本质?

（5）残余作为从过去到未来的桥接。

（6）寻找第三空间。

*原则：*形态是和交互的对立物或者根据社区的最大化和最小化价值观而不断变动的极性的过程相关联的。

*原则：*结构和解构的观念和概念存在于每个极性中，为正在出现的社区功能和内涵的格局提供线索。

*原则：*极性在即将出现的社区格局中，一致的和矛盾的程序元素以及在充分的设计测试过程中需要的原则。

寻找第三空间

寻找第三个和截然不同的结果，它能够推动对话去超越之前设定的极性，以最小妥协来包含每一极的关键元素，这就是第三空间[1]［索雅（Soja），1996］。

第三空间的概念最早看起来是抽象的、无法实现的，既不能够过早地被决定，又不能通过一个目标驱动的过程被确定。第三空间作为设计，来自一个更大的创造性过程，并不是作为嵌在过程中的一个解决方案，而是来自于过程中的做法的新兴现实，体现在设计中就是手工制作过程。

[1] 在公共参与过程中，我利用一个空间矩阵/分层的圆桌会议方法论来协助发现有着最小妥协的起点和方向。事实上，一个协调者被称作“裁判”，他负责把讨论从妥协性倾向的趋势带回到正轨上。讨论从在很大影响层面上被讨论的问题和话题（之前被认同的）开始，然后接下来的每个讨论都会把规模缩小到关键的“充分情境”中。根据每个规模层面的讨论，参与者被要求把对话中的前三个结论明显地印刷在大张的便条纸上，然后贴在墙上，来产生一个基础矩阵，随着对话在规模不断减小的回合中继续，该矩阵会不断扩大。在这个圆桌会议的关键点上，协调者评估和总结正在出现的矩阵，随后是一个总结的圆桌对话。起作用的关键原则（并不总是成功的）是在矩阵中即将出现的格局。这个格局可以让参与者放松对最初的日程、位置、极性的关注，而把精力集中在这个矩阵想要传达的内容上。在大多数情形下，参与者日程的关键方面都包括在矩阵中，那些可能是“过分夸张的”“令人无法容忍的”或“异想天开”的方面经常会在更大的矩阵之内、在它们自己的不协调中消亡。这个过程导致了一个关于矩阵，而不是关于最初的日程、方向和很有希望从这个矩阵中出现的创新的最后讨论。在一些情形中，给予更多的时间，并召开一次设计专家研讨会，一个设计团队在建筑/城市设计测试中，为参与者用轴测图/剖面图解释了矩阵的部分。这是十分有效的，因为过程和结果之间的关系被清晰地推进了，而对话在一个更真实的空间情境中被理解了。

设计师是如何从这些抽象中创造形态的呢?

通过设计在设计中寻找第三空间

作为设计师，我们通过受教育和受训练就是为了制造东西。我们的任务就是把观点和概念变成空间构造、空间比喻、城市功能和内涵的转化。当我们在对于城市内涵的追求中加入更多的复杂性时，设计的潜力和创造的能力就被扩展了，而不是被减少或被限制了。以下是在设计中的一些调查的初步原则：

*原则：*形态作为一个社区中充满活力的变化的整体指示剂和转化器，来自于CST矩阵内部潜在的或者固有的互动。

*原则：*所有社区的特性（CST）都被设计师理解为和观察方法密切相关的原则——空间现实的基本结构被我们看待世界的方式所决定——社区的格局是我们（设计师）的思想格局的反映。

上述让我的学生感到惊讶！这个原则代表了一个对设计的力量（和它的误用）的警惕。我们在对现实的观察中，有一种责任，要在我们参与到设计过程之中时，去除尽可能多的陈腐思想、风格、理想和规矩惯例。这并不是简单的或完美的，这是在对情境进行观察和记录时保持清醒且冷静的一个基本标准。这对于我们来说，是每个设计—调查过程不可或缺的一部分的认可。

*原则：*建筑和其他城市的物理成分是朝气蓬勃的活动的格局，这个格局拥有能够对那些建筑成分即将出现的和正在衰退的活力起作用的一个空间层面、一个时间（开始和结束）层面和一个文化（使用）层面。

如果我们把一个摄像机放置在一个公共空间的前面（如建筑物和院子前），并且从使用、天气、材料老化等方面记录（观察）那个空间的变化，建筑作为一个更大格局中的居住实体这一点就会变得明显。建筑表现为空间中有质量和风格的物体。不过，还有些定义空间、改变空间和被那个空间所改变，且无法和它分割的过程。

*原则：*构成中的空间成分和它们的活动不能够被分割，并且仅仅是同样的空间—时间情境的不同侧面。

冲突（或是极性的积极使用）

谢尔盖·爱森斯坦（Sergei Eisenstein）（《电影形式》，1949）追求一个辩证的

（逻辑论证）设计手段（在他的案例中是电影形式）。在本书的框架之内的手段，还有索雅和其他人的第三空间手段也保持了他的优点和应用。用他的话说：

这个物体的辩证系统到大脑中，到创造抽象，到思考过程中的投射，会产生思考的辩证方法，辩证唯物主义——哲学。

当具体创造带来形态的时候，还产生了——艺术。

这个哲学的基础是一个动态的物体概念：

存在——作为两个相冲突的对立面的互动的一个持续进化。

综合——产生于正题和反题的对立。

……在艺术领域，这个动态的辩证原则体现在：

冲突

作为每个艺术作品和艺术形态存在的基本原则。

因为艺术总是冲突的：

1）根据艺术的社会使命，因为艺术的任务就是彰显存在的矛盾（通过在旁观者的头脑中引起冲突来形成合理的观点，并且从对立的强烈感情的动态冲突中形成精确的智力概念）。

2）根据艺术的本质，因为它的本质是一个自然存在和创造性倾向之间，以及生物体惰性和有目的的主动性之间的冲突。

3）根据艺术的方法论。

1996年，当我还在建筑学校的时候，爱森斯坦的写作深深地打动了我，并赋予了我能量。这种能量一直持续到今天，我把社区和社区设计的极性概念放入了这些思想中。极性，作为两个相对立的品质或者力量，定义了城市内涵的范围；它们成了社区中正在发生的对比和冲突的容器，这些对比和冲突有些是温和的，另外的则是非常有争议性的。艺术和设计得益于在设计方法中对这个极性的认识和运用。这正是我们在复杂的构成中所探索的。

把设计和复杂性桥接在一起

再一次说明，设计是一个不确定的、探索的、发现的、游戏的和对内涵和功能理性阐释的过程。设计探索了这些复杂性，创造和影响了我们人类居住区的形态和构成决定。

设计是创造东西（为人类和这个星球）——不仅仅是用来谈论“如果……将会怎样”这样的话题。

一个持续对话的框架：复杂的构成

考虑用以下的框架来融合设计和复杂性：

情境的CST矩阵：辨别和评价

这个CST矩阵通过规划、城市研究和已建立的方法论而被定义和分析——认识到了社区的生物物理、文化和历史方面之间的关系。在这个分析之内，关系和格局在空间上被认识到，它有空间示意图作用：

1）通过对话和设计来探索，在极性之内测试不同选择和其他能够实现的可选方向。

2）留存在空间/文化景观中的，或在它们之上留下显著印记的历史格局。

3）在建筑形态中拥有已存在的空间成分的残余潜在格局。

4）连贯的和正在进行的格局，它们能够持续发挥作用，并且满足现有的和潜在的内涵和功能需求。

5）作为混合的正在出现的文化/空间格局、不确定的和/或不寻常的现象。

现有的CST：充分情境中的“部分”分析

这个阶段导致了一个在充分情境之内的文化/空间关系的“部分”分析，例如，一个代表了地方、附近和相关联的情境影响的空间容器。这包括：

1）在一个充分情境中，在每一个尺度阶梯水平上的组织关系。

2）聚集这些组织的现有的和即将出现的结构关系。

3）对于来自于分析的即将出现格局的认识。

4）表现在相关联的空间图解中。

一致和极性分析

在这个阶段中，连贯性和极性都被作为发现概念的一种方法来研究，这个方法对于把连贯的格局和极性融合为第三个和完全不同的结果是有效果的。

1）连贯的格局可以是建筑形态类型学，它表现为持续地有助于CST矩阵内涵和功能需求的元素和原则。

2）它们被表现在空间示意图中。

3）极性和极性的群组认识为文化/空间元素和原则。

4）它们根据可行事件的时间阶段而被评估。

桥接极性：为动态边缘进行的设计

在这些极性中的原则通过设计探索而被评价和讨论。这是一个追求第三空间，包含原始极性关键原则（或影响它们进化）的第三个和不寻常结果的阶段。极性桥接和设计测试可能包括：

1）作为一种探索，为每一组中的每个极性进行设计——假定每个极性都是一种选择。

2）为与更大社区CST矩阵一致的即将出现的格局进行设计，如有显著的一致性的格局。

3）设计矩阵中的催化剂元素、原则和关系。

4）把设计干预放入CST矩阵来改变策略，去除严重的功能失调部分。

5）在社区内让创造能力再度恢复活力，以实现自我重建。

6）在不同的规模认识和表现文化/空间程序中发展，包括未解决的极性需求。

概念性构成方向

设计构成是正在出现的文化/空间/时间关系，来源于以上阶段的设计师和社区。由于情境中CST矩阵所产生的复杂性，当分析和设计测试需要更多的努力和探索时，设计的时间框架增加了。

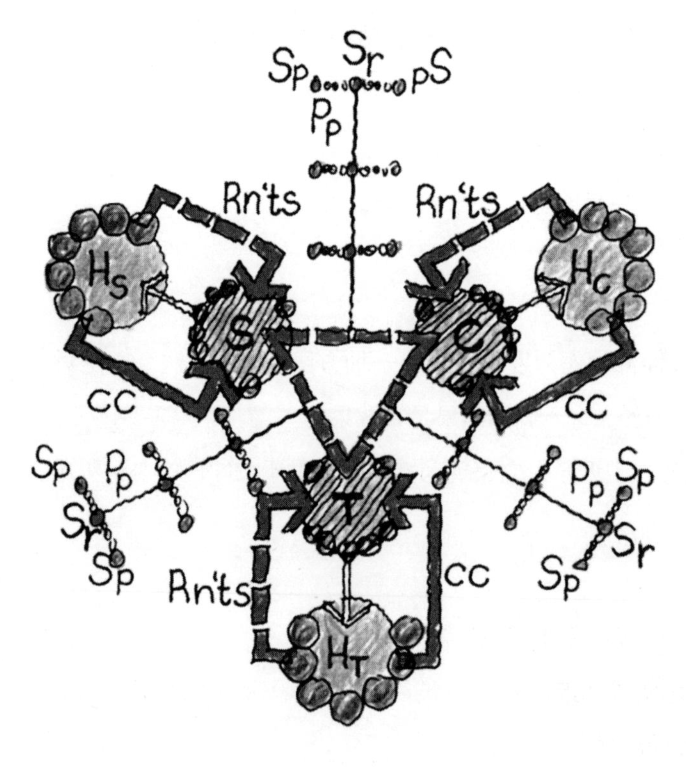

图9.1　CST设计复杂性示意图

文化、空间和时间是社区设计过程所需要的不可分割的部分。不是其中一个或是两个，而是所有三个都是任何一个分析的一部分，因而复杂性提高了。当空间和文化、空间和时间以及文化和时间被探索和评估的时候，CST力量之间的关系被认为是显著的关系（SR）和显著的极性（SP）。不同级别极性（范围相关的：地区的，大都市的，城市，地区，邻里，等等）之内，空间程序成分，包括那些显著极性之内用于测试的，都会被识别出来。为了对社区的内涵和功能一致的或持续的贡献（CC），更大的视野评估了CST力量的历史侧面（Hs，Hc，Ht）；那些存在且可能有潜力被再创造到现代兴起的设计构成之中，或者成为其关键一部分（Rn'ts）。

设计空间程序成分和原则成为更大过程矩阵的一部分（第1章）。设计构成实验和探索在很多阶段以程序矩阵和空间关系发展的互动作为开始。在极性群内的每个极性提供了一个范围的程序关系，从最小化的一致对比关系到最大化的价值冲突。在过程中会过早停顿和创造某种东西的趋势可能是极为强大，让人无法抵抗的。停留在这个过程中，并且在有时间和预算约束的情况下，探索尽可能多的复杂性，这对设计师来说是一项重要的挑战，并且可能会带来设计形态中丰富的和有意义的构成。使极性程序的不同层面相互间发生冲突和对抗可能是一个释放不可预见的空间构成机会的创造性过程。这不是一个简单的任务，并且需要很多人手，例如不同学科的队伍，以提高社区设计的质量。城市设计师是这个过程中的设计指导或经理，这两个职务都需要从不同的学科来把投入解释为构成概念，并且通过其他小组成员来协调设计投入。

城市设计构成将会被现实测试和挑战。过早或不成熟地进行构成决策会引发保护性的心态，这是在通过CST过程强加一个预设的或者固定不变的设计，而不是让构成本身从这个过程中出现。回顾自己的水彩画创作经验，当我使用和水彩画的物理特性（水、蒸发、运动、透明度和光度）相关联的元素、原则和行为时，我的作品就有所提高了。我用和媒介的玩乐性互动代替了控制和管理，从而获得了之前没有预期到的新激动和新发现。

在最后的评估中，设计探索带来了之前的矩阵中并未形成的对于观点和概念的发现。作为和社区的文化和时间/历史层面有关系的空间思考过程的设计价值，对于形成有意义和发挥功能的人类聚居区来说是至关重要的。

参考文献

Arnheim, Rudolph, 1969: *Visual Thinking*: University of California Press, Berkeley, CA.

Bosselman, Peter, 1998: *Representations of Place: Reality and Realism in City Design*: University of California Press, Berkeley, CA.

Capra, Fritjof, 1982: *The Turning Point*: Simon & Schuster, New York.

Eisenstein, Sergei, 1949: *Film Form*: Harcourt, Brace & World, Inc., New York.

Johnston, Charles MD, 1984/1986: *The Creative Imperative*: Celestial Arts, Berkeley, CA.

Johnston, Charles MD, 1991: *Necessary Wisdom*: Celestial Arts, Berkeley, CA.

Kaku, Michio, 1994: *Hyperspace: A Scientific Odyssey through Parallel Universes, Time Warps and the Tenth Dimension*: Oxford University Press, Oxford, UK.

Patton, M.Q., 1990: *Qualitative Evaluation and Research Methods*: Sage Publications, Newbury Park, CA.

Sandelowski, M., 1995: "Aesthetics of Qualitative Research": *Image*, 27, 205–209.

Soja, Edward W., 1996: *Thirdspace*: Blackwell Publishers, Cambridge, MA.

Soja, Edward W., 2000: *Postmetropolis*: Blackwell Publishers, Cambridge, MA.

Strauss, Anselm and Corbin, Juliet, 1998: *Basics of Qualitative Research*: Sage Publications, Thousand Oaks, CA.

Webb, Frank, 1990: *Webb on Watercolor*: North Light Books, Cincinnati, OH.

Webster's New World Dictionary, Second Concise Edition, 1975: William Collins & World Publishing Co., Inc.

Weigardt, Eric, Ocean Park, WA, Watercolor Artist, Member: American Watercolor Society.

附录A

城市设计的制图类型

在我们进行更深入的结构练习之前，需要对视觉/空间符号，以及在城市设计探索中所使用的语言有一个更好的理解。这些符号都可以通过手工制作或是数字化表现出来。它们的原则在两种制图法中都非常常见。在本书中，我将重点强调城市设计探索里最快、最有效的制图方法。

制图是一种表达和转录（就如通过写作、演讲、演奏音乐等）设计语言的方法，而并不是一个构成或者设计的产物！制图是空间思维的一个视觉表达方式，包括了使用符号（字母表）及利用有意义的表达方式或平面设计结构中的空间关系（句子和段落等）。我将制图的过程看作是视觉上的思考。你并不需要成为一名建筑师或者艺术家，才能用一些最基本的方法论来“表达视觉感和空间感”。在我看来，对于非设计师们来说，有如下几种基本的视觉建造或视觉交流的类型：

- 轴测图
- 示意图（平面和三维）
- 等高线绘图
- 剖面图制图
- 模型制作
- 透视捷径和数字化辅助（可选）

视图（定性绘图）的捷径变化是可选项，在这个情境中并不是最关键的。它们主要是定性的，对于在一个更现实的物理情境中描绘物理关系是有价值的。其他方法都既是定性的，又是定量的，为设计师在设计构成和分析中带来了更大的灵活性。

轴测图是一种非常重要的且易于掌握的投影画法，其中的线条在轴测中在平面和高度上均保持平行。在对其他构图方法进行探索前，我们一般都会鼓励先熟悉和掌握基本的轴测图画法。我也总结归纳了尽可能多的简单方法，让你对此的探索能够进行得更为顺利和有效。虽然大部分的轴测图画法都存在一些变形，不过这些在设计构图中都是可以忽视不计的。

轴测图

从本质上来说，轴测法制图和等高线制图都是描述物体的三个平面，并且排除了透视的干扰，可以让你更为方便和有效地对设计的图形进行速写和操控。那么，让我们开始吧！

工具：

- 活动三角尺
- 直尺（T形、平衡杠）
- 笔
- 描图薄纸
- 建筑或工程用胶面格子图板

任务：

1. 轴测法（投影）绘图

目的：构造一个立方体，一个棱锥体，一个球体和一个三角体（4in × 4in × 6in）。

每个做两次，第一次为实心固体，第二次为空心固体（每个体积画两幅图）。

绘图的尺寸为每边6in为佳；和较小尺寸相比，这样绘制起来更为简单。

首先，每个体积都制作一个平面和立面；或者在每一个比例都有资源材料（见，注解）

将设计图从基础的0～180° 水平角度转为30° /60° ，或60° /30°（见，注解）

㊀ 在图像信息系统（GIS）的使用中，许多设计师对平面图采用了非常规的比例，这为其他参与到设计过程中的人带来了测量困难。当通过GIS程序来计算时，这些非常规的比例可以被用来测量数据，但是当使用标准手秤和其他测量设备（那些不会因为计算机科技而停止使用的设备），它们不能被用于测量。例如，在进行一个位于市中心的设计时，在工程（标准）比例基础上的一个标准比例范围可能在1in10个增量至1in60个增量之间。对于纸质版策划图来说，这些常规比例在实地考察、团队设计工作和工作坊等情况中是很有用的。许多GIS地图是用非传统的比例绘制出来的，例如，1in=462ft，它对于团队、客户或设计过程的用处很小。

画出所有作图线，在一张描图纸上从每个角落将平面图的垂直线提高（提示：同时使用中心点和角落来协助“观察”）；如果它们与0～180°水平线垂直，则保持其90°的方向。

测量每条垂直线的高度（从立面图进行测量）

以角对角的方式连接上部的顶点，让在平面图和立视图里相互平行的线，在轴测图里继续彼此平行，包括作图线（如果想要的话，可以使用彩色铅笔）；对于一个屋顶有坡度的建筑来说，应先画出基础的方框，然后找出横穿方框顶部的屋脊中心线，从相交点测出屋脊或两端的墙的高度，然后将屋脊顶点与方框上部和外部的角连接起来。

用自由的手（你自己的手，而不是程序软件！）使用一支纤维头的笔，将图复写到高质量的复写纸（透明）上；不要使用太薄的复写纸，因为这种纸过于脆弱，并不适合特殊的复写过程。

不要用橡皮擦去错误的线条，应使用复写纸进行覆盖。

2. 轴测法（投影）绘制

目的：颠倒过程，或者把这个体积表现为阴影或者空心的形状。

立方体：在一个大的立方体内构造一个小的立方体；或者将一个立方体放入一个较大的两维水平平面中。

球体：利用中心点或至少两条相交的直径在一个大的立方体内构造一个球体。

棱锥体：同上，并利用关键的外顶点。

轴线：将一个吊顶龙骨分割为一个两维的水平平面。

示意图（平面图和三维图）

示意图是半真实的图形解释，可利用多种不同的制图方式：平面图、剖面图、轴测图和透视图。它们可以用来夸大或总结想法、信息和分析，排除与分析与比例无关的信息。示意图在有参考和定位信息（如在方向、规模和充足）的注释下，能够成为更有效的交流工具。

我在设计分析中利用示意图来对大的图形进行总结，或是在场景分析中总结关键的因素。在研讨会、工作会议和设计交流讨论上，示意图都为表达和讨论想法提供了一个好的平台。示意图也成了设计师的一个评估工具：当数据都被分析和合成后，示意图就被用来在例如地图这样的场景图中关注和确定某一信息的优先顺序。

意图：

在空间辅助和定向的基础上，示意图体现核心思想、话题、关系和数据分析，排除了不必要的细节。在大多情况下，示意图代表了组织和结构的主要模型，内容从地点评估、空间程序组织到这些组织在物理情境中的结构聚合。

与建筑环境设计相关的示意图有如下的特征：

空间辅助的及以定向的正投影基本信息通常用于平面示意图，也可应用于轴测图及透视图中

有一个明确、连贯的符号集来代表不同的类别及尺寸范围。这些符号集既是约定俗成的，又给了设计师足够的创新空间。这些约定俗成的符号集包括：

1）以不同颜色来代表不同的用途及活动（如红色代表商业用途等）。

2）线条粗细代表着不同形状的等级（较细的线条通常代表背景物，如路缘、地形；而较粗的线条代表了建筑物的形状。在大多数的情况下，某个物体距离水平平面越远，其线条越粗）。

3）罗盘定向

4）当使用比例尺时，图解比例尺（强制性的）

当使用阴影的时候，必须准确地描画出垂直高度，而不可仅仅以更黑的轮廓来画出不准确的影子

连贯性的原则包括：

同一类别下的符号保持一致

同一类别下，根据建筑物的重要性，符号的大小也随之保持一致。例如，在用星号表示商业中心的时候，最大的一个星号可以代表该地区最大的购物中心，最小的一个星号则表示临近街坊的小零售店。

使用同一色板的颜色代表某一类型的特殊用途及活动；在同一色板内有根据不同使用强度而分级别的不同颜色变化。

符号的连贯性：我制作了一个符号的模板（箭头、短横线、星号、圆形等）并对这些符号进行追踪，从而使它们在保持一致的前提下，不对所要进行传达的信息造成干扰。

平面绘图

作为建筑师、工程师和景观建筑师的基础，平面绘图是一个从上往下、右角度的水

平平面视图，体现了平面上的关系（房屋平面、办公室布局、街区划分等）。这个平面是一个正投影的和定性的图表，对标准参考和衡量来说是很关键的。为了达到测量的目的，这个绘图采用了常规的比例，而且一直表现为图表和数字模式。这样一来，不管这个平面上的尺寸如何增大和减小，以及相应比例如何增大和减小，比例都能被确定下来。平面图也是一个水平的剖面图，剖面线在这里从标准纬度切割垂直的“景观”。在一个房屋平面中，水平面从地板上4ft以上被切割，这意味着所有的墙从地板到切割面最多只有4ft那么高。为什么呢？是因为这样在切割（垂直）墙上，窗户和门的开口都可以被观察到。一个城市尺度的平面可能有一个指定的水平切割线，这取决于要表达的信息。例如，一个50ft维度的范围可以被建立起来，以切割所有到基本水平面有51ft或更高的垂直物体。

轮廓绘图

意图:

仅仅画你看见的，而不是你认为你看到的（分析）。一个轮廓绘图包含在一个构成者景色中的边角、线条和形状的轮廓。在这个景观里面是主要形状的外部边缘（一个人）、包含这个人衣着的内部形状和这个人形态之内沿着所有形状的光的图案。这就要求你作为一个对于你所看见的东西更有注意力的观察者。

这个技巧需要练习，而且任何人都可以进行轮廓绘图。让我再重复一遍：任何人都可以进行轮廓绘图。轮廓绘图需要对于一个物体的现实存在和那个物体之内的形状的专注和观察。如果你发现自己游离了、画得太匆忙了，很可能是你已经停止了观察，并且进入到了凭借记忆的状态，基本上就是在靠着自己的绘画——你走神了！应再次集中注意力!

《用右脑绘画》［爱德华兹（Edwards），1979］在解释轮廓绘图的背景和技巧方面做得非常出色。如果你能拥有这本书，你的个人图书收藏会对你“表示”感谢的。同时练习单纯的轮廓绘图（不能在过程中偷瞥纸张或者正在进行中的绘画——练习用眼睛来观察）和修改的轮廓绘图，你的目光可以从观察到的物体、纸张或者绘画之间来来回回……而并不进行记忆。

原则和任务

1）使用会较少与绘图表面产生摩擦的绘图工具，如软铅笔（HB到4B、毡尖笔和龚戴铅笔）；避免任何可能会划伤纸张，或者在纸上拖拽，或者到嵌到纸里的绘图工具，因为这种工具会让你的动作变得缓慢（圆珠笔和金属毡尖笔是没有帮助的）。

2）当你把你的绘图工具放在纸上时，不要把它拿起来；是的，把它继续放在纸上，不要犹豫通过进行反复按你的原路返回（这只是一个草图，而不是完成作）。

3）在一个经过修改的轮廓构图中，通过使用一个探视器，并且在窗户边缘标记了二分之一和四分之一弦点，为自己建立一个景观的框架（说，3in × 5in的窗户镂空，或者一个写字桌的后背）；而且如同一个相机镜头，通过望向窗外来建立你渴望绘制构图的范围。

4）沿着窗户找到一个地方（许多地方），在这个地方，主要形状和边缘交汇了。

5）开始绘制你能从这个边缘所看到的，注意这个轮廓都在做些什么（上/下、角度、弧线以及通过窗户框建立的长度）。

6）我喜欢先绘制主要形状，以确定景观窗之内的整体构成，之后再回到更小的轮廓形状。

7）如果我不准确地估计了原有框架中的比例，我就会扩大我的窗口——这是很正常的，你也可以做到！

8）寻找轻形状（软的——点状的，硬的——线条）、图案边缘、所有的轮廓

建议练习：每天

1）两个一分钟轮廓绘制，测试你的确在观察或者记忆

2）两个三分钟轮廓绘制，同样的评估

3）两个五分钟轮廓绘制

在寻找什么

1）柔和的线条通常意味着缺少聚焦，或者速度太快——慢下来。

2）卡通一样的图像意味着对于图像的记忆，最小化的观察。

3） 在持续的时间段内把你的目光放在纸上意味着记忆图像，并没有观察。

4）你最好是看着要绘制的物体，而不是自己的绘画，因为练习是在于对轮廓特性的观察和关注。

剖面绘画

意图：

剖面绘图是正投影图像，对于观察者来说是平直的或者是垂直的，类似于立面图。

它们对于建筑师和景观设计师来说是熟悉的绘画类型，对于城市设计师和规划师来说，是关键的垂直关系工具，因此值得进行一个总结。剖面图有三个主要成分：

1）所有实际按照剖面线切割的垂直平面和平行平面都通过更粗的线条、双线厚度或是色彩进行了强调。

2）所有余下没有被切割的垂直平面和水平平面都保留在立面图中，并且是一个更轻、不太夸张的线条重量。

3）在大多数案例中，都有充足的背景物理情境（关键建筑物、邻近建筑物等）提供给观察者，以协助他们进行参考和定位。

剖面的过程

*平面地图、参考立面和（或）照片：*选择你想要在一个平面底图上切割水平平面的地方，以供自己做研究或展现给观察者一个垂直/水平/斜坡关系的特定视角；拥有用来为垂直成分做参考的参照立面绘图和/或照片。

*切割/参考线：*在你的参考平面上画一条线，最好用同样的比例，穿过你想要切割的地点平面，让这条平面上的线成为一个视平面或者窗户的“底部”（就好像你向下直视着平面，同时看到了代表切割的一块窗格玻璃的顶端）；看起来就好像沿着这条线用电锯切割了平面，而且移走了在你一侧的这条切割线前的所有东西；这条线不再存在于这个设计规划之中，展示了沿着这条切割线和这条切割线之外的一切——向和你相反的方向进入了在那个地形高程上的远方。

*切割/视角的方向：*在你的平面和切割上线标明你想要看到视图的方式；在平面上切割线的两端各画一个圆，然后在那个圆的外部画一个示意视图方向的三角形或者箭头（这样一来，其他看着平面的人就会同时知道切割线的位置和切割视角的方向了）；然后使用圆的内部来参照这个剖面是什么以在更大一组的绘画中，这个剖面在哪里可以找到。例如，“B-B，A-12”表达的是这是在A-12这张纸上能找到的B-B剖面（在平面上切割线的每端都有一个B）。

在切割线上切割所有的水平和垂直平面，就好像我拿着锯走向了一个三维模型，我从模型顶部到底部垂直地切割沿着线条或者视窗的所有一切，且按照需要尽可能地高或低地切，以定义“充分情境”。我同时切穿了垂直和水平平面。

*关系：*剖面切割体现了垂直和水平关系。

*没有进深：*没有进深，没有消失的平行线（平行线立体图：所有的线在平面上都是

平行的，立视图保持平行）；这就是为什么，如果直视一个立方体（90° 或者垂直），我仅仅能看到前面的垂直平面，而不是上面和侧面。

*基本部分：*丢弃任何和所有在切割线之后的平面和立面信息（如果你的鼻子紧贴着视平面窗，那就是在它之后的），

*描图纸：*把一页干净的描图纸（轻薄的，如果是厚的，则需是透明描图布）覆盖在平面绘图上（切割线和切割方向背朝着你），并且用带子捆住。

*描图切割线/路面标高：*用你的平行直尺或者丁字尺来描绘切割线，并且让这条线变为在同一水平面中或沿着切割线和地形学相一致的平立面中的参考线；如果它在一段到另一段的切割线各不相同，那么你仅仅是在用横坐标沿着纵向坐标不断地上下绘制曲线图。

*提高切割纵切面：*使用你的丁字尺和三角尺，根据来自原材料的比例高度（立视绘图和照片），沿着切割线提升纵切面。

*提升其他参考垂直面：*提升在你的视线内的切割线以外的所有其他垂直平面（1ft并且向外到你的充足情境距离；例如，如果我想要体现在切割远景中下一个街区的教堂，我就能把教堂立面图作为比剖面切割线更细的线中的一个显著参考物放进来；如果远处有一个山丘或山脊，我就可能把它也放进来作为参考。记住，要测量它，要从开始的基础高程或立视图来衡量它的垂直高度。 如果一棵30ft高的冷杉树在远处的深谷中，而且这个深谷的底部是在我的参考切割线立面图以下20ft，我就将仅仅看到10ft的树。

*更深的切割线：*现在所有那些在切割线上的垂直和水平的平面元素/线/体积块，或者在某些情况下的空心线（并没有在这里使用），要比任何和所有不在切割线上的垂直和水平平面的颜色被弄得更深（更粗的线）。重复：要让的确在切割线上的水平和垂直平面比任何其他立视图线更加夸张化（更深、更厚），我们并不在沿着切割线的窗玻璃中绘画（你会看到它们被包括在了建筑细节切面中），这是因为它们对于规划目的来说太窄了。

*情境信息：*对于情境信息，包括其他在你的切割视角方向，但是不是沿着切割线的地点信息。当作立视图对待：把所有你视角中的平面往下放到和你（你的丁字尺）垂直的水平线（0 ～180° ）上，无论物体在平面上的定位是怎样的；也就是说，你看到的仅仅是在直接在你垂直视线中的物体的部分。如果一个立方体以30° /60° 的角度向你倾斜，你会看到一侧比另一侧短，完全是一个轴突。

一旦你把所有的平面和它们的角落放在朝向你合的适角度，就可以测量它们从平面角落点（或者就像以上的杉树例子）——从它们所在的立面和轮廓到垂直面的高度和比例。对于向你相反方向倾斜的不在0～180° 以内的斜坡屋顶，仅仅应找到高和低点，并且把这些圆点连接起来。

记住：

1）能够显示剖面之内的立面。

2）总是有一个定向视角。

3）视角和电动圆锯切割总是会在平面上被标记出来作为观察者的参考。

4）地点剖面比有背景立面情境作为剖面的部分更好。

5）线的质量对剖面很关键：把所有的其他信息画为更好的线，而不是剖面切割中，这样切割会显得比较突出。

6）影子和进深。

7）影子仅仅被投射在垂直平面上，并且被用来指示建筑后移和其他细节。

模型制作

意图

三维模型是手工做的，是探索和衡量空间关系的关键工具，因为它们通过工艺过程，展现给设计师的往往是正投射图像中不能被观察到的空间关系层面。学习模型，就好像是示意图，可以从用最小化细节体现更大构成格局的半现实主义形状开始。如果有这种形状存在的话，那么随着设计不断进化，它将变得更成熟并最终成为一个更精巧的构成。

我经常使用并且推荐给同学们的模型类型如下：

1）用于更大地点构成的纸板体量分析模型。

2）对于模型成分的使用和数量指定，在模型使用的一段时间中和当模型被以照相的形式记录下来时是有用的。

3）复制底图，以提供一个有比例的物理情境基础。

4）位置合适的纸板和木屑压合板地形层。

5）建筑体量的木屑压合板和接线板学习模型，对已有的（灰色）和计划的（白色）构成附属物通过颜色进行对比。

6）对行人区域、道路、水和其他对于更大模式识别很重要的成分的着色剂。

图AI.1　平面示意图

当平面包含基本的图像参考和朝向信息的时候，这个平面绘图被称作工作底图。辅助信息可以被加上来以进一步提高分析的水平，并且“底图”总是会被当作原始的参考资料来源而被保留下来。

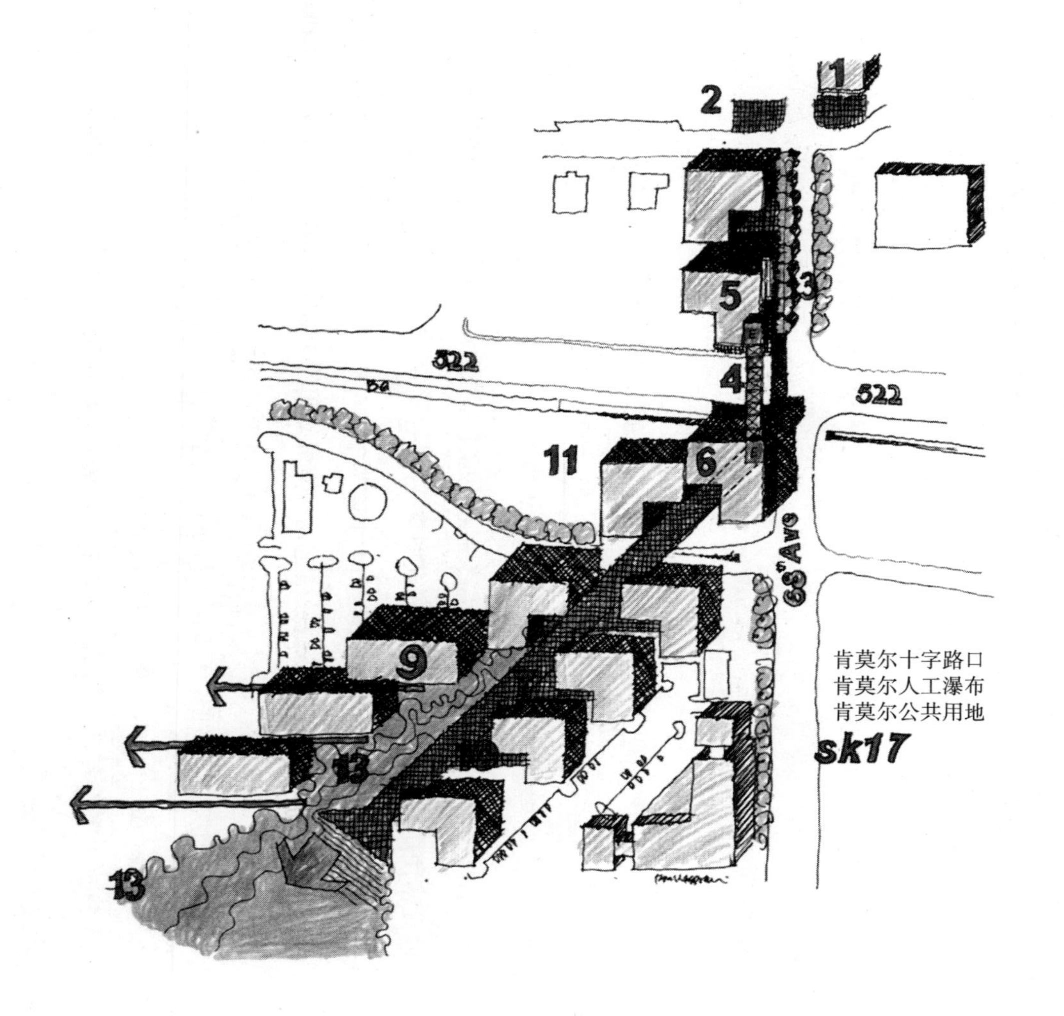

如图所示，通过522高速公路要穿过人行天桥，它有电梯被包括到东北68大街南北侧新开发区之中。这是一个以市民中心（1）和市政厅（2）为起点的人行主干道，有拓宽的人行道向下进入东北68大街（3），向上进入522北侧的新开发区。天桥（4）被楼梯和电梯连接起来成为新建筑物（5）一部分，并穿越了522公路，再变成了522南侧新建筑物群（6）的一个封闭部分，然后进入露天长满青草的山坡（7），再进入华盛顿湖和作为公共和私人开发区开放空间设施一部分的公共滨水区的入口。肯莫尔十字路口变成了肯莫尔人工瀑布（8）。

这个图解描绘了供继续讨论的许多不同的概念性选择，包括：

（1）从地点的北部到滨水区域（9），高度逐渐减少的革新性办公室、研究和居住混合体，每个都有连接到肯莫尔人工瀑布的半私人开放空间庭院（10）；一个公车运输中心（11）可能同时被包含到两个计划中。

（2）另外一个在本质上更加线性的选择（12）形成了一个沿着肯莫尔人工瀑布的街道，它有一个作为更大混合体主干的混合用途开发区。

（3）第三个转换描绘了一个更广阔的斜坡公园开放空间（13），位于肯莫尔人工瀑布的西侧，这是一个公共公园和私人开发区开放空间的混合体——肯莫尔公共用地。

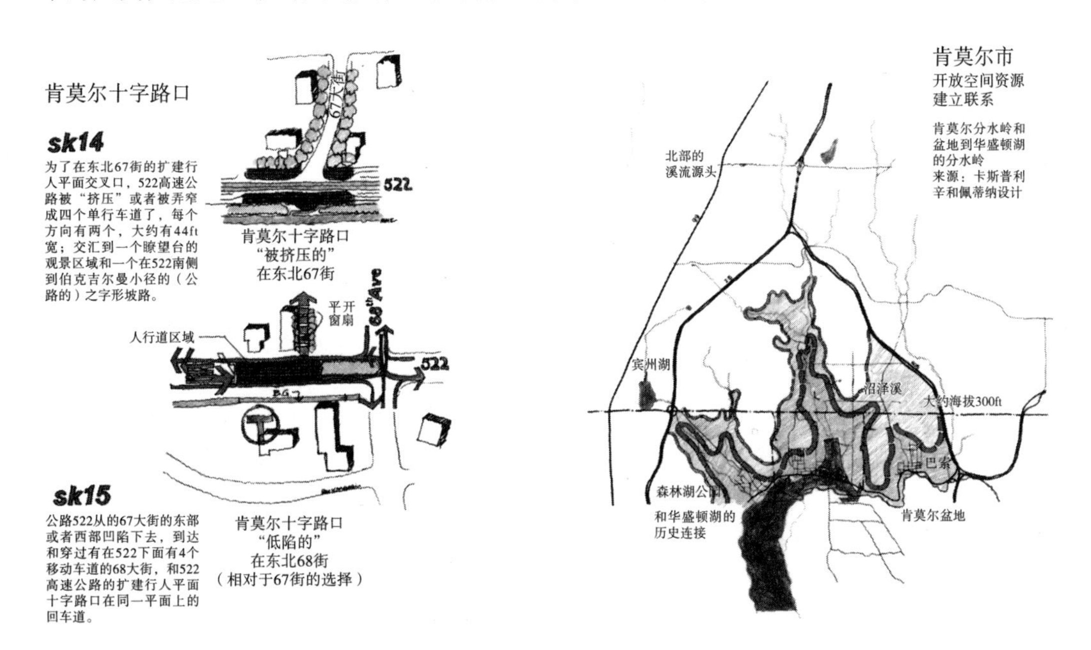

图AI.2　平面示意图

这些平面示意图被用来描述城市设计中广泛的概念和原则。第一个代表了使用简单的图形符号，通过对于一个高速公路的处理来改善行人交叉路口；第二个体现了环绕社区新兴市区核心的更大的土地形态模式。

图AI.3　建筑剖面

线条明暗度被用来生动地描绘了被切穿的垂直元素（就好像是用了一个电锯）。切割平面相对于没有被切割的水平和垂直元素以及平面要更深和更粗。相对于垂直墙平面和水平地板平面更黑和更粗的线，窗口被当作空白或者用很细的线来画。所有在切割线之后或者在远景中看到的元素都被用更细的线标示了出来，以此突出剖面景观的重要性。

图AI.4　地点剖面

这个地点剖面利用了与建筑剖面相同的原则。以穿过地点的切割线和视角方向为基础，这个剖面显现了切割地面平面和路基平面特征（地下停车场、基础设施等）和路上天然的特征和建筑特征。更浅的线为所有立面的特征所保留，更深和更粗的线用于仅沿着切割线的被切穿的垂直和水平平面（地面、墙壁、地板、停车场、街道、水特征等）。

图AI.5　空中透视示意图

鸟瞰图可以代替平面示意图，其概念性图像能够强化信息。这个例子描述了在遥远东北方的瀑布山，其中河棚和河沼泽和到主要中心的可能联结一起被突出了。

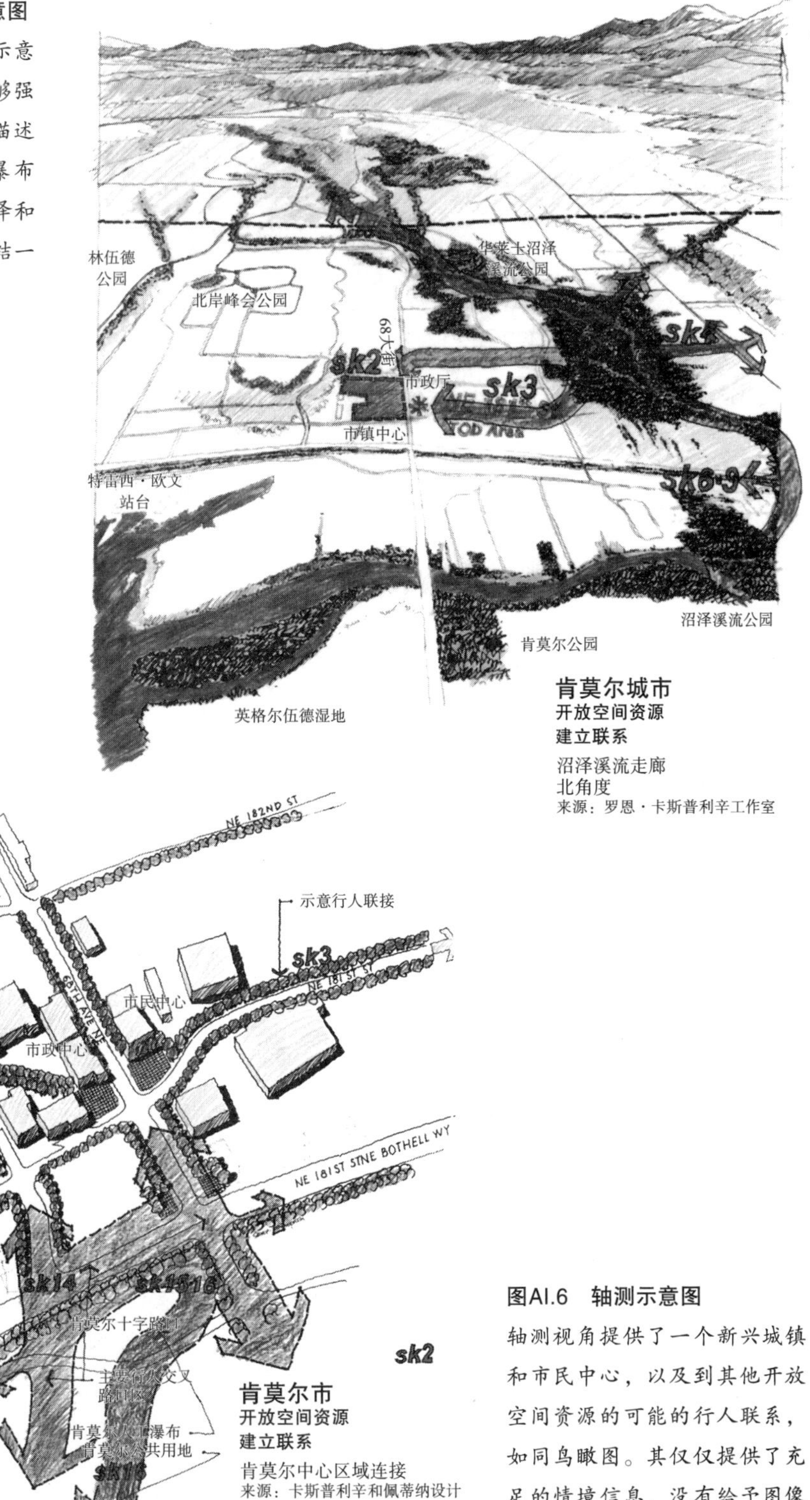

图AI.6　轴测示意图

轴测视角提供了一个新兴城镇和市民中心，以及到其他开放空间资源的可能的行人联系，如同鸟瞰图。其仅仅提供了充足的情境信息，没有给予图像过多的不必要信息。

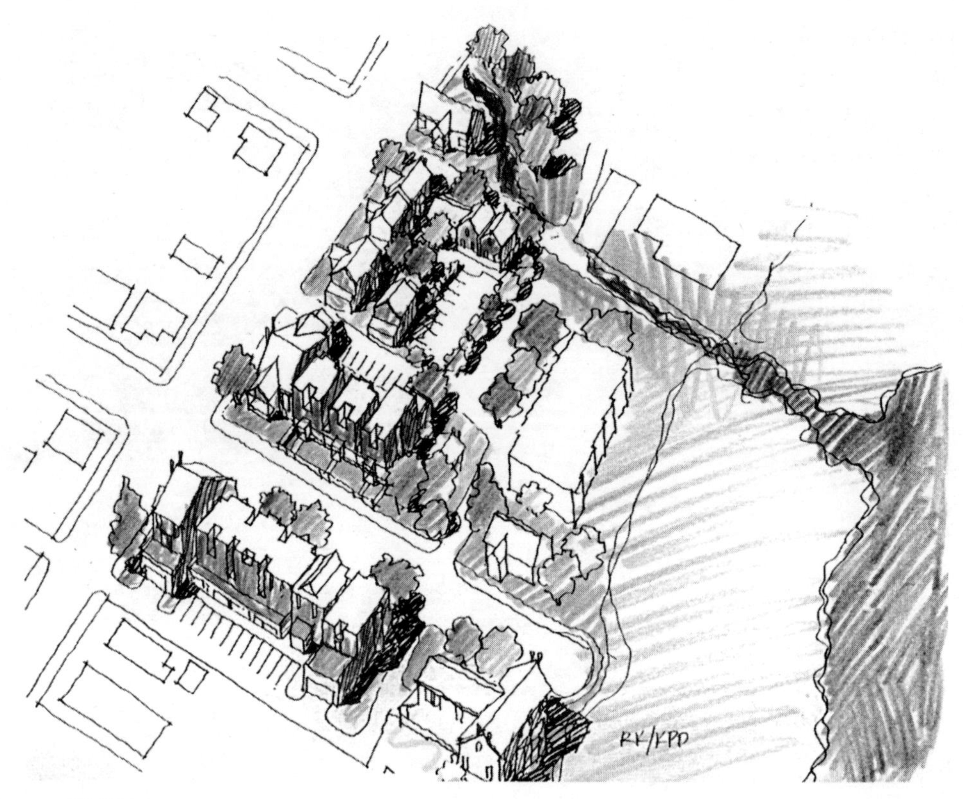

图AI.7 轴测绘图

在“市中心设计手册”（2006）中，轴测绘图被广泛地用于描述设计准则的整体设计意图。轴测绘图也被复制和作为示意图使用。注意平面的定向（30/60或60/30）和所有的垂直线垂直于0～180° 参考线的基本要求——它们并不是斜的，而如果平面被旋转的话，变斜却是可能发生的。这种倾斜效果让大多数非专业观察者感到混淆。

参考文献

Edwards, Betty, 1979: *Drawing on the Right Side of the Brain:* Houghton Mifflin Co., J.P. Tarcher, Los Angeles, CA.

Kenmore, City of, 2010: “City of Kenmore Open Space Opportunities: Making Connections”: Kasprisin Pettinari Design, Langley, WA.

Kitsap County Department of Community Development/Kasprisin Pettinari Design (Langley, WA), 2006: “Downtown Design Handbook”: Silverdale, WA.

Sechelt BC, District of, 2007: “Visions for Sechelt”: John Talbot & Associates (Burnaby, BC) and Kasprisin Pettinari Design (Langley, WA).

附录B
与人合作：城市设计的法则

介绍

我加入这个部分的内容，是因为它对于实践CST矩阵这一城市设计的基础来说非常重要。要是缺乏有效地与人互动，那么，我们进行设计的目的和设计流程所产生的形态就会被割裂开来。与人互动是一门艺术，它需要有充足的准备、开放性、真诚的互动以及个性魅力。

作为专业设计师来说，我们的核心使命是与人合作，是与人，而非机器，进行规划与设计。我们有时候会忘记这一使命，尤其在我们沉浸于政策、量化分析以及计算机模拟时，当然也包括表格制作时。我们中的大多数人都认识到了，人是我们做事的关键，而且持续不断地在寻找各种方式手段以最低限度地吸引或者逃避城市和城镇中的好人、那些为“有质量的生活”而设计的人、应用“情境敏感”设计的人、设计“人性化的”环境的人，当然还包括为“可持续性”（矛盾修饰法）做规划的人。这一切都是俚语习语。很多专业人士一想到要和人一起合作共事，心里就会有创伤，都会对需要在公众会议中“演讲”而感受到不同形式的恐惧，并会沉默。我们沉浸在书面记录中的时间，和通过可掌控的/感觉良好的活动以及技术来装模作样地敷衍了事的时间，远甚于真正地与社区融合。

这是一个残酷的宣言，而且通过我42年的经验证明，是绝对正确的。

与人合作对所有形式的社区规划、设计以及工程建设来说都是固有且必要的行为。但是好的想法往往会因为恐惧、经费紧张、时间不够、自大以及忽视等原因而难以实现。设计是文化的一种功能，而文化代表着随着时间的推移而变化的人类行为模式。与人合作在文化/空间/时间的矩阵里都是必要元素。更多时候，公共投入往往不能或者很难吸引人，而且设计解决方案的妥协程度也在急剧增加——在那方面存在的设计关键点是：减少或者停止妥协。

与人合作的原则是，设计中的妥协（造成设计污染或者稀释的主要来源或原因）可以被最大限度地减少或者通过互动的公共流程而造成最低程度的影响。

带有愿望，而不是先已决定的结果（要求不带目标的规划）

从不确定性开始的充满活力的过程（创造性），而且珍惜所有的不确定

组建持续连贯的公众参与

用妥协意识来进行裁判

通过使用具象派媒体来提升社区对话的内在价值

跨学科的协作

互动参与能持续更长时间（和足够的预算）

让我们通过例子、反思以及建议措施来探索这组原则。

个人觉醒：市区重建经验

作为一个年轻的建筑师和城市规划师，在20世纪60年代后期，才刚刚研究生毕业的我就被大型建筑设计规划公司派遣到了距离波士顿大约20mile的一个小镇上。我被分配为项目城市设计师，需要与重建方面的权威人士以及社区人士一起合作，通过市区重建的过程来制订市中心重建计划和战略。

我取得了城市规划学硕士，是为了成为一个更加以社区为导向的建筑师，所以当我到镇上的时候，想的是我要在这里更好地提高社区。经过一个艰辛的过程，我才认识到，对于设计的执着、对设计的迷恋和对规划的付出只不过是换来了等待浮出水面的问题（和社区有关系的）。

我生活在一个同时和地方重建董事会和州立法有政治上联结的家庭中。在地方酒吧，市长的桌子总是一直保留着——预订给了“政客”和像我们这样的设计师团队成员。对年轻设计师来说，这样气氛是让人兴奋、头晕和充满政治色彩的。我确信通过我们的双手创造过程的市中心设计方案是为“公共”服务。“公共”在现实中意味着把我们的进展呈现给公民和商界领袖，而不是让他们高效地参与进来。

在以后的岁月里，我特别关注的是一种认识，那就是我和年轻同事通过走访街道来进行“建筑情况评估”调查，做出决定是基于对未来设计的潜力，而不是基于现有情境

和社区价值性质。先决的设计在这个过程中过早地促成了关键决定。与空间做游戏就是与权力做游戏。

当然，当配有精心制作的图纸，一个10ft × 4ft模型等的设计方案被重建董事会批准时，团队把最终设计呈现给公众以获通过……而当我站在那里倾听一个又一个情绪激昂的反对声和异议后，我汗流浃背，经历了第一次失败的恐惧。我花了一段时间来弄清楚为什么：这些项目的实施更多是适应了设计的个人乐趣，而不是对社区意义和功能的关注。功能在其中占了很大一部分，而不是意义。

一个花絮趣闻，从一个不同董事会会议室的视角，讲述了许多设计背后隐藏的政治。一天，在包括拆除部分主要街道和当地银行大楼（一个漂亮的由砖和石头构造的建筑）的团队基本设计被确定下来以后，我和当地的政客一起加入了市长的饭局，在那里，已为我这个年轻的规划师点好了酒水并且在桌上摆开了。我知道在那一天的下午2点，我有一个与当地银行董事会的会议，但我在桌子旁的同事们劝我要放松和享受。无须多说，马提尼酒在午餐桌上流淌。

下午2点，我和银行的董事会碰了面。我站了起来，我的舌头一定是变成了4in宽，因为我唯一说出来就是些口齿不清的胡言乱语。他们显然都支持“给这个小子上一课”。高背椅上了人笑了起来，拍手称赞了我的“表演”。不用说，设计的政治已经“说话”了，计划改变了，银行大楼等在最终方案中再现了——回想起来是一个积极的设计行为。给予这个教训的是社区的权力结构，它也可以被转移给受到我们的“好意”影响的房屋所有者和其他人。

该项目最终明显地妥协了（可能是变得更好，我必须加上这句），带来了街道格局的重大调整——改善的停车场，历史情境的保留，以及我们年轻的设计师认为改善了社区的新超级街区方案的罢免。这仍然是妥协和让步这两个立场的折中办法。在基本设计中，设计机会和原则丢失在年轻设计师的逞强中了，这些设计师深信他们自己对于社区的重要性和对于设计过程的所有权。

还有很多类似的故事都是关于由于缺乏公众参与，因无知或狂妄，一些本来意图很好的设计过程错过了机会。平心而论，公众参与可能是充满了紧张和冲突的，从有特殊金融利益的出席者，到无法看到更大观点的激进主义分子或提倡者，再到寻求“舞台时间”以竞选政治职务的与会者，等等。再就是利益相关的公民，其中许多人是对于改善他们的社区有兴趣，并且非常执着，不过缺乏有关的背景、历史和设计过程的信息。

与人共事，成为一个多重任务的过程：

1）共同告知和共同教育。

2）合著者和过程的共同拥有者。

3）创新的不确定性和正在兴起的设计的共同参与者。

4）建筑形式的共同评价者：来自外部的设计师和来自内部的参与者。

主要原则和方法

在继续进行到与人合作互动方法的案例研究之前，我想把应用公众参与实践连接到一个理论基础上：创意系统（见第9章中详细讨论过）。

理论和实践中存在于关系中，而不是作为单独的努力存在。理论考虑由在某一领域内现场观察和经历不寻常关系模式的思考构成。他们会被根据更大社区的更广泛的哲学、文化和科学的角度来进行评估。兴起的理论会在领域内被测试和试验。这种关系并不总是产生结果，在测试过程中，无论成功还是“失败”都是有价值的。没有捷径，没有神奇的技术；条件在不断变化，使对既定方法的更改或混合成为必要。而与人共事也一样。

有多种形式的公众参与的做法持续发挥作用，而且是大多数设计师和公民之间的相互作用的基础。设计师有责任不断修改和试验新的混合品种。

理论到实践的联结

我发现了在设计和公共参与过程中有用的应用创新系统理论的两个主要来源。首先是在精神领域，处理人与人之间的关系［约翰斯顿（Johnston），1984/1986和1991］，第二次是在学校设计编程过程中［费杰（Verger），1994］发现的。约翰斯顿探索引起人类关系中交互的方法，并用来做实验，部分是要应对对人与人之间的（创造性）差异（夫妻，团体，社区，员工等）的承认，以及这些差异如何影响不同层面的关系。他的创新发展研究所试验各种方法来辨别和区分不同的极性；发展意味着定义这些极性的临时限制或容器，以便开始潜在的对话；定义手段在毫不妥协的情况下“桥接”分歧，并相应地扩大对话容器。在设计和规划中，这项工作有从小团体人类关系到与设计以及规划相关的社区互动的直接转换。

费杰探索了系统地管理和扩展在复杂的设计和预算问题上对话的手段，使用规模派生的视觉矩阵过程和朝向第三空间现实前进，在分组审议中寻求解决方法。我也尝试了用他的技术作为一种手段，来将最初的参与者关注点或议程转移到另一层面的对话上，但没有要求任何妥协。这也引起了在《第三空间》（1996，索雅）中讨论的原则。在本书中，对话可以寻求和开始不一样的层面，保留参与者的关键原则，并且到达新的和创造性的成果。这些原则是理解文化在空间设计中的关键因素。它们可以是以陈词滥调和僵化包装的公众参与方法为基础，或者可以是开放的、带有创造性和明显的，结果不确定性。

公众参与过程的关键原则：

1. 与人合作是一个互动的过程：没有任何互动产品能够缺乏一个互动的过程（“可持续发展”并不存在于一个生态过程之外）

许多公众参与过程都使用了带有“互动”标签的技巧，而事实上，它们只是由填充空白的事组成的。互动意味着彼此之间的相互作用。公众参与活动的设计和促成有一个互动的内核，它构建了信息和思想的呈现和讨论。城市设计师是与市民和利益相关者一起合作的一位共同参与者和引导者。从来没有人说过，这将会是一个简单的或完美的过程。互动模式的各种不同方法和手段在案例研究中进行了讨论。

2. 每个参与者都带来值得在对话中有一席之地的一个想法，无论它多么“离谱”

在每一次会议、研讨会、讲习班、短期培训或人们聚会的开始，被放在桌面上讨论的想法可以是矛盾的、令人愤慨的、不靠谱的或断章取义的，等等。它们被当作可能被包含在对话中的可选项。这个过程本身有办法让许多最初的想法走入死胡同和没有任何未来的价值——让过程来完成这一任务。

3. 互动的过程是遵循一个不确定性的原则：是没有目标的旅程

这里有一个关键的原则：每一次聚会的结果都是来自于过程动态的，而不是即将要被“讨论”或“表决”的规定或预定的结果。这就要求设计师做好更多的而不是更少的准备。对于“没有目标的旅程”，这一原则将会招来贬低者和诽谤者，尤其是从规划方来的许多人。然而，目标被定义为一个人去努力实现的结果，就好像在游戏中和有很强的行为规则的结构化互动中，目标是有一席之地的。我认为，目标作为要达到的结果，在追求公共著作权的设计阶段却并没有有效的位置。好比在空间编程阶段，当规模变得成熟、具体和明确时，目标作为有关功能、预算、计时等的重要标准而出现了，而且对过程来说有了价值。我认为，它们需要挑战，并且不能够支配每个层面的结果。我使用了书面的愿望、观念和兴起的模式来代替目标，尽可能地消除“预定结果”的烙印。

有些作家在写作的过程中，精心创作了一句又一句、一段又一段，让故事自然地呈现在读者面前（有愿望和观念）；也有作者按照一个固定的结构写作，在基本已经提前知晓了结果的情况下，填充人物角色和情节顺序。当我进行水彩画创作时，我有一个选择：尝试与一个在我创作伊始时便拥有的确切的、先入为主形象搏斗，或随它而去，利用流动性、湿度和流畅度、干燥度以及偶然性进行绘画。你是要做出决断的人。

4. 由于没有目标，愿望是用来保持创造力和诚信，以用来让过程产生结果

结果的不确定性给予了过程中的活力和完整性更多的责任。这需要准备。让一个研讨会拥有一个互动活动的结构，也意味着如果研讨会的进度变化了，变化和改变就是至关重要的。能激励人与人之间的想法和互动对话的设计练习，和让人们忙于不是交互式的、仅仅是娱乐性质的、让人自我感觉良好的、耗时的游戏，相比起来是有很大不同的。

5. 一个互动的过程是文化特定的

社区是不是抽象的。文化模式、传统和行动所表现的人类行为模式，也是基于时间和空间的。每个公共参与模式和过程都把专注于文化和他们之间的分歧作为一个基本要求。许多年前，我与一家西雅图的建筑公司，在HUD VI（美国住房和城市发展局）住房项目中进行合作，在任何一个给定的会议中，都有可能有十几个不同文化的人要求多种翻译和方法。他们会询问一些简单的问题，如“你和你的家人如何使用前院？”这成为获得无数不同回应的深入的文化差异指标，它要求设计团队重新估量这个问题。文化、空间和时间/历史在本质上是交织在一起的。

6. 这个过程是规模派生的

对话可能有如此大量的信息和如此众多的想法，因此对话的结构需要一系列的“容器”。而为了解决一个给定问题的复杂性，这些容器必须是和规模关联的。在1993年，我被要求设计和协助实现一个愿景规划过程，这是华盛顿州贝宁汉市一个全面计划的序曲。这个过程由依次进行的五个会议构成，为保持一致性每个会议大约是相隔三个星期，每次有大约有250名居民组成的积极参与小组。关键是，这个过程在空间和主题上都是规模派生的。第一种模式从历史学家和地质学家等人开始，他们为当地受众提供了一个 “大画面”，从贝宁汉由小型捕鱼和伐木城镇来形成土地形态，到贝宁汉湾的地质和环境，以及从东部山麓穿过市区4个主要鲑鱼/鳟鱼产卵流（此信息绝大部分与会者都是

不知道的）。这个“大画面”把大家带入了第二次会议，这部分用特定的实例描述和讨论了设计是什么。第三个会议到达了有关问题和可能性的地区层面规模，然后这又导致了一次思想和战略的会议。第五个会议最终达成了共识愿景。

7. 这个过程是以空间为导向的，发生在特定地点的情境中，由再现媒体来描述空间性的不同层面

所有的人类活动都发生在一个空间范围内，没有例外。正如詹姆斯・佩蒂纳瑞（James Pettinari）和我在《建筑师和设计师的视觉思维》（1995）中所追求的，在任何对话发生的情境中了解它，是设计过程中的关键。那个情境如何被理解、体现和放入对话中，对于一个关于话题和思想的高质量讨论的实现也是很关键的。这个原则也是规模派生的，就像佩蒂纳瑞的规模梯形示意图所表明的，从一个星球的景观下降到一个房间的情境。空间信息出现，在特定的规模中被阐明，然后消失，并且和其他规模很少具有相关性。

鲁道夫・阿恩海姆（1969）对现实理解的描述围绕着现实的感官体验和代表性的媒体。这对于所有的社区对话进程很关键。视觉媒体更感性，口头媒体则更加理性。两者对于过程都是至关重要的：视觉传媒通过把思想和观念放在空间情境内，形成了提高公众意识的基础。就如在本书第9章中讨论的，非客观艺术、平面装饰、详细论证或主要叙述性的描述，以及图像和精确技术的使用会导致人们所看到的和所理解的失去相关性的风险。空间参考的平面、示意图、轴测绘图和地点剖面，是对公共参与过程来说最有效的视觉模式。

8. 过程都是依赖于时间的

这听起来很明显！然而，时间段对于公众参与过程的成功或失败是至关重要的，原因如下：

- 太快的时间框架能让人们对过程表示怀疑——在这个过程中，快速的方法缺乏深度，并可能导致长期问题。

- 太快的时间框架可能无法提供完成公共过程的工作所需要的时间 一个真正的互动过程需要时间，不能被绕过。

- 太慢的时间框架可能会导致参与者失去关注度和一致性。人们经常是下班之后或者是在忙碌的一天里与家人一起参加研讨会和集中培训，都处在疲劳的状态中，注意力不够。拉长过程中可能会导致注意力的丧失和学习曲线的中断，这是大部分非专业人士

在应对设计问题和战略时会遇到的。如果与会者的一致性丢失了，信息学习曲线就被打破了，就需要一个对基本信息不断迭代的重述，这可能会不必要地拖延或推迟过程。

历史是相关的，而不能推动这一进程；现在是被高度关注的，往往是充满了对当前事件的情绪及反应；未来是不确定的。设计师面临的挑战包括，识别那些仍然和当前相连接的和（或）用于可以转移到现在的教训。在某些情况下，过去的残余（见附录C）可作为一个桥接历史模式和当前问题的手段，以形成新的设计策略或至少是增加，对过去行动形成现状形态的了解。

在“新威斯敏斯特案例”研究中，在为期一天的专家研讨会（设计集中训练型）中，我讨论了来自新威斯敏斯特市区发展协会请求的挑战。这只是一天，却做了好几个月的准备。在“贝宁汉的愿景”中，五次会议（周六全天）的时间期限，有三个星期的准备休息时间被证明是成功的。在友邦保险RUDAT设计坊中，要实现一个深入的设计过程需要一次为期五天的现场集训，之前由筹备组策划；接下来，一年之后有一个小组审查。时间对过程来说至关重要。

9. 这个过程同时需要定性和定量的投入和准备

与人共事是一门艺术，需要具体和准确的背景信息和评价。“临场发挥”可能有基于设计师的魅力水平的短期应急成功，但肯定会失败，并淹没于公共数据中。图表和“知识”也将会是一样的结果。与人打交道绝对是一个“同时/和”模型，这既不是给予魅力，也不是基于数据驱动的。

10. 冲突与差异是过程所固有的

鉴于社会的复杂性，在任何专注于未来的可能性的聚会上都是没有认定的共识的。重大差异会出现在看似坚固的盟友之间。随着关于一个具体问题的话题和参与者的规模增加，严重的冲突经常会出现。在250人出席全部五次会议的“贝宁汉愿景”中，开发商和业主经常在“愿景”中与环境保护主义者和慢速发展者发生冲突。“我们有大量的土地，所以让我们铺开发展”会遇到 “停止填充湿地，为低密度住宅细分砍伐覆盖森林山坡” 的反驳。为冲突做好准备是至关重要的，可以从以下方面得到协助：

- 较小的讨论组，接下来是和更大的讨论组的信息共享。
- 规模派生话题讨论的构成。
- 第三空间技巧（见后文的“学习者的社区”的案例研究）让讨论远离引导向新讨论的负面因素。

● 把初步设想当作可行的方案对待。

构造带有妥协裁判的对话，以在对话中阻断和偏转妥协模式（见约翰斯顿关于妥协解决方式的讨论）。

让过程中吸收大部分的冲突：这并不总是奏效，有足够的时间就可以减轻主要对抗冲突，或使它没有声音；对抗只能增加冲突，并走向妥协，以作为减轻愤怒的手段。

我从华盛顿兰利市的综合规划过程中提供了一个例子。在兰利的综合规划修改过程中，在许多问题里，有两个对于居民群体（有相似的环境）是很关键的：一个支持在发展管理区（GMA）的城市区域中建设环形绿化带，而两者都同意需要新的住宅细分法规。当绿化带小组推动一个适用于GMA中私人土地的分区或监管分类和实施策略时，冲突出现了。这个立场为绿化带主题制造了一个负面基础，以至于关于绿化带的讨论的当地论坛和电子邮件通信都开始坚持保密和秘密。这个冲突，在许多类似的联盟小组中，通过一个社区对话被解决了，这个对话把绿化带问题放到一个不同的立场，把绿化带成分作为一个新细分策略部分（保存相邻开放空间的愿望）和维护GMA的目标的更大立场。

这带来了一个对于保留GMA密度目标（在许多情况下，每亩六个单位）的保护性设计原则，和维持或保护任何地方从50%到80%的土地资源的新设计原则讨论。绿化带本身的讨论造成了冲突。在到达GMA目标的同时，通过把这个讨论扩展到土地资源节约的更大话题上可以减轻这些（不必要的）冲突。当好的意图在关注更加狭隘的战略中被体现出来时候，冲突是正常的和可以理解的。在我撰写本文时，冲突存留于细分监管的细节上，而绿化带问题已被吸收到了一个更大的对话中。

在社区中根深蒂固的冲突，可能需要几年的时间来解决。

11. 每个规模级别都有一组极性，它们限定了该级别初始对话的极限

就如在前面讨论的，冲突和极性不需要是翻天覆地的或存在于可怕的敌人之间。每一个讨论都有限制和差异，无论这个讨论是多么礼貌或友好。其实，它们定义了进行讨论的初始容器。我喜欢使用颜色轮盘作为“极性集群”的想法的一个例子：一个色轮是由12种颜色组成的，其中红、黄、蓝三原色进一步分解成它们的二级混合物的两个变化。例如，红色和黄色形成了橙色，并且两个变体作为红橙色（接近红基色）和黄橙色（接近主黄色）而存在。在色轮之内是颜色对立，通常被称为互补色，因为它们的极性可以彼此互补。任何一个原色的对立都是余下两个原色之和；相反地，一个二级色的对立是余下的原色，例如红色和绿色（黄色和蓝色）、黄色和紫色（蓝色和红色）、橘色

（黄色和红色）和蓝等。

当你看着色轮时，圆所在位置代表的颜色和潜在的混合有很大的复杂性。有多个明显的“对立面”或极性，包括从橙红到蓝绿的较小对立面。

在设计和规划中，在预算、优先级、设施、方法等方面冲突差异显著的大多数会议中，这些“颜色对立”是显而易见的，在有凝聚力的群体之间，它们是以微妙的方式出现的。有方法和技术能够发现和识别在会议桌周围或工作坊里面不同层面的对立或极性。一个采访过程或调查可以被用来确定一个小组里不同个体的态度和议程 ——不是给它们分类，而是寻求不同的模式和极性的层次。现在存在一个认识，就好比在兰利，就同一问题，明显相似的参与者可能拥有完全不同的态度。这和消耗在消极态度中相比是一个更好的会议起点——一个可以通过被合并到新态度中而被解决的消极性。

这个过程可以到达到一个地方，在那里，两个极性都包含在一个新的和明显不同的、可行的对话中——第三空间。

12. 每个规模水平都在努力产生一个新兴的现实或模式，它会被带到下一个规模水平上，并有助于定义这个新水平

与满屋子的人尝试进行高质量的对话是不可取的，并不会导致明显的进步。在 “贝宁汉的愿景”中，规模可以从一个历史悠久的文化/地质概述的角度开始，往下进行到在较小的讨论组中讨论的社区行人道的设计问题；或者在大型分组会议中，各种规模被不断地穿插，先是一个大组的背景会话，其次是小圆桌会议，再次是大组汇总等。大规模地讨论太多的问题会淡化关键问题，而一次集中太多的意见则会稀释对话的质量。

规模层次概念是不确定性原理不可或缺的部分。在小组中，与妥协仲裁人一起工作、讨论，可能会带来在一开始没有预料到的新思路和新方法。这些新思路和新方法是来自于过程中，而不是主持人或个别参与者那里的正在兴起的现实或模式。新思路和新方法形成了一个现有规模和未来规模之间的桥梁，为扩大对话容器和讨论话题提供了“下一步”。

13. 道德维度越大，允许的妥协越小；反之，道德维度越小，更多的妥协就可以被接受

重要材料存在于妥协的价值中，我用约翰斯顿的妥协谬误说明来准备做一名仲裁人。妥协的谬论包括以下内容：

- 团结谬论（通过对话寻找一个答案）
- 分裂谬论（把话题分割和分离成单独的对话和模式）

• 50/50的谬论（要求每个极性放弃50%，以进行“混合”）。

14. 这个过程中寻求作为一个独立和独特的结果的第三空间，包含了参与者的创造性区别，却并不损害这些差异

在“学习者社区”以及其他利用兴起的现实矩阵的案例研究中，这个过程是被设计用完成以下内容的。

• 引起所有参与者的对话，而不给予负面反馈

• 记录关键要素

• 激发讨论，任命一位裁判来保持对话的积极能量，并避免协和消极

• 创建一个更大的和更复杂的对话，它从小组讨论中产生，并在小组讨论之外构建，将有新兴模式产生，还有将它们自己与个人立场和议程区别开的视觉矩阵

• 把与会者的重点从个人关注和妥协转移到所有人都能观察到的、记录在墙上的新兴格局。

15. 没有妥协的共识，寻求概念事务

事务是多个要素之间同时和相互依存的互动（卡普拉，1982，P267）。这是一个公众互动参与过程的愿望。这是一个可以开发新技术和新方法来实现互动的领域。

兴起的现实矩阵有以下的目标：

• 利用规模派生的话题容器来识别和拓展信息和思想。

• 通过使它们合并在一个更大的图形可视化技术中，使用模式创造、图形可视化技巧来分享这些想法。

• 创建完形结构，其中的参与者随着时间的推移开始对整个局势，而不是单个部分进行反馈。

• 认识和表述出新的关系组，而不是完型结构中出现的元素。

• 识别正在出现的共识。

• 接受与被定义的规模和关系组相关的所有输入。

• 雇佣推动者-裁判来引起人们妥协谬论的注意。

• 从对话中综合出主要态度。

• 通过构建更大的、即将出现的现实模型，来提炼参与者的态度。

• 提升或降低规模级别，重复讨论和新的合成。

• 拓展矩阵。

- 根据需要重复。
- 评估矩阵和新兴模式。

简而言之，这些互动参与过程既需要智慧的思维过程，又需要使用感官的认知、感知手段。在大多数情况下，图表说明，例如示意图、三维的视角、轴测图、三维模型等，对于在空间定位和为参与者提供参考想法和话题都是宝贵的。对于这个以参与者和情境为服务对象的“地点的表现”，必须保持高度小心。运动练习、音乐、演戏和讲故事在给定的情况下都可以是有效的，只要它们不偏离到没有互动的娱乐中。电视游戏、电脑游戏等效果较差，这是因为它们的交互性较少。

16. 每一个结果都是一个新兴的现实或图案，当它被辨识出来就会立即被改变和产生变化。

每个层面的对话，包括事件的结论，都构成了真实的情境中（具有多维度）一个有特定的空间和确切规模的新兴现实或模式。假设这一结果将开始再次发生变化，也并不是一成不变的。新兴模式为进一步的行动和对话提供了一个新的基础。设计师“创造事物”，被要求在这些新兴成果的基础上进行翻译、诠释、设计和建造。正如约翰斯顿（Johnston）在《必要的智慧》（1991）中指出，一个创作过程的一半都是在观察当我们设计的东西被放置到情境中的情形，并在过程重新开始的时候反思和学习。

案例研究：新威斯敏斯特，加拿大大不列颠哥伦比亚省“学习者的社区”，雷德蒙德，美国华盛顿州

包括一个设计专家研讨会和集中培训过程的两个案例研究，通过描述提高最终设计建议的（不完美的）互动过程，来帮助结束本节：“新威斯敏斯特，不列颠哥伦比亚省的经验和‘学习者的社区’：雷德蒙德，华盛顿的经验。”

客户的期望

新威斯敏斯特市商业改进协会（BIA）（1996）主任奈特·塔姆（Nettie Tam）为市中心开发设计方针策略要求一个为期一天的设计专家研讨会。新威斯敏斯特市是沿着弗雷泽河的人口密集的一个城市区域，在不列颠哥伦比亚省温哥市华市东部。

约翰·塔尔博特和不列颠省本拿比的联盟的联系我，让我加入专家研讨的设计/策划

团队。我对约翰的第一回答是“对不起……一个为期一天的专家研讨会，没有这样的事情。”基于客户对于我们专注于一个为期一天的活动的坚持，团队准备和推动了如下的过程。这个方法被证明在许多方面是成功的，包括：

- 有40名利益相关者的重要的互动参与。
- 一组在专家研讨会上产生的达成共识的设计准则，它们被城市采用并实施了。
- 一个相同的过程转移到了城市中的四个都市街区。

当然，这个过程花了超过一天，以下是过程。

利益相关者

奈特·塔姆获得了代表市中心业主、商户、居民、民选官员、城市的工作人员及其他共40名关键利益相关者的参与。为了确保城市和BIA之间的有效互动，每个组织都提名共同主席来为这个过程和市中心行动小组的利益相关者提供领导力。

*原则：*参与者出席整个过程的连续性。

*原则：*利益相关方构成的多样性。

*原则：*主要机构和组织的投入和协调。

话题会议

城市规划人员组织和进行六场利益相关者问题会议或远景规划委员会，在由约翰·塔尔博特举办的晚间会议上，从利益相关者和广大市民那里获取和用文字记录想法、关注、潜力和制约因素。这些会议发生在1995年的2月和3月之间，通过所有受到影响的公共和私人领域群体，为重点区域或关受注区域奠定了基础。共有两个委员会，每个由10至20名来自商界、社区和市政的委员组成。在1995年6月举行公开会议来审阅第一稿的 “市区行动计划”话题，而修改稿草案则在1995年9月被分发了出去。然后，这个设计专家研讨会于1995年11月举行。

会议讨论的重点领域包括：市中心的规划、社会的愿景、交通、市中心和水滨发展、艺术/文化/传统和经济发展。

时间框架

一个短的时间框架内（三个月）有助于保持兴趣、新鲜感和参与者在形成话题或愿景文件时的一致性。从开始设计到专家研讨会活动，包括公众评价和反馈意见阶段，最终的文件总共花了10个月完成。

一个为期一年的行动计划来自于这一过程中，即为了促进一个长期的实施策略而鼓励短期成功的战略。

设计专家研讨会规划

为期一天的规划专家研讨会的关键任务包括：

*评估背景材料：*收集来自许多不同来源的背景视觉信息，包括市中心的三维模型、图片、实地调查和走访、地图和其他BIA和城市所提供的图形材料。

*准备专家研讨会的基础绘图：*我招募了四名来自华盛顿大学的研究生，来协助专家研讨会过程中所需材料的准备。同学们准备了在远景会议中确定的关注或兴趣区域的航空倾斜和视平高度透视草图、规划图和现有情况的底图。事实证明，迈出的这一步是极其宝贵的，因为设计团队成员能够立即拿到这些基础图纸，并开始自己的设计转化工作。

*组建设计团队：*BIA和城市找到了许多当地的建筑师，他们所有人都为新威斯敏斯特地区的社区设计了项目，为这个设计活动贡献了自己的技能和经验㊀。

*设计团队训练会议：*我接受了来自从约翰·塔尔博特和BIA 及城市的挑战，那就是为这些地区的建筑师设计和上一堂训练课。我知道，面对一个给别人上课的建筑师出现，即使是一个有才华的和经验丰富的群体，也有可能对“培训”有抵抗的想法。在一些友善的批评和彼此幽默的共享中，训练课开始了，并且获得了较好的评价。“宣传”是一个比训练更好的词，包括：

（1）设计师的规则和任务：对于利益相关者给予的对六个规划委员会提出的议题和远景的转化和诠释。

（2）倾听者的角色意识：作为建筑师，我们都喜欢传神地设计和绘制，有时有这么

㊀ 新威斯敏斯特市中心设计专家研讨会团队：奈特·塔姆，BIA执行董事约翰·塔尔博特（约翰·塔尔博特&Associates公司），罗恩·卡斯普利辛AIA/，APA（卡斯普利 佩蒂纳设计），肯·福尔克（湖边建筑师），道格·马西（道格·马西建筑师），格雷厄姆McGarva（Gaker/ McGarva/哈特建筑师），埃里克·帕蒂森（德科斯的帕蒂森建筑师），规划署：玛丽Pynenburg，丽莎斯皮塔莱，斯蒂芬Scheving，莱斯利·吉尔伯特，布赖恩·科茨，历炼Arishenkoff，黄浩明，和Michad Kimelberg，华盛顿大学研究生

多的精力和热情，以至于我们允许自己的想法主导谈话，毕竟我们都是设计师。高质量的讨论发生在设计师团队和过程的真正作者——利益相关者和他们在新威斯敏斯特所代表的社区之间。设计师给过程带来了以下方面：

1）在本地范围内的经验。

2）适合当地情况的建筑类型学经验。

3）解释、表达思想和从利益相关者到具体的设计解决方案的能力。

4）对于表达的思想和观念的合理回应，这带有创造性能量。

5）图形可视化的经验和技能。

专家研讨会活动过程

专家研讨会于上午9时开始，截至下午5点左右结束。是的！这个过程以一个设计团队、专家研讨会领导人和已经达成共识的利益相关者之间的介绍和讨论结束。市政工作人员负责制作被采用和分发的最后报告。

专家研讨会在发生在一个有小圆桌的活动-会议-类型空间中，并且一个设计团队的独立区域被分离开了，但仍清晰可见，并且能让大组接触到。图形和照片被放在房间里进行展示，以用作定向和参考功能。

事件的顺序：

1）一天的活动介绍和描述说明。

2）对于规划委员会工作的回顾。

3）设计师作为倾听者出现在每个小团体中的小组讨论。

4）早间会议的小组共享。

5）着手进行实地考察和寻宝的利益相关者。

6）利益相关者乘坐旅游巴士参观了项目区，来自BIA /城市/专家研讨会的服务者也在车上。

7）给利益相关者分发了相机，并要求他们找到喜欢和不喜欢的地区和特征，以及专家研讨会所选择的区域，以进一步提高他们对于情境话题的观察和理解。

8）设计团队聚集在主要房间的“设计工作室”部分，开始解释和探索来自规划委员会的和之前所讨论的想法。这一过程允许利益相关者重新审视规划委员会公布的结果，并将新思路添加到该资源中。设计团队工作了大约三个小时，然后实地考察返回的利益相关者再次加入了讨论。

9）设计师向利益相关者展示想法、解读和诠释，并听取利益相关者的评判。迄今为止所呈现的可视化内容，配合四名研究生所提供的基础图纸，大大提高了利益相关者的反馈质量。

10）设计师返回工作室，把利益相关者的意见和建议纳入设计转换的下一次迭代中。

11）利益相关者继续讨论更进一步的改进提升，然后被鼓励参观和观察（不是打断）在工作中的设计团队。

12）下午4:30左右，设计团队把所有的工作成果——超过35张图纸钉在大家能看到的墙壁上，以供大组汇报展示、讨论和最后评论。

不用说，能量水平是很高的，在和利益相关者取得共识的情况下，一个富有创意和互动的气氛占了主导。这一过程对于包括设计师在内的所有参与者来说都是令人振奋的。许多人对我说，在一个创造性的密集中，这种密切的互动与社会参与的能力是一个有益的经验。

"新威斯敏斯特市中心行动计划"的成功鼓励这个城市进行了四次为期一天的研讨会，城市中心四个城市街区中的每一个都有一次。同样的过程经过根据话题和利益相关者构成的调整而再被使用。每个专家研讨会进程都在被采用的设计准则中得以完成。

"新威斯敏斯特"项目后续：

不同的群体

市政工作人员的领导力

员工

本地设计界的社区参与和敏感性训练

为多样性实现的利益相关者选择

初步问题研讨会

技术数据库集合

可视化情境的可视化准备

专家研讨会过程

以视觉为基础的产品成果。

“学习者社区”：雷德蒙小学用地的机会，华盛顿州雷德蒙德（华盛顿大学的建筑和教育中心和建筑环境学院准备，1996年4月编制）

背景

在1995年，华盛顿州雷德蒙市华盛顿湖学区投票租赁历史悠久的小学和地点以未来的市民用途。华盛顿中心大学建筑与教育中心提议了公众参与流程，来展望一个让建筑、地点和周边地区作为一个学习者“社区”的前景。集合了教育学院和建筑与城市规划学院（现在的建筑环境学院）的教师和研究生，一个跨学科的团队被建立起来了，用来确定地点的选择和设计方案。这个团队由城市设计与规划系的罗恩·卡斯普里辛（Ron Kasprisin）ALA/ APA领导。这个项目过程从1996年2月开始。

公众参与程序

雷德蒙小学的项目过程被设计为三个部分：

1. 一个以全天研讨会模式在现场举行的社区研讨会，有教育工作者、居民、家长和市政府官员参加。

2. 社区研讨会开完三个星期后，一个设计专家研讨会（集中会议）在华盛顿大学古尔德厅举行。

3. 报告准备阶段，阶段成果是一本公开发行的小册子。

雷德蒙项目的设计专家研讨会阶段由一个为期一天的集中会议构成。建筑师和城市设计师把社区工作坊的成果转化和诠释为“学习者共同体”的最终策略。在为期一天的评估研讨会活动中，与会者作为观察员、输入资源和评估者参加。

在这个案例中，有特别价值的是社区工作坊的设计和促进。这也是本节的重点。

工作坊设计

该研讨会按照一个规模派生的方式设计：

异地活动

现场活动

建造活动

每个规模级别都使用了以下的用户类型作为基准评价标准，每个类型被分配了三个优先级：①高媒介，②中等的，③低：

儿童

成年人

老年人

社区

组织

其他

这些标准在社区工作坊开始时被确定。

工作坊的计划如下：

1）团队现场步行。

2）主持人做介绍。

3）城市/学校董事会人员做背景介绍。

4）细分成小组进行讨论，接下来是每个小组的总结，再次是一个使用即将出现的现实矩阵的大组分享，并在所有的层级上又重复了一遍。

1）由每一桌的主持人提供的妥协谬论为指导，由单独的录入人员记笔记。

2）在所有会议后，每个参与者都要求通过在提示卡上写上他们的三到五个关键点，以进行信息总结。

兴起的现实矩阵

在每次讨论之后，提示卡会交给两名研究生，他们会把卡片以矩阵的形式集中到一面很大的墙壁上。在一天中构建三个这样的矩阵，每个规模级别（不在现场，现场和建造）各有一个。

随着讨论的进行，矩阵开始出现在墙壁上，同时产生了以下影响：

1）确认并优先考虑主题和重点领域（卡片的数量）。

2）使用模式开始浮出水面。

3）新模式被辨识出来，并在墙上的矩阵内被突出体现。

4）更重要的是，当矩阵变得更复杂时，在主题、图案和群体的偏好方面，在视觉上变得显著，所讨论的最初的个人议程和立场会被吸收到更大的整体中。圆桌讨论会变得更加专注于兴起的现实矩阵，而不是之前提到的立场。实际上，在墙上矩阵把注意力从人到人和人对组，转移到新兴模式上。矩阵的可视化成为一个新的焦点，减少人对人和参与者对推动者的关注，让新小组的当务之急、喜好和方向变得更加引人注目。

矩阵在它所在的位置被拍摄，然后因之后的编目和量化而被拆卸。这导致为每个类型、每个规模，按照使用者类型和优先权排序的一系列优先处理的活动。因此，一个虚拟的共识作为结果产生了，它并不需要一个最终的投票，因为这个投票在讨论过程中是固有的。

异地活动：

交通运输

班车

绿化带人行道

连接点，河边步道

视觉连接

社区活动中心

交通

一般业务

电子信息

共享资源的社区

现场活动：

户外活动

被动娱乐

活跃的运动

圆形露天剧场

盘旋小路

公园/花园

具有灵活性的未来。

建造活动：

表演艺术/剧院

体育/非正式娱乐

文化、艺术和手工艺

应急避难场所

图书馆/媒体中心

会议空间

成人/夜校

扩展型学校活动/日托

行政空间

结论和在实践中的应用

为什么在公众过程中，与人合作对于设计专业很重要?

因为这令设计人员与用户客户端及管理客户端间建立了优质的互动联系。

人与人之间的性格特质、种族、民族、宗教以及工作安排等方面都不尽相同，因此和他人一起工作并不是那么容易的事儿。在结果不确定的情况下，设计应用架构良好的项目，提高了公众的教育水平，并同时带来了有效的互动参与以及交流结果的成功。

与人合作能够减少不必要的冲突、误报和误解。这样一来，我们就能免于零零碎碎的争吵，可以把更多的时间和精力投入到积极的设计中。

许多设计和工程方面的专业人员出于善意，在评论公众参与时选择了沉默。因此，人们更多采用愉快的、临时应激的（像许多公关公司所采用的那样）、令人感到关怀备至和吞噬时间的方式。但这样完成的事情非常少。会议、研讨会和专家研讨会（在一定程度上）很有可能被那些缺乏专业知识或者认为自己被看轻、不受重视的参与者破坏掉。一个准备不足、缺少关键定位和参考信息的图表展示可以破坏掉一场讨论会，就好像一个安排不好的讨论会往往会令人们不断地纠结在妥协办法和争论中，最后离会议原本的论题越偏越远。结构合理、灵活方便的互动会议再加上高效的可视辅助，可以有效减少上述的麻烦。

与人合作阐明了和社区历史文化因素或者城市内涵直接相关的、深入的空间项目。

架构良好的互动进程可以通过描述人们对城市内涵/功能矩阵的需求、渴望和它们的潜力的空间项目收获回报。关于每个矩阵层面和单元中的“质与量”的有效信息越多，设计成果就可以越丰富。设计师越是能反映城市意义矩阵的复杂性，那么尽管他对建筑环境的构建尽管并不完美，但也会是越来越丰富的。

对设计来说，有效互动公众参的关键组成部分：

为人们（和他们的环境）设计，以及与人们一起设计

- 利用合作式的学习过程：

——积极的相互依存

——面对面的交流

——个人问责制

——人际交往和小团体合作的技能

——足够的处理时间

- 充足的准备、数据的可视化和简单表述的信息
- 对情境敏感
- 情境的可视化：使用形象化语言，对现实进行感官觉察
- 对创意差异的识别和尊重
- 规模和空间派生的层次和对话容器
- 元决定因素的不确定性原理：

——愿望是必要的

——先决结果是导致妥协的潜在灾难

- 对于妥协谬论的意识：

——统一的谬论

——分裂的谬论

—— 50/50或混合谬论

为城市内涵设计：文化、空间和时间/历史以及城市的功能

- 人既是在建筑环境之中，又是建筑环境的合著者。

冲突解决方式

在互动的公共集中对话中，冲突的产生是自然的，并且是会反复出现的部分。下面是一些指导，可以作为对话中的积极力量协助控制冲突。

三个愿望：

1）拥有志向而不是目标。

2）维持过程中的创造性能量。

3）借助元确定因素原则。

了解冲突的类型：

1）零和（纯输赢）。

2）混合动机或交易。

3）纯合作或统一。

面对冲突，而不是避免它：

1）忌否认。

2）抵制自我封闭，不接纳任何不同的外界观点。

3）避免对冲突进行压制。

4）不允许延期。

5）避免不成熟的解决方式，如妥协。

6）尊重自己、自己的利益以及他人的利益。

7）接受文化差异和创造性差异。

8）区分利益和立场。

9）识别一般的和相对的利益。

10）识别第三方的任何需要，比如：

主持人

调解员

议员

裁判

记录员

极性分析：定义相冲突利益和他们为对话设定的限制或边界。

1）倾听。

2）警惕出现偏见、评价和妥协的自然倾向。

3）任何时候都尽可能的（正在出现的现实矩阵）让对话远离妥协。

4）对待不同的冲突，使用不同的解决技能。

5）了解你自己以及你的个人观点。

6）对观点挑剔，而不是对人。

7）专注于最好的决定或方向，而不是通过竞争。

8）鼓励大家选择使用口头或书面方法进行参与，因为不是每个人都很开朗和口头表达能力很强。

9）如果不明确的话，就再次进行说明。

10）了解两边的事实是对产生高质量对话和对事件进行探索的要求。

11）使用一个裁决的过程，用于分散或转移以情绪主导的对话。

参考文献

American Institute of Architects, 1992: *R/UDAT: Regional & Urban Design Assistance Teams:* Washington, DC.

Arnheim, Rudolph, 1969: *Visual Thinking*: University of California Press, Berkeley, CA.

Bellingham, City of, 1993: "Visions for Bellingham": City of Bellingham Community Development Department, Patricia Decker, Planning Director, Bellingham, WA.

Capra, Fritjof, 1982: *The Turning Point*: Simon & Schuster, New York.

Johnston, Charles MD, 1984/1986: The *Creative Imperative*: Celestial Arts, Berkeley, CA.

Johnston, Charles MD, 1991: *Necessary Wisdom*: Celestial Arts, Berkeley, CA.

Kasprisin, Ron and Pettinari, James, 1995: *Visual Thinking for Architects and Designers*: John Wiley & Sons, Inc., New York.

Langley, City of, 2009: "Wharf Street Form-based Code": Langley, WA (design team: Ron Kasprisin AIA/APA; Dr Larry Cort, Planning Director; Fred Evander, Planner).

New Westminster, City of, 1996: "New Westminster Downtown Action Plan": City of New Westminster, BC.

Redmond, City of, 1996: "A Community of Learners": University of Washington, College of Built Environments, Seattle, WA.

Soja, Edward W., 1996: *Thirdspace*: Blackwell Publishers, Cambridge, MA.

Verger, Morris, 1994: *Connective Planning*: McGraw-Hill, New York.

Webster's New World Dictionary, Second Concise Edition, 1975: William Collins & World Publishing Co., Inc.

附录C
残余、桥接、混合和边缘

残余模式

残余仅仅是余下的图符、废弃的地点，还是以前发展阶段的遗迹呢？为什么它们和当代城市设计相关呢?

残余分析

残余分析探讨从以前文化而来的遗留或残余模式（或以前期间在同一文化）对设计来说在以下方面是否有用途。

（1）一种混合设计的结果，它的新用途与残余的形态特征相协调。

（2）一种在过去和正在出现的未来之间的桥接手段或行为，这时，一个新用途为历史残余模式提供了有效的和可行的功能。

（3）在残余模式的基础上，为新的相邻或周围形态建立了关于城市形态分析的对话；为残余和相邻兴起形态之间建立相互联系提供了一个机遇。

（4）在不断变化的文化内提供了一个连贯性或参照系。

（5）在新老文化之间的提供了一个比较的基础，使新的文化能被更清楚地辨认出来。

残余

残余是现有的物理模式（作为物理元素、空间结构、空间关系的空间实体），其功能已经超越了原有目的，它的存在可能有潜在的新功能和含义。

一个历史文化制品是一个物理实体，其形态不能转换到另一个可行实体之中。它可以作为过去的象征而被保留，但不能被改造为通向未来的桥梁。

母模式（作为系统：CST）

一个残余的母模式，是原本时间特定的空间构造或组合，它的鲜明文化特征、风格、用途、文化、设施建造技术（手工制作）被烙印在形态中。这个模式是一个连接实现社会需要和功能的不同部分的系统。比如，历史悠久的阿拉斯加海恩斯威廉·西华德古堡在描绘了原来由美国陆军在1910年左右建造的堡垒，用来监控经过海恩斯和斯凯圭到加拿大育空地区淘金潮（或许是泰迪·罗斯福提醒加拿大和英国的“大棒”）。为什么建造这座堡垒？直到第二次世界大战之后，被军方出售之前，其不同的用途对于理解它的构造来说都是至关重要的。

这超越了历史或建筑意义突出的建筑物和公共场所。这就是1902年形成那些重要元素的框架的模式，它是变为今日残余（图像符号，遗址，“事物”）的情境演变。图AIII.1描绘了残余堡垒目前存在的样子，在现今的用途中，它有一个完全不同的“故事”或意义：一个完整的母模式，在这里它的使用和内核已经改变了，但还有充足的原始形态作为一个历史性残留保持了下来。

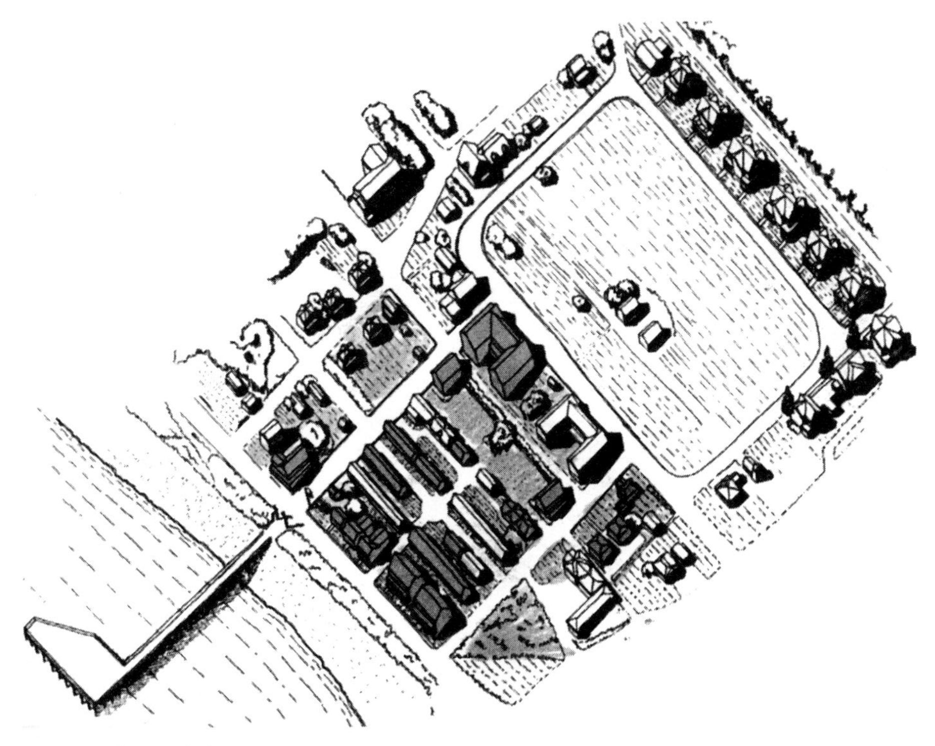

图AIII.1 西华德古堡残余

在阿拉斯加州海恩斯的基本父格局堡垒威廉·西华德要塞到今天还存在。堡垒被工匠、酒店、餐厅、住宅、提供住宿加次日早餐的小旅馆、空置的残余建筑和一些普通的商业用房屋所占据。

经典残余模式

一个经典的残余模式是一个历史悠久的模式，具有超越了文化和时间的用途和形态。我认为，万神殿就是这样的一个经典模式，因为它的原有用途、宗教结构一直留存到今天。它的宗教风格已从众神的寺庙变为了一座基督教教堂（在一年中的不同时候）。请原谅游客们。

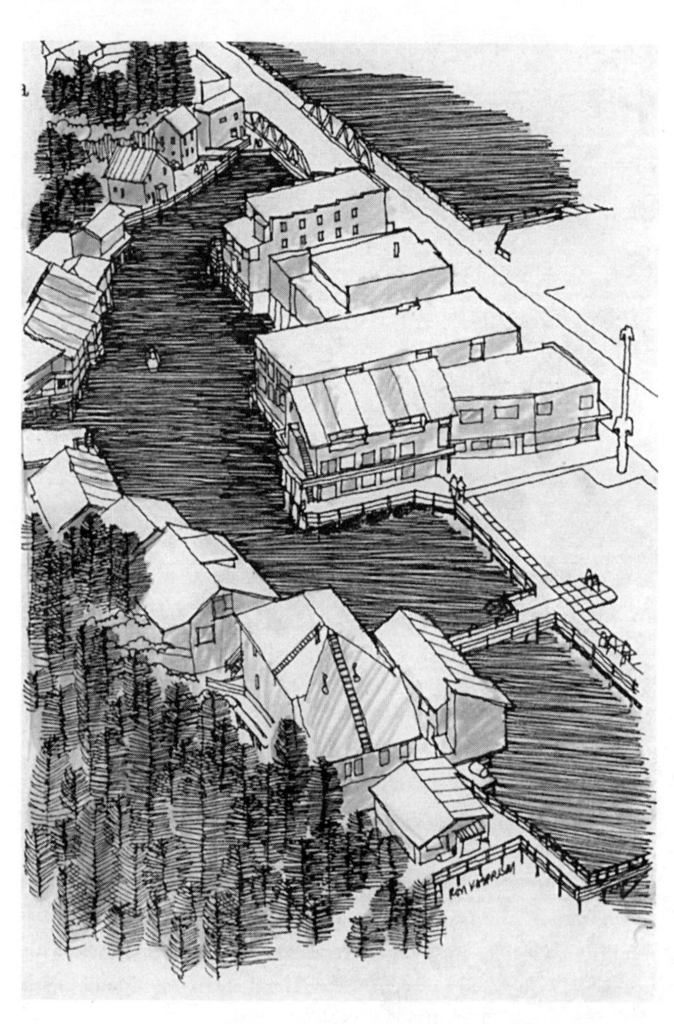

图AIII.2 希腊街残余

一个更现代的例子是阿拉斯加凯奇坎历史悠久的溪街，悬垂凯奇坎溪用木板铺成的小道。在19世纪末和20世纪早期，溪街曾作为在东南阿拉斯加内部通道的水域和森林那里工作的渔民、伐木工和其他人员的“娱乐”区域。当然，娱乐包括从音乐、酒馆到红灯区设施和夜晚的女郎。在后山上还有一条具有秘密入口和出口的“已婚男人的步行路程”。但关键的设计形式是浮桥本身，一个建成于100多年前的遗迹，它现在作为一个沿着一个60ft的悬崖底部的轴形态构造着整个构成。这个轴把一个修复的、再生的和新的结构的集合聚集在一起，为如今的当地人和数以千计的邮轮乘客提供娱乐。在20世纪60年代至80年代初，溪街建筑复合体进入了休眠的状态，两侧被溪流中洄游的王大马哈鱼之外的旧电器所包围——它们最终被美国/加拿大文化中不断变化的经济所拯救出来。

残余容器

这有一个新的、被容器覆盖的充分历史边界或情境容器。边界是以同时和母模式以及现代情境相关联的配套系统为基础而被指定的。这有一个包含残余的和直接相邻的场所或中心区域；它有一个向外发展的较大面积的影响力。

削弱残余模式

随着时间的推移，母模式失去了原来的用途，受到周围的环境内正在出现的变化的影响，腐蚀了母体，往往掩盖了模式。母体往往是通过研究和偶然性事故而被发现的。

变迁的残余模式

在一个变迁的残余中，原有的功能仍然存在于某些方面，但是正在被文化方面的变化所蚕食和侵占：母模式正在溶解，留下原始用途的不再是主导的形式残存；而正在兴起的意义是不确定的。

折叠的残余模式

残余模式是两个截然不同时期的模式折叠成一体，叠加或纠缠在一起，同时保留每个原始模式的特点。

正在出现的残余模式

正在兴起的模式与新兴的文化和经济互动产生混合体，这反过来又创造了尊重母模式、有可行用途的新模式：

- 满足需要和（或）生存条件
- 和新的配套基础设施建立联系
- 解决文化转变
- 它的变化形态是有利可图的

作为桥接的残余

残余可以是过去和新兴未来之间的一个桥接手段或行为。随着时间流逝和情境变化，它们可能会被隐藏起来或显现出来，往往会被当作来自过去的遗迹，而不是（反映在空间中的某一时间、文化上）因过去模式的残留而受到忽视。在社区设计中，残余可能体现为残留的街头布局或铁路线，作为目前被看作林地的历史补水森林；作为被邮轮码头和旅游设施包围并吸收的部分历史上的滨水工作区。它们为一个新兴的组成同时提供了作为形状和历史上局部关系的元素。

为讨论方便，残余可以按以下方面进行分类：

1）自然生态系统：

——分水岭

——作为补给区的森林和湿地

——草地和草原

——泄洪道和平原

——地点

——定居点、当前和历史

——地区和邻居

——经济方面的地点（罐头食品厂、造纸厂、伐木营）

——迁徙路线

2）基础设施：

——铁路

——道路

——人行道

——防波堤和码头

——设备（采金船等）

3）建筑物

4）符号：

——标识

——文化标记

混合

一个混合物不同于部分，一部分交织起源；混合物是一个由表达风格不同的要素组成的设计。

混合物可以是一个第三空间进程的结果，它形成了一个超出预先存在的情况或议题、观点和发展类型学的设计，以带来一种能保持设计过程完整性的崭新而不同的效果。混合可以是对设计一致性的追求，它有着于对于特定环境下和（或）空间项目的适应。它可以是原始形态对新环境的适应，内部结构为适应外部环境的影响而变化。对混合的常规类型使用的清醒意识可以激发创意。这就是为什么类型学被用作起点而不是终点，从在之前类似情况下起作用的设计原则（而不是模型）开始，却因具体现实情况中不常见的或复杂的那些方面而改变。

关于城市设计中的混合，更有趣的例子之一就是住房发展，尤其是现存城市环境下的填充住宅。在西雅图，西雅图房屋委员会的分散居住区住宅计划要当地建筑师接受挑战，为现有的社区设计补助房，并规定设计的新房屋必须符合且融入周围环境。房屋类型因为周围环境的变化而改变了，作为在独立家庭住房的城市区域设计单入口的三单元建筑，在街角地段独户居住的地方设计单入口的五单元建筑。周边环境带来了改变设计标准类型以满足一定项目的需要，同时将这种需要作为空间实体融入一个既定的城市环境。

边缘——边缘作为多维的空间实体，既是残余的也是正在出现的模式或是现实存在。海滩是过渡的图案，根据海浪和高地（从海滩）离开的地点——草地、山崖、围墙而改变。边缘通常是基于物理的“相会”的最终效果，往往是由自然的和现代工业的辩证组合组成。

边缘是最少三个空间实体组成的边界，三个实体分别是：黑、白，和两者将会形成的分界线。

边缘像过渡的细胞膜；在这个膜上，正发生着能量从外部到内部的转移，从一种到另一种空间语言的转化。资源往往作为垃圾、产品或熵的结果，从一个地方被转运、转化，和另一个地方密切联系在一起（海滩上的贝壳变成沙子，岩壁剥落下来变成巨砾，码头被简化为互相分离的桩基）。它包含了从外部到内部的能量转移，从一种空间语言到另一种的转化。这些过渡膜产生了具有创造性的能力，比如：泛滥平原吸收洪水，沼泽用自身的营养产物吸收并过滤径流和流入的潮水，公共路径设施将人和水边线连接起来。

边缘也是阻碍，比如水坝和堤道，或者穿越水边的八车道高速公路，这些高速公路截断了居民区中心到古滨海区的通路。运输系统让人们和商品可以自由通行和活动，但它在规划中经常是独立于现实中更大的城市之外的，这种情况会造成边缘障碍，给未来的城市设计带来严峻挑战。

边缘每时每刻都在运转，不断地显现，对周边环境同时有攻击性和防御性的反应。其中的运动因素在城市规划和设计中经常被忽略：随着时间过去，城市边缘会因为（经济和文化）作用的变化而脱离结构，也可以因为额外的作用和新结构而变得更加先发制人。历史上，太平洋西北地区的沿河工业区和居民区的交通被阻隔了数十年，摆脱了工业结构和码头，而被人行小道和停泊的渡船、观景平台、因纽特人皮划艇设施等，还有餐厅和其他亲水活动的辅助用途所取代。对于建筑形态中的历史模式的研究，揭示了边缘情况的改变和正在出现的模式，为设计中的问题解决方法提供了线索和催化剂。

从城市海滨区从工业社区到人类友好社区资源来看，从乡村到住宅区细分的压力威胁到了自然和培植景观脆弱性的农业接缝的突然转变来看，边缘能量的活力都是城市设计中的一支主要动力。这种能量给新发展的类型学和混合提供了机会，并被融入了设计过程。

边缘的要素

自然的

人工制造的

长度（更多的是线性而不是垂直的）

深度（有程度之分或分散的方面，包括从一个实体到另一个所释放的能量）

高度

结构

组织

门户入口

多层次

固体

多孔

透明

半透明

有框架的/无框架的

正在兴起的或混沌的

重力有关

文化上受影响的：社会和睦/敌意防御/隐私、经济、政治、宗教等

时间段